国家科学技术学术著作出版基金资助出版

农业螨类分子技术

王进军 等 著

科学出版社

北京

内 容 简 介

本书系统总结了农业螨类在测序、基因功能研究等方面所涉及的分子生物学技术，并详细介绍了每种技术的应用范例，旨在为从分子水平解析害螨的危害机制提供技术支撑，并且为探索控制害螨的新型策略提供研究思路，同时结合农业螨类分子技术的研究水平展望螨类学未来发展的潜在应用技术。

本书可供广大农业螨类研究领域的教师及学生参考使用。

图书在版编目（CIP）数据

农业螨类分子技术/王进军等著. —北京：科学出版社，2024.1
ISBN 978-7-03-077824-6

Ⅰ. ①农… Ⅱ. ①王… Ⅲ. ①农业害虫-蜱螨目-防治 Ⅳ. ①S433.7

中国国家版本馆 CIP 数据核字(2024)第 009786 号

责任编辑：宋　芳　李　莎 / 责任校对：王万红
责任印制：吕春珉 / 封面设计：东方人华平面设计部

科　学　出　版　社 出版
北京东黄城根北街 16 号
邮政编码：100717
http://www.sciencep.com

北京中科印刷有限公司印刷
科学出版社发行　各地新华书店经销
*

2024 年 1 月第　一　版　开本：787×1092 1/16
2024 年 1 月第一次印刷　印张：14 1/2
字数：340 000

定价：146.00 元
（如有印装质量问题，我社负责调换〈中科〉）
销售部电话 010-62136230　编辑部电话 010-62138978-2046

《农业螨类分子技术》著者名单

（以姓名汉语拼音为序）

豆 威　何 林　蒋红波　刘 怀

牛金志　申光茂　王进军　王梓英

魏 冬　魏丹丹

序

    螨类种类繁多、个体微小、难以识别、隐蔽发生，同时具有繁殖力强、发育历期短、进化速率快等特征，对生物多样性、生态系统稳定性、粮食安全、生物安全、人民生命健康等具有十分重要的影响。借助分子技术手段研究螨类的生物学是认识螨类进化过程、发生规律和演化机制的重要基础。长期以来，农业螨类的研究主要依赖昆虫学研究的方法。然而，有别于昆虫纲，螨类隶属于蛛形纲，在遗传进化方面非常独特，亟须一套以螨类研究为基础的分子技术体系参考书。

    由王进军教授等著的《农业螨类分子技术》一书，涵盖基因组、转录组、蛋白组、分子鉴定、种群遗传分析、RNA 表达、RNA 干扰、异源表达、基因编辑和亚细胞定位等系统的分子技术体系；同时，该书著者长期从事螨类分子生物学研究，在介绍一般性技术原理的同时，结合了大量螨类研究的重要文献和技术应用案例；此外，从螨类学研究的角度出发，系统分析了分子技术在螨类应用时应考量的重点因素和使用策略，具有重要的参考价值。

    《农业螨类分子技术》正值我国蜱螨专业委员会成立 60 周年之际出版发行，我相信，该书的出版将对推进我国蜱螨学科发展、促进科技创新和人才培养具有十分重要的意义。

中国工程院 院士
西 南 大 学 教授

2024 年 1 月 7 日

前　言

蜱螨学正式发展为一门独立的学科分支，可追溯到1952年贝克（Baker）和沃顿（Wharton）发表的著作《蜱螨学导论》（*Introduction to Acarology*）。第二次世界大战后，越来越多的学者开始关注蜱螨在医学和农业等领域造成的影响，蜱螨学研究更加系统和成熟。美国学者克兰茨（Krantz）等编写的《蜱螨学手册》（*A manual of Acarology*），对当代蜱螨学的发展产生了深远的影响，其蜱螨分类系统被许多教材沿用至今。目前，蜱螨学的研究领域已广泛涉及系统学、生理学、生态学、细胞学、分子遗传学等学科，研究内容涉及害螨的防治对策、益螨的利用、蜱螨与人畜疾病、医螨的流行病学等方面。

农业螨类是指对农业生产具有正面或负面影响的螨类，它们不仅关系到农业生产，还影响食品安全和环境质量。在农业生产结构调整、新的栽培制度和气候条件，以及农药更新换代等方面的影响下，许多螨类上升为主要害虫，加之其体形小、繁殖快、抗性发展迅速等原因，使它的防治变得困难。因此，人们一直致力于对农业螨类的鉴定识别、生物学特性、发生规律、控制和利用的原理及方法研究，以期将农业螨害控制在经济阈值以内。

应用新技术和新方法、微观和宏观结合是20世纪90年代以来蜱螨学发展的一大特点。特别是基因组学和分子生物学的发展促进了农业害螨的适应性和致害机理研究。在这样的背景下，本书总结了目前农业螨类研究中的各种分子技术和重要应用案例，为广大从事农业螨类研究的学者和研究生提供重要的参考。本书前4章介绍螨类测序技术及发展情况，从DNA（基因组）到mRNA（转录组）再到蛋白质（蛋白质组）水平解析害螨的发生危害机制；后6章主要介绍目前害螨类研究中所用到的主要分子生物学技术，并展望未来潜在应用的技术。相比昆虫学的研究，螨类学的研究较为滞后，本书对农业螨类分子技术的系统介绍，有助于推动基础研究和害螨的实际防控，可作为理论知识的参考和新的防控体系的支撑。

本书由西南大学农业害螨研究团队撰写，其中，王进军、牛金志、豆威撰写第1~3章，魏冬撰写第4章，王梓英、刘怀撰写第5章，魏丹丹撰写第6章，何林、申光茂撰写第7~9章，蒋红波撰写第10章。全书由王进军和牛金志统稿。

感谢国家现代农业产业技术体系岗位科学家项目（项目编号：CARS-26）和"十三五"国家重点研发计划项目（项目编号：2019YFD1002100）的资助。在撰写过程中，得到了很多专家学者的支持和帮助，在此一并表示感谢。希望本书的出版能够对农业螨类学人才培养事业有所裨益，为农业害螨的综合防治提供理论依据，为绿色农业的发展添砖加瓦。

由于作者水平有限，书中难免存在不妥之处，恳请同行专家提出宝贵的修改意见，以使本书逐步完善。

目　　录

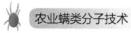

第 **1** 章 绪 论

1.1 螨的基本特征和生态系统

1.1.1 螨的基本特征

螨属于节肢动物门蛛形纲蜱螨亚纲，体长一般仅有 0.1~2.0 mm，是一类能够对人类健康和农业生产产生较大影响的节肢动物。节肢动物有两个古老的分支：有颚亚门和螯肢亚门。有颚亚门包括甲壳类动物、多足类动物和昆虫，而螨是最多样的螯肢亚门动物（Regier et al.，2010）。有颚亚门的动物均由一系列重复的体节构成，一般分为头、胸、腹三部分，每个体节都有一对足。螯肢动物的身体结构与有颚的节肢动物最显著的区别在于螯肢动物无明显的头部，取而代之的是前体段。前体段具有感知、取食和运动的功能，头、胸部和腹部合为一体，身体呈圆形或者卵圆形（Walter and Proctor，2010）。触角是晚期有颚节肢动物特有的感觉器官，螨无此特征，其感觉器官为一对触须及躯体和足上的毛。幼螨一般有 3 对足，若螨与成螨有 4 对足，无翅。螨体分为颚体和躯体（图 1.1），颚体由口器和颚基组成，躯体分为足体和末体，有口针，为其取食口器。螨的消化、交配、产卵等主要在腹背或躯体的后体段。

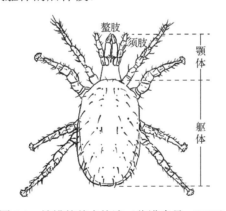

图 1.1 蜱螨的基本构造（仿洪晓月，2012）

螨具有种类多、体形微小、世代周期短（图 1.2）、繁殖力强、抗逆性强、生存方式多样、分布范围广等特点，是生物多样性最复杂的类群。目前，已经命名的螨类超过了50 000 种（Regier et al.，2010）。螨的生活方式极为复杂，有的寄生于其他动物，吸食血液并传播疾病，如革螨、恙螨、疥螨、蠕形螨、粉螨、尘螨和蒲螨等通过叮咬、寄生等方式可传播疾病和引起皮肤过敏，螨类引起的过敏症、肺螨症和疥疮严重危害人类的身体健康（姜在阶，1992）；有的取食植物，一些植食性螨类呈大面积暴发式危害，严重影响植物的正常生长，引起作物减产，是农林业重要的害螨，如二斑叶螨（*Tetranychus urticae*）、柑橘全爪螨（*Panonychus citri*）等；还有一些捕食性螨类，在生物防治中应用广泛，如黄瓜钝绥螨（*Amblyseius cucumeris*）和智利小植绥螨（*Phytoseiulus persimilis*）等；除此之外，还有一些腐食性螨类，它们作为分解者，对土壤有机物质的分解具有重要作用。

| 卵 | 幼螨 | 前若螨 | 后若螨 | 雌成螨 | 雄成螨 |

图 1.2　柑橘全爪螨发育历期

1.1.2　螨与生态系统

螨在各种水生、陆栖、树栖和寄生生境中普遍存在，但作为节肢动物中体形最小的一类，其存在也常常被人类忽视。它们不是生态系统的被动居民，而是强有力的相互作用者，是水生和陆地系统中干扰的重要指标，也是生物多样性的主要组成部分。目前，对螨类的研究主要集中于能够直接影响人类、脊椎动物和植物等有关的螨类中。其中，植物是螨类的重要栖息地，多数植食性螨类利用口针刺入植物细胞并吸取其中的养分；有些螨类能够改变寄主的组织生长，制造一个适合自己生存的空间。在农业生态系统中，螨具有发育历期短、繁殖力强、适应能力强和危害严重等特点。同时，也有较多害螨的天敌存在于该生态系统中。螨存在于生态系统中的各个生态位中，既是分解者，也是不同生态位上的消费者，在生态系统中占有重要地位，因此不能以体形大小而去判定其存在的价值。不能忽略生态系统中的任何一个物种，每个物种都有其存在的意义。

1.2　螨与农业生产

1.2.1　农业害螨的主要种类

农业害螨主要是指对农业生产造成危害与经济损失的植食性螨类。由于螨的生物学特性使其具有较强适应性能力，其又是典型的 r-对策生物，长期大量化学农药的使用，加速了害螨抗性的发展，使其成为我国一类较重要的、难防治的有害生物类群，严重制约了我国农业的健康和稳定发展。我国已有记载的螨类超过 500 种，主要的农业害螨约 40 种，其中，主要类群包括叶螨、瘿螨、跗线螨等，严重危害柑橘、苹果等果蔬和花卉（洪晓月等，2013）。目前，重要的农业害螨种类主要分布在蛛形纲 Arachnida 蜱螨亚纲 Acari 真螨目 Acariformes 前气门亚目 Prostigmata 的 3 个总科，分别是叶螨总科 Tetranychoidea、瘿螨总科 Eriophyoidea 和跗线螨总科 Tarsonemoidea。其中，叶螨总科包括叶螨科 Tetranychidae、细须螨科 Tenuipalpidae、杜克螨科 Tuckerellidae 3 个科；瘿螨总科包括植羽瘿螨科 Phytoptidae、瘿螨科 Eriophyidae、羽爪瘿螨科 Diptilomiopidae 3 个科；跗线螨总科包括跗线螨科 Tarsonemidae、蒲螨科 Pyemotidae 等（张艳璇和林坚贞，1990）。

在农业生产中危害最严重与研究较多的农业害螨为叶螨，世界记录的叶螨有 1345 种，可危害包括果树、蔬菜、棉花等 3910 种寄主植物（http://www1.montpellier.inra.fr/CBGP/spmweb）。我国已知的叶螨类有 200 余种，其食性和寄主范围广泛，多为多食性叶螨，适应能力极强（洪晓月等，2013；Migeon et al.，2010）。其中，以二斑叶螨危害最为严重，全球每年约 80% 杀螨剂主要用于控制二斑叶螨、柑橘全爪螨和苹果全爪螨（*Panonychus ulmi*）（Hardy et al.，2017）。尤其在我国，这 3 种叶螨和朱砂叶螨（*Tetranychus cinnabarinus*）同为危害最严重的螨类，二斑叶螨与朱砂叶螨的寄主可达到 45 科 200 种以上，主要危害棉花、小麦、豆类、瓜类和蔬菜等农作物（忻介六，1978）；而全爪螨则主要危害苹果、梨、桃和柑橘等水果。叶螨常成群聚集在嫩梢、叶片等部位，主要危害植物叶片、嫩茎、果实等，依靠长约 14 μm 的口针刺入植物组织，吸取植物汁液，破坏植物细胞，每分钟可破坏 20 个左右的细胞，造成叶片褪绿，受害叶片毁坏率一般可达到 34%～36%，影响植物的蒸腾与光合作用，严重时会造成大量落叶、落果、梢枯等现象，严重影响我国农业生产的发展。然而，叶螨又兼具两性生殖，可孤雌产雄，每头雌螨的产卵量可达到几十到几百粒，繁殖能力较强，一年可发生十几代，世代周期短且重叠严重，可于短时间内建立新的种群并出现毁灭性的种群爆发现象。叶螨自身迁移能力较弱，但其具有吐丝的习性和较强的抗逆能力，当环境恶化时，可以借助风、水、寄主植物或者动物等进行长距离迁移，并可在新的适宜的环境下快速建立一个新的种群。

1.2.2 农业益螨

近年来，我国叶螨的生物防治发展迅速，已形成了主要以捕食性螨类与捕食性昆虫、生防菌、植物源杀螨剂和微生物源杀螨剂等多种方式结合的叶螨综合防治体系。农业害螨对农业生产产生了较大的影响，同时，也存在很多可以对害虫与害螨具有捕食作用的农业益螨，在农业害螨的防治中起到了重要作用。目前，已知的益螨可分为寄生性、捕食性、食分泌物、携播及群栖昆虫共栖 5 类，其中，寄生性螨类与捕食性螨类不仅是害虫与害螨自然控制的重要因子，其作为天敌，更是生物防治中不可忽视的一大类群（忻介六，1978）。

捕食叶螨、细须螨及瘿螨等植食性螨类的益螨主要有植绥螨科、长须螨科、吸螨科及大赤螨科 4 科（朱志民和赖永房，1992）。植绥螨科是目前最有效的捕食性螨类，也是生物防治中应用最广泛的天敌螨类。其中，多数捕食螨为钝绥螨属（*Amblyseius*）、植绥螨属（*Phytoseius*）及盲走螨属（*Typhlodromus*），可捕食叶螨、粉螨、瘿螨、跗线螨、蓟马、线虫等多种小型害螨和害虫。智利小植绥螨、巴氏新小绥螨（*Neoseiulus barkeri*）、黄瓜新小绥螨（*Neoseiulus cucumeris*）、加州新小绥螨（*Neoseiulus californicus*）等捕食螨在害虫与害螨生物防治中也取得了显著成效。在捕食螨的使用过程中，环境因子会降低捕食螨的防治效果。驯化各种抗逆性捕食螨可以有效拓展捕食螨的应用范围。除此之外，将捕食螨和生防菌联合应用可提高对害虫与害螨的生物防治效果，极具应用潜力。例如，将植绥螨与球孢白僵菌（*Beauveria bassiana*）联合应用可有效地防治叶螨的危害，效果显著（Wu et al.，2018）。目前已有较多防治成功的案例，如智利小植绥螨从智利引入欧美多国后，成功地防治了当地温室中农作物上的叶螨。随着捕食螨的商业化发展应用，有些国家已将此螨作为商品生产后售给农场。同时，智利小植绥螨作为我国第一个引进的捕食螨种类，其成功应用到对蔬菜、花卉、果树、茶叶等植物上的叶螨防控中。我国广东等地已经有捕食螨等的生产工厂，为农业上生物防治提供充足的天敌资源。同时，自然界中也存在一些当地的捕食螨种群，对害虫与害螨的控制也有较大的作用，如在我国广东发现了捕食柑橘全爪螨的纽氏钝绥螨（*Amblyseius newsami*），在重庆发现了尼氏钝绥螨（*Amblyseius nicholsi*），均对当地的害螨有一定的防治效果。在其他国家与地区，如欧美地区有长须螨可以捕食棉红叶螨等，大赤螨可以捕食螨类及小型昆虫。同时还有一些寄生螨，如寄生蝗虫的鼻真绒螨与蝗螨。还有赤螨与绒螨可以取食和寄生鳞翅目、双翅目和同翅目的昆虫。多数益螨可以寄生或捕食害虫和害螨，且种类繁多，防治效果也比较显著。现在国内有较多的天敌工厂与防治成功的案例，农业益螨的研究对未来的生物防治提供了极大的数据支撑。

1.2.3 农业害螨的抗药性与寄主适应的关系

由于目前对农业害螨的防治主要是以化学防治为主，长期不合理地使用化学农药，导致农业害螨，尤其是叶螨长期暴露在大量化学物质胁迫的环境中，迫使叶螨在适应环境的过程中产生了较高的抗药性（Dermauw et al.，2018）。叶螨对杀螨剂的抗药性主要体现在解毒代谢酶活性的提高及靶标位点的突变（范志金等，2004）。在二斑叶螨基因组中，解毒代谢相关的基因家族均有扩增，而现有的证据表明，叶螨"防御系统"中的基因丰度不能作为抗性发展的判断标准（Grbić et al.，2011）。例如，与二斑叶螨相比，捕食螨具有与其相似数量的 P450 基因。然而，捕食螨有不同的解毒代谢模式且抗性发展慢于它们的猎物（Wu et al.，2016）。对抗性品系的二斑叶螨进行转录表达分析，发现大量解毒代谢相关基因的表达有显著变化。植物的防御物质增强也会使叶螨产生一定的耐药性，如适应番茄的二斑叶螨和抗性品系二斑叶螨中许多基因的表达变化方向具有强相关性，这表明对番茄的适应也会增加二斑叶螨对农药的耐受性（Blaazer et al.，2018）。因此，推测二斑叶螨在适应寄主植物的过程中，解毒能力得以提升，从而易对一些药剂产生一定程度的抗性。针对二斑叶螨在寄主植物适应性和抗药性关系的研究发现，二斑叶螨适应新的寄主植物后，主要差异表达的解毒代谢酶基因与其抗性品系的差异表达基因具有相似性（Van Leeuwen et al.，2016）。用不同的药剂处理柑橘全爪螨，其体内解毒代谢酶活性有显著的变化,与叶螨适应不同寄主植物时具有相似的酶活性变化(丁天波等,2012)。事实上,叶螨对植物毒素和化学杀螨剂的代谢降解的相关基因有很大程度的重叠,暗示这两者之间的解毒代谢机制可能相同,但尚未有直接的证据,还需要进一步证明与研究。为了减缓害螨的抗性发展,生防菌已被广泛应用于田间的实际生产中,并取得了一定的成效。目前已知的生防菌有上百种,而其中常用的球孢白僵菌、金龟子绿僵菌等少数几种真菌对害螨有一定的防效。其中,球孢白僵菌应用最为广泛且具有较高的致病力(田佳等,2018)。还有一些植物源与微生物源农药被广泛研究发现,但用于生产实践的鲜有报道,仅有微生物农药阿维菌素被广泛用于害螨的防治且效果显著,该类农药绿色环保无残留,具有较好的应用前景与开发潜力(李曼等,2018)。研究植物与叶螨抗药性的关系,对未来开发植物源农药、叶螨抗性机制的进一步解析有重要意义,对新型的叶螨防控体系也有重要的指导意义。

1.3 农业害螨研究的分子技术发展

随着我国叶螨研究的不断发展,探索害螨的危害机制和寻求有效的绿色防治方法是当前研究的主要方向。目前,对农业害螨防控还处在以化学防治为主、其他防治措施为辅的阶段,导致了一系列的环境与社会问题。因此,在未来的农业发展中,将从整个农业生态系统的角度出发,发挥植物、天敌和农业防治措施的最大功能,形成有效的害螨综合防治体系。逐步减少或不使用化学农药,利用生态调控策略将害螨控制在经济危害阈值之下。分子生物学技术的发展为农业害螨的应用基础研究提供了新的机遇。新技术在螨类学研究中的应用也提高了人们对重要农业害螨的适应性和致害机理的研究水平。基因组测序和转录组数据不仅有助于解决种群遗传学和进化生态学等热点问题,也将推动重要农业害螨的适应性和致害性变异等方面的认识。2011 年二斑叶螨基因组发表,发现其 3 种经典解毒酶基因家族有不同的扩增,从遗传角度深入解析二斑叶螨与寄主的进化关系及适应大范围寄主的主要机制(Grbić et al.,2011)。利用组学技术及一些新的分子技术,可推进对害螨与植物协同进化模式及其互作机理、抗药性分子机制及害螨防治新技术等方面的研究,同时,可以进一步探索植物-叶螨-天敌之间的互作机制,对进一步改进害螨生态防控措施和制定新型的防控策略具有指导意义。

因此,未来农业害螨的研究方向更倾向对新技术的探索与应用,以期达到田间害螨的精细化防控发展。然而,在目前农业害螨研究中,使用的主要技术为基因组学、转录组学及蛋白质组学,通过组学技术,可以找到害螨危害的关键基因与通路,从其遗传到表型系统解析危害机理。但在解析的过程中,还需要进一步结合其他分子生物学技术,深入全面地探索解析,如分子生物学鉴定技术、种群遗传分析技术、mRNA 表达分析技术、RNA 干扰技术、异源表达技术、基因组改造技术等一些先进的技术。这些技术的使用为农业害螨的新型防控提供了技术与数据基础。在开展基因组学、转录组学和蛋白质组学技术研究分析的同时，可以通过 RNA 干扰、异源表达技术与基因编辑等技术手段，系统深入地研究一些重要基因的功能，了解害螨的抗性发生与适应寄主的分子机制，为寻找害螨可持续控制的新靶标提供帮助。生物学鉴定技术对一些形态特征较少、分类体系尚不完善且形态接近的害螨种类可有效地鉴定分类，尤其在海关检疫中，分子生物学的鉴定检测显得极为重要；种群遗传分析技术可以掌握害螨的遗传分化情况及扩散分布机制，探讨不同种群的害螨遗传分化和在种群间基因交流中的作用。

目前，CRISPR-CAS 与 RNAi 技术是探索基因功能和筛选高效靶标基因的重要技术。通过基因编辑可有效地了解害螨的一些重要基因功能，如通过基因编辑技术敲除二斑叶螨的八氢番茄红素脱氢酶基因，二斑叶螨会产生体色白化现象，证明该技术在害螨中的研究具有很好的应用前景（Dermauw et al.，2020）。但目前该技术在螨类的研究中尚不成熟，还只能停留在个别基因功能研究的层面。RNAi 技术已经比较成熟，在害虫的防治中具有实际应用，并在害螨的防治方面具有巨大的应用潜力，新的基于 RNAi 的生物农药有望在实践中得到应用（Niu et al.，2018）。在借助 RNAi 技术对害螨的研究中，有较多的重要发现。沉默 P450 还原酶基因可增加其对杀螨剂的敏感性（Shi et al.，2015）。通过沉默柑橘全爪螨的 *PcGSTm5*，增加了其对杀螨剂的敏感性（Liao et al.，2015）。沉默朱砂叶螨中的平行转移基因 *UGT201D3* 可增加其对阿维菌素的敏感性（Wang et al.，2018）。诸多的研究表明，RNAi 作为一种有效的螨类基因功能研究的方法，依赖于此可开发基于 RNAi 的害螨防控策略，此策略可筛选出针对单一害螨的防控有效靶标，对天敌无影响，对环境绿色友好；此外，联合基因组、转录组和蛋白质组及其他分子生物学技术有效筛选出高效靶标，结合病原微生物、天敌、植物免疫、高效低毒杀螨剂等构建基于"RNAi+"理念的害虫绿色防控体系具有较大的应用潜力（Niu et al.，2018）。

参 考 文 献

丁天波，牛金志，夏文凯，等，2012. 柑橘全爪螨田间种群敏感性测定及三种主要解毒酶活性比较[J]. 应用昆虫学报，49（2）：86-93.
范志金，李永强，刘秀峰，等，2004. 农业害螨的抗药性[J]. 现代农药，3（1）：1-4.
洪晓月，2012. 农业螨类学[M]. 北京：中国农业出版社.
洪晓月，薛晓峰，王进军，等，2013. 作物重要叶螨综合防控技术研究与示范推广[J]. 应用昆虫学报，52（2）：321-328.
姜在阶，1992. 中国蜱螨学研究进展概况[J]. 昆虫知识，3：159-162.
李曼，王文朝，徐春玲，等，2018. 阿维菌素对修长螺螨的亚致死效应以及不同方式释放该螨对根结线虫的防控效果[J]. 中国生物防治学报，34（6）：818-824.
孙晓会，徐学农，王恩东，2009. 东亚小花蝽对西方花蓟马和二斑叶螨的捕食选择性[J]. 生态学报，29（11）：541-547.
田佳，汝冰璐，王颖，等，2018. 一株对桃蚜有高致病性球孢白僵菌的分离、筛选与鉴定[J]. 植物保护学报，45（3）：606-613.
忻介六，1978. 益螨利用研究的进展[J]. 应用昆虫学报，3：26-28.
张艳璇，林坚贞，1990. 福建农业螨类名录 I [J]. 福建农业学报，1：51-59.
朱志民，赖永房，1992. 中国研究与利用捕食螨概况[J]. 蛛形学报，2（1）：57-64.
BLAAZER C J H, VILLACIS-PEREZ E A, CHAFI R, et al., 2018. Why do herbivorous mites suppress plant defenses?[J]. Frontiers in Plant Science, 9: 1057.

DERMAUW W, JONCKHEERE W, RIGA M, et al., 2020. Targeted mutagenesis using CRISPR-Cas9 in the chelicerate herbivore *Tetranychus urticae*[J]. Insect Biochemistry and Molecular Biology, 120: 103347.

DERMAUW W, PYM A, BASS C, et al., 2018. Does host plant adaptation lead to pesticide resistance in generalist herbivores?[J]. Current Opinion in Insect Science, 26: 25-33.

GRBIĆ M, VAN LEEUWEN T, CLARK RM, et al., 2011. The genome of *Tetranychus urticae* reveals herbivorous pest adaptations[J]. Nature, 479(7374): 487-492.

HARDY N B, PETERSON D A, ROSS L, et al., 2017. Does a plant-eating insect's diet govern the evolution of insecticide resistance? Comparative tests of the pre-adaptation hypothesis[J]. Evolutionary Applications, 11(5): 739-747.

LIAO C Y, XIA W K, FENGF Y C, et al., 2015. Characterization and functional analysis of a novel glutathione S-transferase gene potentially associated with the abamectin resistance in *Panonychus citri* (McGregor)[J]. Pesticide Biochemistry & Physiology, 132: 72-80.

MIGEON A, NOUGUIER E, DORKELD F, et al., 2010. Spider Mites Web: a comprehensive database for the Tetranychidae[J]. Trends in Acarology, 9: 557-560.

NIU J, SHEN G, CHRISTIAENS O, et al., 2018. Beyond insects: current status and achievements of RNA interference in mite pests and future perspectives[J]. Pest Management Science, 74(12): 2680-2687.

REGIER J C, SHULTZ J W, ZWICK A, et al., 2010. Arthropod relationships revealed by phylogenomic analysis of nuclear protein-coding sequences[J]. Nature, 463(7284): 1079-1083.

SHI L, ZHANG J, SHEN G, et al., 2015. Silencing NADPH-cytochrome P450 reductase results in reduced acaricide resistance in *Tetranychus cinnabarinus* (Boisduval)[J]. Scientific Reports, 5: 15581.

VAN LEEUWEN T, DERMAUW W, 2016. The molecular evolution of xenobiotic metabolism and resistance in chelicerate mites[J]. Annual Review of Entomology, 61(1): 475-498.

WALTER D E, PROCTOR, 2010. Mites: ecology, evolution and behaviour[J]. Austral Entomology, 39(2): 96-97.

WANG M Y, LIU X Y, LI S, et al., 2018. Functional analysis of *UGT201D3* associated with abamectin-esistance in *Tetranychus cinnabarinus* (Boisduval)[J]. Insect Science, 27(2): 276-291.

WU K, HOY M A, 2016. The glutathione-s-transferase, cytochrome p450 and carboxyl/cholinesterase gene superfamilies in predatory mite *metaseiulus occidentalis*[J]. PLoS ONE, 11(7): e0160009.

WU S, XING Z, SUN W, et al., 2018. Effects of *Beauveria bassiana* on predation and behavior of the predatory mite *Phytoseiulus persimilis*[J]. Journal of Invertebrate Pathology, 153: 51.

第 2 章 农业螨类基因组测序

2.1 基因组测序技术概述

中心法则（central dogma）指出遗传信息是从 DNA 传递给 RNA，再从 RNA 传递给蛋白质，因此获得 DNA 核酸序列将有助于我们深入了解生物体的遗传和生化特性。1953 年，沃森（Watson）和克里克（Crick）构建了 DNA 的三维双螺旋模型，从本质上揭示了 DNA 复制和蛋白质转录的基本理论。1977 年，以桑格（Sanger）的 DNA 双脱氧末端终止测序技术（Sanger et al.，1977）和以马克萨姆-吉尔伯特（Maxam-Gilbert）的化学降解法的测序技术为代表的第一代 DNA 测序技术诞生。随后，在第一代 DNA 测序技术的基础上，出现了荧光自动测序技术，将 DNA 测序带入自动化测序的时代。目前，测序技术已经逐步发展为以 PacBio 和 Nanopore 为代表的第三代测序技术（Branton et al.，2008）。

2.2 基因组测序技术方法

2.2.1 第一代测序技术

1. Sanger 测序

Sanger 测序方法又称双脱氧链终止法，是目前在普通测序中应用最广泛的方法，第一个螯肢动物基因组——二斑叶螨的基因组测序也是利用该方法完成的。在二斑叶螨的基因组测序过程中，首先构建了 3 种插入文库，分别为 3 kb、8 kb 和大片段，然后依据 Sanger 测序方法对这些文库进行测序（图 2.1）。Sanger 测序的基本原理是利用 DNA 聚合酶来复制结合了特定引物的待测模板，通过掺入链终止核苷酸，使反应停止，形成不同片段的序列。具体过程：建立反应体系，其中包括 DNA 复制需要的 DNA 聚合酶、双链 DNA 模板、带有 3′ 端的单链寡核苷酸引物、4 种 dNTP（dATP、dGTP、dTTP 和 dCTP）等。依据聚合酶链式反应（polymerase chain reaction，PCR）的原理，聚合酶以模板作指导，不断地将 dNTP 加到引物的 3′ 端，使引物延伸，合成出新的互补 DNA 链。当在反应体系中加入一种特殊的核苷酸——双脱氧核苷三磷酸（ddNTP）时，由于它在脱氧核糖的 3′ 位置缺少一个羟基，不能同后续的 dNTP 形成磷酸二酯键，这样便使反应终止，产生大小不同的核苷酸片段。随后，再经过 SDS-PAGE 凝胶电泳分离，并通过检测被放射性元素或荧光标记的 ddNTP，从而获得 DNA 链中碱基排列的准确信息，进而确定序列的信息。最后，对测序的文库进行组装，便可获得被测物种的基因组信息（Sanger，1977）。

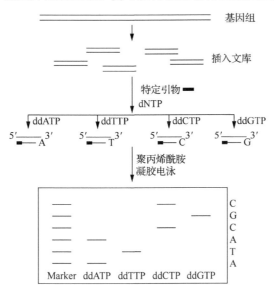

图 2.1　Sanger 测序技术

2. Maxam-Gilbert 测序

与 Sanger 测序方法同时期，1977 年 Maxam 和 Gilbert 提出了化学降解法。虽然 Sanger 测序法和 Maxam-Gilbert 测序法，是目前公认的两种在低通量测序中最通用、最有效的 DNA 序列分析方法，Sanger、Maxam 和 Gilbert 等也因此共同获得了 1980 年诺贝尔化学奖。但 Maxam-Gilbert 测序法与 Sanger 测序法仍存在差异，主要包括 Maxam-Gilbert 测序不需要进行酶催化反应，不会产生由于酶催化反应而带来的误差。其次，化学降解测序法特别适用于测定含有 5'-甲基腺嘌呤或者 G/C 含量较高的 DNA 片段，以及短链的寡核苷酸片段的序列。同时，Maxam-Gilbert 测序法的基本原理也与 Sanger 测序法有所不同：在 Maxam-Gilbert 测序法中，首先对待测 DNA 末端进行放射性标记，再通过 4~5 组相互独立的化学切割反应分别得到部分降解产物，其中每一组反应特异性地针对某一种或某一类碱基进行切割。因此，产生了 4~5 组长度不同的放射性标记的 DNA 片段。此后，各组反应物通过聚丙烯酰胺凝胶电泳进行分离，通过放射自显影检测末端标记的分子，并组合各组反应的结果后获得待测 DNA 片段的核苷酸序列（Maxam and Gilbert，1977）。

2.2.2　第二代测序技术

Sanger 测序法既简便又快速，是目前普通 DNA 测序的主流技术。但是随着科学的发展，对模式生物进行基因组测序及对一些非模式生物的基因组测序，都需要费用更低、通量更高、速度更快的技术，而传统的 Sanger 测序法已经不能完全满足这样的需要。因此，第二代测序（next generation sequencing）技术应运而生。

　　第二代测序技术的基本原理是在 DNA 聚合酶和引物的作用下，利用不同颜色的荧光标记 4 种不同的 dNTP，形成互补链时，每添加一种 dNTP 就会释放出不同的荧光，根据捕捉的荧光信号来获得待测 DNA 的序列信息（图 2.2）。基因组测序显得更加复杂，其一般步骤包括：首先，准备合格的基因组 DNA，然后将 DNA 随机打断成几百个碱基或更短的小片段，并在两头加上特定的衔接子（adaptor）。通常基因组测序，会选择几种不同的插入片段文库，以便在组装时获得更多的信息。其次，将上述带衔接子的 DNA 片段变性成单链后与测序通道上的衔接子引物结合形成桥状结构，并添加未标记的 dNTP 和普通 *Taq* 酶进行固相桥式 PCR 扩增，单链桥型待测片段被扩增成为双链桥型片段。通过变性，释放出扩增获得的互补单链，锚定到附近的固相表面。通过不断循环，将会在流通池的固相表面上获得上百万个成簇分布的双链待测片段；然后，在上述体系中加入 4 种不同荧光标记的 dNTP、DNA 聚合酶以衔接子引物进行扩增，在每一个测序簇延伸互补链时，所加入的每个被荧光标记的 dNTP 就能释放出相对应的荧光，测序仪通过捕获荧光信号，并通过计算机软件将光信号转化为测序峰，从而获得待测片段的序列信息。最后，将测序得到的原始数据，通过序列的组装形成长的重叠群（contig）及支架（scaffold）。

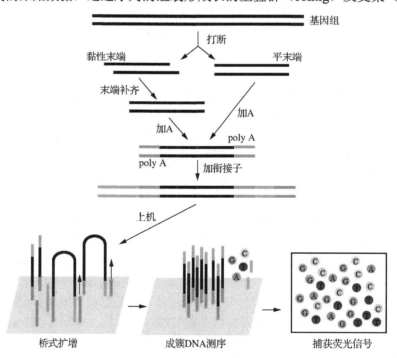

图 2.2　第二代测序技术

目前，第二代测序技术平台主要包括以下 3 个。

1）Genome Sequencer FLX System（GS FLX）454 测序平台

该平台的优势是读长较长（400 nt），但准确率低，成本高。该平台的基本测序步骤是：构建测序文库，将基因组 DNA 打断成 300～800 个碱基片段后，在两端加上锚定衔接子；通过 PCR 扩增产生成千上万个拷贝；通过焦磷酸测序［复制过程中如果发生碱基互补配对，就会释放 1 个焦磷酸，在一系列酶的催化下，释放出荧光信号，会被电荷耦合器件（charge coupled device，CCD）捕获。每个碱基反应都会捕获到 1 个荧光信号，由此一一对应］，从而获得模板序列。

2）Illumina Genome Analyzer 的 Illumina 测序平台

基本测序步骤是：构建测序文库，将基因组 DNA 随机打断成 100～200 bp 的片段，末端加上衔接子；解链后的单链 DNA 片段两端被分别固定于芯片上，形成桥状结构，将荧光标记的 dNTP、聚合酶、引物加入测序通道，启动测序循环，进行桥式 PCR 扩增。经过扩增，产生数百万个待测的 DNA 片段，随后被线性化。DNA 合成时，伴随着碱基的加入会有焦磷酸被释放，从而发出荧光，不同碱基用不同荧光标记，读取到核苷酸发出的荧光后，将 3 端切割，随后加入第二个核苷酸，重复第一个核苷酸的步骤，直到模板序列全部被合成双链 DNA。

3）SOLiD 测序平台

该平台的特点是测序过程中以连接反应取代聚合反应。具体测序步骤是：构建片段文库（fragment library）或配对末端文库（mate-paired library），片段文库就是将基因组 DNA 打断，两头加上衔接子，制成文库；而配对末端文库则是将基因组 DNA 打断后，与中间衔接子连接，再环化，然后用 *Eco*P15 酶切割，使中间衔接子两端各有 27 bp 的碱基，再加上两端的衔接子，形成文库。构建文库完成后，在微反应器中加入文库、PCR 反应元件、微珠和引物等，待 PCR 反应结束后，P1 磁珠表面就固定有拷贝数目巨大的同源 DNA 模板扩增产物。SOLiD 的独特之处在于没有采用常见的聚合酶，而使用了连接酶。同时，SOLiD 连接反应的底物是碱基单链荧光探针混合物，即在连接反应中，这些探针按照碱基互补规则与单链 DNA 模板链配对。通常在探针的 5′ 端分别标记了 CY5、Texas Red、CY3、6-FAM 4 种颜色的荧光染料，探针 3′ 端 1～5 位为随机碱基，可以是 A、T、C、G 4 种碱基中的任何一种，其中第 1、2 位构成的碱基对是表征探针染料类型的编码区，通过多重反应，便获得了碱基序列的颜色信息；最后，依靠参考序列进行后续序列确定。

2.2.3　第三代测序技术

第二代测序已经极大地改善了分子生物学研究中的测序问题，在此基础上，随着分子生物学技术的不断发展，近十年来的单分子 DNA 测序技术逐渐成为新一代测序技术，也称第三代测序技术，包括单分子实时测序、真正单分子测序、纳米微孔单分子测序等技术。与 Sanger 测序法和第二代测序技术相比，单分子实时（single molecule real time，SMRT）测序具有超长读长、测序周期短、无须模板扩增和直接检测表观修饰位点等特点，为研究人员提供了新选择。目前，SMRT 测序在小型基因组从头测序和完整组装中已有良好应用，并且已经或将在表观遗传学、转录组学、大型基因组组装等领域发挥其优势，促进基因组学的研究。

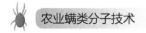

1. PacBio 测序平台

PacBio 三代测序是基于单分子实时测序技术。单分子实时测序主要有以下 3 个核心技术。

（1）荧光标记的脱氧核苷酸。当荧光标记的脱氧核苷酸被掺入 DNA 链时，它的荧光就同时能在 DNA 链上被探测到。当它与 DNA 链形成化学键时，它的荧光基团就被DNA 聚合酶切除，荧光消失。

（2）纳米微孔。利用一种直径只有几十纳米的纳米孔，单分子的 DNA 聚合酶被固定在这个孔内，而荧光标记的脱氧核苷酸迅速地从外面进入孔内然后又出去，这便形成了非常稳定的背景荧光信号。

（3）共聚焦显微镜实时快速地对集成在板上的无数纳米小孔同时进行记录。自 2013年成功推出商业化的第三代测序仪 PacBio RSII 后，经过不断的改良和升级，2015 年又推出全新升级的第三代测序仪 PacBio Sequel 测序系统，具有长读长、高通量、高准确率等特点，将为研究领域带来全新的第三代测序体验。

目前，PacBio 测序主要是基于四色荧光标记的 dNTP 和纳米微孔完成了对单个DNA 分子的测序。每个纳米微孔中，单个 DNA 分子模板与引物结合，然后结合 DNA聚合酶后被固定到纳米微孔底部。当加入四色荧光标记的 dNTP，DNA 合成反应开始，连接上的 dNTP 会由于碱基配对在纳米微孔底部停留较长时间，激发后发出对应的荧光信号被识别，返回的荧光信号会形成一个特殊的脉冲波。同时，由于荧光信号连接到dNTP 的磷酸基团上，当上一个 dNTP 合成后，磷酸基团自动脱落，保证了检测的连续性，提高了检测速度，每秒钟合成 3 个碱基的速度，配上高分辨率的光学检测系统，实现了对 DNA 序列的实时检测。在实际操作中，PacBio 测序中用于 DNA 上样的芯片被称为 Cell，每一个 Cell 中都含有大量纳米微孔（直径为 50～100 nm）。例如，PacBio RSII使用的一个 Cell 中含有 15 万个纳米微孔，而最新的 Sequel 平台配套的升级版 Cell 中含有 800 万个纳米微孔。基因组测序时，首先将 DNA 样品建立的不同片段插入文库，然后将文库装载到 Cell 中开始上机测序。PacBio RSII 系统配套的一个 Cell 的数据产量为500 M 至 1 G，最新升级的 Sequel 测序系统配套的一个 Cell 可产生 5～10 G 的数据，使通量大幅提升。

PacBio 基因组测序主要包括以下 3 个步骤。

（1）测序文库制备。根据待测物种基因组的基本情况，将待测物种基因组 DNA 打成不同长度的片段，然后将片段黏性末端变成平末端，两端分别连接环状单链，单链两端分别与双链正负链连接上，得到一个类似哑铃（"套马环"）的结构。

（2）固定反应器。当引物与模板的单链环部位退火结合后，这个双链部位就可以结合到已固定在纳米微孔底部的聚合酶上。

（3）测序。向反应中加入四色荧光标记的 dNTP 等，构建 PCR 反应体系。模板双链首先打开成环形，先合成正单链，接着合成负链。聚合酶每合成一圈，对于定向目标序列，就相当于 2 倍覆盖度。当每连接一个 dNTP 时，由于碱基配对在纳米微孔底部停留较长时间，激发后发出对应的荧光信号被识别，返回的荧光信号会形成一个特殊的脉冲波，配上高分辨率的光学检测系统，便实现了对 DNA 序列的实时检测。由于该 PCR 合成产物和天然产物一致，聚合酶可以持续合成很长的产物，即循环合成很多圈（重复多次），对于定向单分子目标序列来说就可以得到很高的覆盖度。

2. 纳米微孔单分子测序技术

纳米微孔（nanopore）单分子测序技术的纳米微孔是一个简单的小孔与 1 nm 量级的内径（图 2.3）。基本原理是当 DNA 分子或者它的组成碱基从一个由核酸外切酶依附在外表面和环糊精传感器共价结合在内表面的纳米孔洞经过时，检测到电流或光信号的变化，从而获得测序信息。整个系统被镶嵌在一个磷脂双分子层内，目的是提供既符合碱基区分检测，又满足外切酶活性的物理条件。在适宜的电压下，核酸外切酶切割单链 DNA，使切割的单个碱基落入孔中，并与孔内的环糊精短暂地相互作用，影响了流过纳米微孔原本的电流，腺嘌呤与胸腺嘧啶的电信号大小相近，但胸腺嘧啶在环糊精停留的时间是其他核苷酸的 2～3 倍，因此每个碱基都因其产生特定的电流干扰振幅而被区分开。

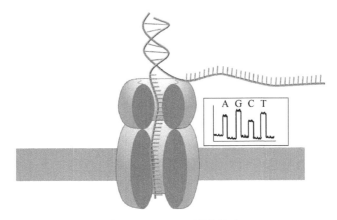

图 2.3　Nanopore 测序技术

3. 光学图谱

在高通量测序平台中产生的序列称为读长（reads），基于读长之间的重叠（overlap）区，通过拼接软件拼接获得的序列称为重叠群（contig）；而在基因组从头（de novo）测序过程中，通过 reads 拼接获得 contigs 后，往往还需要构建 Paired-end 库，以获得一定大小的片段（如 3 kb、6 kb、10 kb、20 kb）两端的序列。基于这些序列，可以确定一些 contigs 之间的顺序关系，这些先后顺序已知的 contigs 组成 scaffold。但这样拼接的 scaffold 仍然不能满足目前对基因组精细图的需求。基因组光学图谱的出现，在很大程度上促进了 scaffold 的拼接，特别是第三代测序技术 PacBio 加光学图谱的基因组深度测序策略越来越多地被科研工作者采用。

基因组光学图谱是来源于单个 DNA 分子有序的全基因组限制性内切酶酶切位点图

谱，是利用单个 DNA 分子基因组限制性内切酶图谱快速生成高分辨率、有序的全基因组限制性内切酶图谱的方法。通过限制性内切酶对单分子 DNA 进行原位切割，使切割后的 DNA 片段顺序保持不变。DNA 片段经荧光染料染色后置于荧光显微镜下，采集每个限制性内切酶片段的大小和顺序的信息，信息经转换处理后生成单个 DNA 分子的限制性内切酶酶切位点图谱，最后根据全部 DNA 分子限制性内切酶酶切位点图谱的相互重叠部分拼接得到全基因组限制性内切酶酶切位点图谱。目前比较成熟的基因组图谱技术 BioNano 利用内切酶对 DNA 进行识别酶切并标记荧光，再利用极细的毛细管电泳来把 DNA 分子拉直，将每个 DNA 单分子线性化展开，进行超长单分子高分辨率荧光成像，即生成了一幅酶切位点分布图。目前越来越多的研究者采用 PacBio 第三代测序技术结合 BioNano 光学图谱对复杂的动植物基因组进行组装，也都取得了非常不错的效果。例如，对二斑叶螨的基因组进行 BioNano 光学图谱辅助组装，将 scaffold 的 N50 从 3 Mb 提高到 6.8 Mb，同时大于 100 kb 的 scaffold 数量从 44 个也降到 15 个。

2.3 常用基因组数据库

测序技术的不断发展，特别是测序成本的降低，为更多的物种测序提供了可能。基因组测序已经从原来的微生物、人类和模式生物如小鼠、果蝇、线虫、拟南芥、酵母等，扩展到了更为广泛的物种。例如，在基因组在线数据库（Genome Online Database，GOLD：https://gold.jgi.doe.gov/）中，目前已经登记的物种有 486 981 个（2023 年 9 月 4 日）。这也促进了各类基因组数据库的开发和应用。基因组数据库是将基因组序列和注释信息整合在一起，并为用户提供查询功能的交流平台。以数据库的信息范围，目前可将基因组数据库简单地分为综合数据库和特色数据库两类。

2.3.1 三大综合数据库中的基因组信息

目前，世界上被广泛使用的综合数据库主要有美国国家生物技术信息中心的 GenBank 数据库（https://www.ncbi.nlm.nih.gov/genbank/）、欧洲生物信息学研究所的 EMBL-EBI 数据库（http://www.ebi.ac.uk/ena）和日本国立遗传学研究所的 DDBJ 数据库（http://www.ddbj.nig.ac.jp/）。这三大数据库每天都在进行数据和信息的交换更新，数据库中均包含了不同物种的大量基因组信息，极大地方便了研究者在线查询和信息上传。例如，西方盲走螨的基因组全长测序项目在 DDBJ/EMBL-EBI/GenBank 的登录号为 AFFJ00000000.1，其在 GenBank 的基因组信息登录号为 GCA_000255335.1。同时，我国的综合数据库"国家基因组科学数据中心"（National Genomics Data Center，https://ngbc.cncb.ac.cn/）于 2019 年 6 月由科技部、财政部通知公布，以中国科学院北京基因组研究所作为依托单位等，联合中国科学院生物物理研究所和中国科学院上海营养与健康研究所共同建设，围绕人、动物、植物、微生物等基因组数据，重点开展数据库体系及数据资源建设，开展数据服务、系统运维、技术研发、数据挖掘等系列工作，旨在建成具有国际影响力的基因组科学数据中心，促进科学数据开放共享，保障科学数据安全可控，支撑国家科技创新和经济社会发展。

2.3.2　5000 种节肢动物测序平台

节肢动物启动的 i5k 计划旨在通过各国科学家的努力，完成 5000 种节肢动物的基因组测序，i5kWorkspace@NAL（https://i5k.nal.usda.gov/）平台为这些物种测序后的数据注释提供了便利的操作平台。

2.3.3　蜱螨基因组数据库

VectorBase（https://www.vectorbase.org/）是一个基于传播人类病原物的无脊椎动物生物信息的研究平台，该平台提供了物种生物学信息、基因组信息、转录组信息、蛋白质组信息等。与农业害螨同属一个纲的蜱，由于某些种类是传播人类和哺乳动物疾病的重要媒介，隶属医学害虫的研究范畴，被广泛关注。目前，VectorBase 收录 *Ixodes scapularis*、*Ixodes ricinus*、*Sarcoptes scabiei* var. *canis*、*Rhipicephalus microplus* 等蜱的基因组信息。同时，VectorBase 还收录了如蚊子等病原物媒介昆虫的基因组信息。

二斑叶螨基因组信息（http://bioinformatics.psb.ugent.be/orcae/）是由根特大学真核生物基因组注释联合会提供的在线资源（Online Resource for Community Annotation of Eukaryotes，ORCAE），与其他数据库类似，该数据库也提供了二斑叶螨基因组下载、查询、比对等功能。目前，柑橘全爪螨的基因组信息已在该数据库登录。

2.3.4　昆虫基因组数据库

虽然蛛形纲和昆虫纲同属节肢动物，但是蛛形纲物种基因组的研究远远落后于昆虫纲。因此，在实际的研究过程中，昆虫纲物种的基因组信息是蛛形纲基因组研究的重要参考。现将主要模式昆虫数据库介绍如下。

InsectBase（http://v2.insect-genome.com/）目前收录了 817 种昆虫基因组，是目前较为全面的昆虫基因组研究平台（2023 年 9 月 4 日）。

农业生态系统节肢动物生物信息平台（BioInformatics Platform for Agro-ecosystems Arthropods，BIPAA，https://bipaa.genouest.org/is/）目前包括蚜虫基因组信息的 AphidBase、鳞翅目部分基因组信息的 LepidoDB 和寄生蜂基因组信息的 ParWaspDB（2023 年 9 月 4 日）。

FlyBase（http://flybase.org/）目前提供了 12 种果蝇的基因组数据，是超级模式物种果蝇的重要基因组研究平台（2023 年 9 月 4 日）。

BeetleBase（http://beetlebase.org/）是基于赤拟谷盗基因组 3.0 组装结果的鞘翅目昆虫基因组研究平台。

BeeBase（http://hymenopteragenome.org/beebase/）是基于蜜蜂和熊蜂的基因组研究平台。

Silk DB（http://silkworm.genomics.org.cn/）是基于家蚕的基因组信息平台。

2.4　基因组测序技术在农业害螨研究中的应用

2.4.1　二斑叶螨基因组测序

二斑叶螨是叶螨研究的模式物种，其寄主十分广泛，是世界范围内的重要害虫。同时，在整个节肢动物抗药性报道中，二斑叶螨的抗药性出现频率最高。鉴于二斑叶螨的重要性，来自加拿大、西班牙、比利时、法国、美国等国家的科学家组成了农业害虫控制基因组（Genomics in Agricultural Pest Management，GAP-M，http://www.spidermite.org/）研究组，该国际团队试图通过研究叶螨和植物基因组来探索新的叶螨防控策略。在GAP-M 的努力下，2011 年 10 月第一个螯肢动物二斑叶螨的基因组文章发表在 *Nature* 上（Grbić et al.，2011），其测序流程如图 2.4 所示。

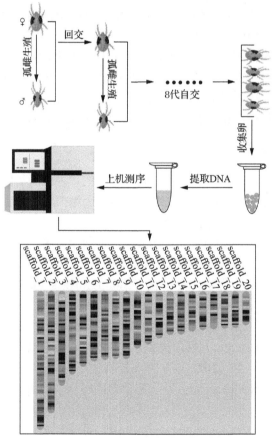

https://bioinformatics.psb.ugent.be/orcae/overview/Tetur

图 2.4　二斑叶螨测序流程（结果引自 Grbić et al.，2011）

1. 样品准备

首先构建二斑叶螨 8 代自交（sib-mating）品系，即利用二斑叶螨兼具孤雌生殖和两性生殖的特性，首先挑取单头未交配的雌成螨单独饲养，产卵后将其置于低温饲养，待其所产后代发育至性成熟后，母代与子代雄性交配，交配所产雌性单头饲养，以此重复 8 代，并将 8 代后由单头雌性繁殖的种群，作为测序种群。基因组测序对 DNA 质量要求极高，自交品系可减少基因组杂合度对后续组装造成的困难。叶螨由于个体小，需要混合上千头螨或者更多其他发育阶段的螨才能获得足够多的基因组 DNA。但二斑叶螨繁殖力强，可迅速以草本植物为寄主进行繁殖，因此测序可使用卵来提取基因组 DNA，这样可以减少植物和微生物的污染。对于其他繁殖力较低且不易室内饲养的螨类，应考虑其他可使用的螨态来提取足够的高质量基因组 DNA。

2. 测序与组装

首先构建 3 种插入文库，分别为 3 kb、8 kb、大片段（F 黏粒），然后通过 Sanger 测序对所构建的文库进行测序。测序获得了平均长度约为 2.5 kb、8.5 kb、35.5 kb 的 3 个文库，其总的读长分别为 499 872 nt、572 253 nt、107 424 nt。文库数据初步组装获得了 733 个 scaffold，其 L50 为 3.0 Mb，其中有 44 个 scaffold 大于 100 kb。对已组装的 scaffold 进行筛选：一方面将以上 scaffold 比对（如细菌基因信息、细胞器基因信息和 GenBank 库），并去除这些污染；另一方面，删除有 95% 以上 24 mers 超过 4 次的大于 50 kb 的 scaffold 或 scaffold 仅包含小于 1 kb 不固定的 rRNA 序列。通过筛选，最终获得了 640 个高质量的 scaffold。

3. 基因组注释

对于基因组的功能注释，需要辅助以 RNA-seq 的数据。为此，对二斑叶螨不同发育阶段和不同寄主转换下的转录组进行测序。首先，通过 EuGene 平台对内含子和外显子区域进行注释，主要使用了 Splice Machine 等软件；然后，通过 BlASTX 比对 Swiss-Prot 数据库获得 15 887 个二斑叶螨保守编码区域，并以 Markov 模型通过 EuGene 平台进行编码序列识别。对于同 RNA 文库中剪切同源性比对获得了非编码区的 6697 个内含子。注释最终获得了 18 414 个编码蛋白质的核基因。以文库和 RNA-seq 数据对预测的 18 414 个编码蛋白质的基因表达进行验证分析，有 8234 个基因在 ESTs 文库得到验证，而有 14 545 个基因在 RNA-seq 数据中得到验证。另外，Grbić 等还对二斑叶螨的染色体结构、端粒、转移因子、微卫星、miRNA 等进行了分析。

4. 比较基因组分析

一方面通过同源比较分析，可以研究基因或家族基因在不同物种中的丢失和获得；另一方面，已知基因的功能注释，可以分析研究物种中的基因功能。二斑叶螨的比较基因组研究选取了节肢动物的模式生物，如黑腹果蝇（*Drosophila melanogaster*）、赤拟谷盗（*Tribolium castaneum*）、丽蝇蛹集金小蜂（*Nasonia vitripennis*）、淡水枝角水蚤（*Daphnia pulex*）及外群物种智人（*Homo sapiens*）和短尾负鼠（*Nematostella vectensis*）的蛋白质序列作为比较基因组研究的参考信息。对家族基因的分析采用 BLASTP，同时对所有基因建立系统发育树来鉴定物种中家族基因的存在或缺失。在进化研究中，通常要分析家族基因的丢失或者扩增，二斑叶螨的研究中采用 DOLLOP 中的 PHYLIP 和 CAFE 两种算法。另外，基因和家族基因的功能通过基因本体（gene ontology，GO）进行注释，主要使用 Blast2GO 和 Interpro2GO 对基因进行 GO 分类。分析发现，在节肢动物中有 3000 个家族基因属于共有基因簇，然而在二斑叶螨中有 5038 个家族基因（包含 8329 个基因）。比较发现，二斑叶螨获得了 700 个新的家族基因，同时有 4300 个基因属于单拷贝基因，但是在其他节肢动物中存在的 1000 个家族基因在二斑叶螨中丢失。另外，有 58 个家族基因在二斑叶螨中有显著的扩增。

通过比较基因组分析，在二斑叶螨的基因组中发现了很多亮点家族基因。

（1）取食和解毒关键基因。通过对常见的与消化、解毒、有毒物质运输相关的家族基因比较发现，相较于昆虫基因组，这些家族基因组在二斑叶螨中均有扩增现象。例如，鉴定获得 86 个 P450 基因、37 个 GSTs 基因、71 个羧酸/胆碱酯酶和 39 个 ABC 转运蛋白基因；同时发现二斑叶螨在不同植物寄主转化中，特别是从适应寄主转到新适应寄主上，这些与解毒代谢相关的基因在表达水平上有很大变动，表明这些家族基因与寄主适应性存在相关性。

（2）基因平行转移。在二斑叶螨与取食和解毒相关的基因中，另一类从细菌和真菌中平行转移的基因也扮演着非常重要的角色。二斑叶螨基因组鉴定了 16 个内环裂解双加氧酶（intradiol ring cleavage dioxygenases）基因，而细菌基因组一般只有 1～7 个该类基因；发现了一个与土壤杆菌（*Bacilli*）钴胺素非依赖甲硫氨酸合成酶（cobalamin-independent methionine synthase，MetE）有 58%同源性的 MetE，两个与细菌同源的果聚糖酶基因（levanase-encoding gene），一个氰酸酶基因（cyanate lyase-encoding gene），两个与真菌和蚜虫同源的类胡萝卜素生物合成基因（carotenoid biosynthesis gene）。

（3）蜕皮激素松甾酮 A（ponasterone A）。蜕皮激素的合成包含 6 个 P450 对甾酮类化合物的加工，而在二斑叶螨基因组中缺失了 *CYP306A1* 和 *CYP18A1*，这表明松甾酮 A 而非 20E 是二斑叶螨的蜕皮激素。通过高效液相色谱等方法，也在二斑叶螨中检测到了松甾酮 A，进一步表明松甾酮 A 是二斑叶螨的蜕皮物质。

（4）*Hox* 基因簇的减少。*Hox* 基因比较保守，在基因组上簇居在一起，控制着螨的肢节的形成等。在二斑叶螨的基因组中只发现了传统的 10 个基因中的 8 个基因，缺失的是 *Hox3* 和 *abdominal A*。*abdominal A* 的缺失可能与二斑叶螨体末减少的体段有关。

（5）二斑叶螨纳米级的丝。在二斑叶螨的基因组中，发现了 17 个蚕丝蛋白基因，其编码的蛋白质中含有高达 27%～39%的丝氨酸。

（6）免疫与 RNA 干扰。以果蝇免疫相关基因（86 个）为对照，仅在二斑叶螨的基因组找到同源相关的 41 个基因，这说明二斑叶螨在免疫基因的数量上有所减少。RNAi 作为一种重要的病毒免疫机制，在昆虫抗病毒方面扮演着重要角色。二斑叶螨的基因组中同时拥有关键的 RNAi 通路基因，如 *Dicer*、*Ago* 等。有趣的是，该叶螨基因组中有 5 个依赖于 RNA 的 RNA 聚合酶，这类基因可能与 RNA 干扰信号的扩增有关。

（7）表皮蛋白。二斑叶螨基因组中鉴定发现了 42 个含有 pfam0379 的表皮相关蛋白，其中只有一个属于 RR-1 家族，其余均属于 RR-2 家族。

2.4.2　西方盲走螨基因组测序

西方盲走螨（*Typhlodromus occidentalis*）是一种重要的农业害虫天敌，特别是作为捕食性天敌可以控制苹果、葡萄、梨、杏、棉花、草莓等作物上的害螨。和其他盲走螨一样，这类螨因为无眼，其感知系统主要由位于第一对足和触须上的嗅觉感器（olfactory sensilla）和触觉刚毛（tactile setae）组成。作为一种重要的捕食螨，西方盲走螨与其他蜱螨之间的进化关系还不清楚。通过基因组的测序，在明确其与其他蜱螨进化关系的同时，还可以丰富蜱螨研究的基因组信息。西方盲走螨种类所具有的特色鲜明的特征，如化学感应、光转导、昼夜节律、麻痹与前消化、生殖方式、发育等相关的基因信息也可以通过基因组测序获得。

1. 样品准备

同二斑叶螨一样，为减少基因组杂合度对后续组装造成的困难，首先构建了西方盲走螨 10 代自交品系，并对单头雌性所繁殖起来的种群，收集大约 12 000 头雌成螨，饥饿 4 h，然后提取基因组 DNA。

2. 测序与组装

利用 454 测序平台对西方盲走螨的基因组 DNA 构建 15 倍覆盖率的文库和 30 倍覆盖率的 3 kb 和 8 kb 的两个长片段插入文库。初步筛选获得了 7 000 000 个读长测序样本，进一步组装获得了包含 2211 个 scaffold 的 152 M 西方盲走螨基因组。其中，重叠群的 N50 为 200.7 kb，scaffold 的 N50 为 900 kb。这个基因组的数据大小是二斑叶螨基因组的 2 倍多。基因组的完整度同时也通过 248 个保守的真核基因和 2675 个节肢动物单基因组拷贝同源性得到验证。西方盲走螨的基因注释基于 3 组数据支撑：直接测序西方盲走螨 RNA 获得的 RNA-seq 数据；通过模式生物的 RNA-seq 注释蛋白的数据，其中包括肩突硬蜱（*Ixodes scapularis*）、智人、果蝇、豌豆蚜（*Acyrthosiphon pisum*）、蜜蜂（*Apis mellifera*）、赤拟谷盗和水蚤；GenBank 中节肢动物 mRNA 注释的蛋白质序列。通过 NCBI 真核生物基因组注释的技术路线（以类似蜜蜂基因组注释的策略），共获得了 18 338 个编码蛋白质的基因，其中 11 430 个在 RNA-seq 数据中得到验证。目前，西方盲走螨基因组是蛛形纲最为完整的基因组。

3. 比较基因组分析

与二斑叶螨的分析一致，对西方盲走螨也进行了比较基因组的研究。一方面，通过同源比较分析，可研究基因或家族基因在不同物种中的丢失和获得；另一方面，已知基因功能的注释，可分析和研究物种中的基因功能。西方盲走螨的比较基因组研究选取了几种节肢动物的基因组，利用最大似然法构建了系统发育树。通过系统发育树研究了1326 个单拷贝基因的进化关系。分析表明，西方盲走螨与肩突硬蜱聚在一起，而与隆头蛛（*Stegodyphus mimosarum*）互为姊妹群，同为蛛形纲的二斑叶螨相应地成为外群。同时，该比较基因组的研究进一步研究了内含子的进化。分析以 1281 个单拷贝基因族群为基础，发现了内含子在所选物种中获得与丢失的现象，并通过 Malin（maximum likelihood analysis of intron evolution suite）统计原始内含子获得与丢失次数。研究表明，西方盲走螨中内含子的丢失要远远高于内含子的获得。

另外，通过比较基因组的分析，与西方盲走螨生物特性有关的基因也得到鉴定。在猎物检测方面，西方盲走螨主要通过化学感应和光转导来定位和鉴别猎物。和其他节肢动物一样，西方盲走螨能够接收环境中相当复杂的化学物质线索。在非昆虫的节肢动物中，与化感作用相关的主要有两个家族基因：味觉受体（gustatory receptor）和离子通道型受体（ionotropic receptor）。在昆虫中，还存在另一类化感家族基因：嗅觉受体（odorant receptor）。例如，在二斑叶螨和西方盲走螨的基因组中均没有嗅觉受体相关基因。因此，西方盲走螨化感功能的实现，均依靠所鉴定的 64 个味觉受体和 65 个离子通道型受体。研究西方盲走螨的取食过程发现，和其他节肢动物捕食性天敌相似，其具有麻痹叶螨使其失去活动能力的预消化机制。同源性比对发现，在蜘蛛和其他分泌毒液的节肢动物中，有大约 800 个消化肽可能与猎物的麻痹有关。基于 InterPro 蛋白结构域注释，在西方盲走螨中发现了 124 个胰蛋白酶类半胱氨酸/丝氨酸肽酶（trypsin-like cysteine/serine peptidases），但是这一数量远低于叶螨和蜱中该类蛋白的数量。其中，西方盲走螨有 1 个 C13 豆蛋白半胱氨酸肽酶和 23 个组织蛋白酶。

在螨和一些昆虫中，其雌性通过父系基因组消除（paternal genome elimination）产雄，并以此调节种群的性别比例，这种生殖方式也称假产雌孤雌生殖（pseudo-arrhenotoky）。目前，这种生殖方式的分子机制还不清楚，仅是通过对一些常规的性别决定基因及 DNA 表观遗传修饰开展相关探索性研究。不同物种间的性别决定基因差异较大，在西方盲走螨的基因组中发现缺失了以下基因：*transformer*、*hermaphrodite*、*sisterless-a*、*sisterless-c*、*extra macrochaetae*、*bag of marbles*、*benign gonial cell neoplasm*、*oskar*、*valois*、*tutor*、*male-speccific lethal 2*、*painting of fourth* 和 *RNA on X*。在 DNA 甲基化（DNA methylation）方面，在西方盲走螨中发现了 DNA 转甲基酶（DNA methytransferases）Dnmt2，而没有发现 Dnmt1 和 Dnmt3。这可能暗示 DNA 甲基化并不是调控西方盲走螨性别决定的关键机制。

与昆虫相比，蜱螨仅有两个体段，分别称为颚体（gnathosoma）和躯体（idiosoma），而这可能与其早期的发育有关。在节肢动物中，这一发育过程主要取决于 *Hox* 基因的表达模式。在 10 个保守的 *Hox* 基因中，西方盲走螨有 7 个，其缺失了 *Hox3*、*zerknüllt*

和 *zen*。值得注意的是，*Hox* 基因一般以基因簇的形式聚在基因组上，但是从西方盲走螨的基因组测序来看，其 *Hox* 基因分布在不同测序获得的 scaffold 上。

自然状态下，西方盲走螨的种群密度较低，但是作为重要的商业化捕食性天敌，其工厂化大规模饲养却是在种群密度极高的状态下进行的。但是，在工厂化生产中常常遭受病原菌侵染的威胁。因此，研究该螨的免疫能力有助于提高工厂化繁殖的效率。通过对传统免疫通路 IMD、JNK、TOLL、JAK/STAT 等同源性搜索发现，西方盲走螨仅有一个肽聚糖识别蛋白（peptidoglycan recognition protein），同时也未发现革兰氏阴性菌附着蛋白（Gram-negative bacteria-binding protein）。其他识别蛋白，如 1 个纤维蛋白原相关蛋白（fibrinogen-related protein），至少 2 个含硫酯键蛋白（thioester-containing protein），4 个吞噬作用相关唐氏综合征细胞黏附分子类似蛋白（phagocytosis-related Dscam-like protein），而数目均少于其他螯肢动物（chelicerates）。西方盲走螨具有完善的 Toll 通路的关键基因，但没有发现与 IMD 信号通路相关的基因。JAK/STAT 通路中受体 Domeless 和转录因子 Stat92E 在西方盲走螨基因组中可以找到同源基因，但是却没有发现 *hopscotch* 基因。目前的研究表明，通过饲喂 dsRNA 可以诱导西方盲走螨的系统性 RNAi。通过同源性搜索，也找到了与 RNAi 通路相关的基因。其中发现了可能与 dsRNA 扩增有关的至少 3 个 RNA 的 RNA 聚合酶基因，并鉴定到了 *Dicer-2* 的协作蛋白 R2D2。值得注意的是，在西方盲走螨基因组中发现了至少 5 个不同的 *Dicer-2* 基因，分别分布在 4 个不同的 scaffold 上。

2.4.3 黄瓜新小绥螨基因组测序

黄瓜新小绥螨是一种重要的捕食螨，可取食多种害螨、蓟马、木虱等，在世界范围内被广泛应用于农业害虫的生物防治。因其食谱较宽，黄瓜新小绥螨需要应对外界的多种胁迫，包括内源性有毒物质、异源物质、饥饿、氧化和热胁迫等。黄瓜新小绥螨的基因组学和发育转录组学分析为进一步研究其发育、繁殖和适应性提供了宝贵的资源（Zhang et al.，2019）。

1. 样品准备

收集 4 万颗一天内的黄瓜新小绥螨卵，提取总 DNA。其中，雌螨是在实验室培养了超过 10 年的对椭圆嗜粉螨易感的品系。

通过 Illumina 高通量测序平台构建了 3 个分别为 180 bp、220 bp 和 500 bp 的插入文库和 9 个双端（mate-pair）文库。初步得到 51.75 Gb 读长；过滤掉无效或低质量读长后，进一步组装得到 3715 个 N50 为 222.9 kb 的 contigs；然后得到 1173 个 N50 为 1572.8 kb 的 scaffolds；最终得到的基因组大小为 173 Mb。基因组的准确性和完整度通过单基因组拷贝同源性（BUSCO）和 2 个 BUSCO 软件组装的 RNA-seq 数据库得以验证。

2. 基因组注释与评估

利用公共数据库（NR、Swiss-Prot、COG、TrEMBL、GO 和 KEGG）同源比对和从头计算（*ab initio*）方法，注释了 17 514 个编码蛋白质的基因；随后基于转录组分析注释了 1221 个编码蛋白质的基因。编码蛋白质的基因总长度约为 50.55 Mb，占总组装的 29.2%。基因的平均长度为 2888 bp，平均每个基因包含 4 个 283 bp 的外显子与 3 个 420 bp 的内含子。转录组数据显示，已鉴定的基因中有 79.34%在不同温度、不同食物的条件下具有转录活性。

3. 比较基因组分析

黄瓜新小绥螨的比较基因组研究选择了蜱螨亚纲的 9 个物种（*Limulus polyphemus*、*Mesobuthus martensii*、*Stegodyphus mimosarum*、*Rhipicephalus microplus*、*Ixodes scapularis*、*Neoseiulus cucumeris*、*Metaseiulus occidentalis*、*Tetranychus urticae* 和 *Sarcoptes scabiei*）的参考信息。

比较基因组分析发现：

（1）黄瓜新小绥螨基因组拥有将近 20.6 Mb 重复序列（占基因组的 11.93%），占比几乎是西方盲走螨和果蝇的 2 倍，其中反转录转座子（RNA-based transposons）占 5.66%，转座子（DNA-based transposons）占 4.13%，其他未鉴定的转座元件占 2.82%。同时，在黄瓜新小绥螨基因组中还发现，至少有 20 个基因来自 8 个转座酶家族，11 个基因来自两个扩张的噬菌体整合酶家族基因，至少有 83 个基因来自 7 个逆转录酶家族和 5 个核酸内切酶-逆转录酶家族。另外，还发现了 3 个来自逆转座子 gag 蛋白家族的基因。这些基因家族均有扩增，扩增最多的逆转录酶家族，有 24 个成员。如此多的拷贝数暗示了这些基因在转座子、逆转座子的活性和基因组结构进化中发挥着重要作用。

（2）系统发育分析支持了蜱螨亚纲的单系性学说，蜱螨亚纲大约在 437 万年前从蛛形纲中分化出来并形成两个分支：真螨目（428 万年前形成）、寄螨目（392 万年前形成）。

（3）黄瓜新小绥螨约有 86.18%的基因在同属于中气门亚目的西方盲走螨中很常见，然而只有大约 29.47%的基因在寄螨目的 4 个种（*Rhipicephalus microplus*、*Ixodes scapularis*、*Neoseiulus cucumeris*、*Metaseiulus occidentalis*）中是共有的，大约有 37%的基因（6981 个）为黄瓜新小绥螨独有。

（4）黄瓜新小绥螨性别决定、发育、生殖相关基因相对保守，而先天免疫系统相关基因则较不保守。

（5）作为一种多食性捕食螨，黄瓜新小绥螨拥有的解毒代谢和抵抗胁迫的相关基因（包括 *GST*、*CYP* 和 *CCE* 基因）比专食性的西方盲走螨多，但比二斑叶螨少。

2.4.4 狄斯瓦螨基因组测序

蜜蜂是重要的传粉昆虫，同时也是蜂蜜等蜂类产品的重要提供者。然而，养蜂业经常出现蜂群崩溃综合征（colony collapse disorder，CCD）。目前认为，造成该现象的原因众多，如单一农作物种植、杀虫剂使用、病原菌及寄生物传播等。狄斯瓦螨（*Varroa destructor*）因可通过直接寄生蜜蜂对蜂群造成危害，以及传播蜜蜂病毒而备受关注。因此，通过低覆盖率的基因组调研图研究，用狄斯瓦螨全基因组图谱可为螨-蜜蜂互作研究提供分子基础。

1. 样品准备

基于流式细胞仪（flow cytometer）初步估计狄斯瓦螨的单倍体基因组可能为（565±3）Mbp。用于调研图测序的样品来源于寄生在蜜蜂上的狄斯瓦螨种群。为获取高质量的 DNA，使用 3 种 DNA 提取方法，包括 DNAzol 试剂盒、基于蛋白酶 K 缓冲液的方法和 CTAB 法。最后将合格的 DNA 样品通过焦磷酸 454 测序平台（Pyrosequencing 454）进行测序。

2. 组装和分析

测序共获得了 2.4 Gbp 读长，通过对低质量读长处理后，获得了平均长度为 365 bp 的读长，其对基因组的估计覆盖率为 4.2 倍。通过 Celera Assembler 5.2 的 CABOG 组装 contig，对组装的 contig 进行寄主蜜蜂基因组和共生细菌的基因组信息排除。结果表明，组装的 contig 估计对基因组的覆盖率为 4.3 倍。但由于是低通量的测序，这些组装的 contig 只包含了部分基因组，估计为 318 Mbp，这几乎相当于估计的基因组大小 565 Mbp 的一半左右。

3. 疑似共生微生物

通过 GC 含量偏好性和 BLAST 比对研究发现，在测序样品中有一个或多个放线菌基因序列且峰度较高。另外，在去除微生物污染时发现，有一些很长的 contig 其自身的覆盖率非常高（平均为 56 倍）。通过 BLASTX 和 Pfam 数据库比对，发现这些 contig 与杆状病毒同源性很高。

4. 基因注释与比较基因组研究

通过对组装的 contig 与 5 个节肢动物的肽序列进行比对，并结合与真核生物 RNA-seq 数据库的比对结果，共发现有 13 031 个 contig 与数据库基因有显著同源性（$\geqslant 10^8$）。这些 contig 的中位长度为 1967 bp，总长为 31.3 Mb，占总组装数据的 10%。虽然，测序仅获得了部分基因组的序列，但基于该测序结果也能够对狄斯瓦螨编码蛋白质序列的基因进行分析。首先，利用 KEGG 数据库中的印第安蚊和肩突硬蜱数据，分析狄斯瓦螨与糖酵解/糖异生（glycolysis/gluconeogenesis）作用同源的基因；其次，通过对狄斯瓦螨基因信息中预测的 ORF 比对 CEGMA，寻找其进化中保守的蛋白质。另外，利用 Repeat Masker 对狄斯瓦螨中编码蛋白质的转座因子（protein-coding transposable element）家族进行鉴定，并发现狄斯瓦螨基因组中丰富的 Mariner 家族 DNA 转座子。为了研究狄斯瓦螨和肩突硬蜱的进化分离程度，同时选取了其他 3 个代表物种，共计 5 个物种的 730 个保守肽，平均长度为 128 个氨基酸。以 JTT 置换矩阵（JTT substitution matrix）构建发育树，结果表明狄斯瓦螨和肩突硬蜱起源于共同祖先，且狄斯瓦螨的进化较肩突硬蜱更快。

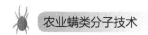

2.5 展　望

测序技术的不断进步，特别是第三代测序技术的日趋成熟，为大多数具有经济重要性的农业螨类基因组测序提供了可能。螯肢动物是陆地动物的第二大类群，其中农业害螨种类繁多，仅叶螨就有1000多种。因此，越来越多基因组测序项目的出现，将为研究农业螨类提供良好的分子生物学平台。

首先，测序技术的发展，使基因组测序读长更长、错误率更低，形成了精确的基因组序列突破，而且基因组测序的价格也在不断降低。

其次，农业螨类大多个体小、繁殖力强、分化严重，使其成为研究物种进化的材料。例如，二斑叶螨可以寄生在至少1100种植物上，通过基因组测序，二斑叶螨解毒代谢酶基因数量的扩增和平行转移基因的发现为其在寄主广和抗药性强方面的机制解析，提供了有力的分子依据。

最后，理想的基因组测序的基因组DNA是来自单头螨，其遗传背景单一，但由于螨类个体极小，很难从单头螨获取足够的基因组DNA来实现测序。特别是目前的PacBio，对DNA的数量和质量要求很高。通过自交品系在纯化螨的遗传背景的过程中，一般最后要求从单头个体繁殖至少成千上万头螨来获取有效的DNA。这使螨类基因组样品的准备周期一般较长。以Nanopore为代表的新一代测序技术有望在较低的DNA输入量的情况下（如单头螨），获得高质量的基因组图谱，但具体的技术还有待进一步优化。

参 考 文 献

BRANTON D, DEAMER D W, MARZIALI A, et al., 2008. The potential and challenges of nanopore sequencing[J]. Nature Biotechnology, 26(10): 1146-1153.

GRBIĆ M, VAN LEEUWEN T, CLARK R M, et al., 2011. The genome of *Tetranychus urticae* reveals herbivorous pest adaptations[J]. Nature, 479(7374): 487-492.

MAXAM A M, GILBERT W, 1977. A new method for sequencing DNA[J]. Proceedings of the National Academy of Sciences of the United States of America, 74(2): 560-564.

SANGER F, 1977. DNA sequencing with chain-terminating inhibitors[J]. Proceedings of the National Academy of Sciences of the United States of America, 74(12): 5463-5467.

WATSON J D, CRICK F H, 1953. Molecular structure of nucleic acids: molecular structure of deoxypentose nucleic acids[J]. Nature, 171(4356): 738-740.

ZHANG Y X, CHEN X, WANG J P, et al., 2019. Genomic insights into mite phylogeny, fitness, development, and reproduction[J]. BMC Genomics, 20(1): 954.

第 3 章 农业害螨转录组测序

转录组（transcriptome），广义上是指物种在特定的发育阶段或者生理条件下组织或细胞中转录本 RNA 的总和，包括可编码蛋白质的信使 RNA（mRNA）和非编码 RNA（non-coding RNA，ncRNA）；狭义上是指所有信使 RNA（mRNA）的总和。mRNA 是 DNA 与蛋白质信息传递的桥梁，遗传信息通过 mRNA 的精细调控，从 DNA 传递到蛋白质，这一过程是基因调控生物活动的主要途径。转录组学是一门在整体水平上研究个体组织或细胞中所有基因结构和功能，揭示基因转录及转录调控规律的学科，在研究生物生长发育、表观调控等方面起着重要作用。本章主要介绍农业害螨研究中涉及的转录组学技术及常用的转录组数据库。

3.1 转录组测序技术

3.1.1 转录组测序技术的种类

基因芯片（gene chip）是指 DNA 芯片，其主要基于核酸杂交原理，通过大量的寡核苷酸分子与标记样品相互杂交，比对实验样品和对照样品的表达强度来体现基因表达水平。基因芯片可用于检测基因水平、挖掘新基因和检测基因突变等研究。但基因芯片技术杂交背景较高，影响实验的准确性；且由于拷贝数有限制，会出现忽略低丰度基因挖掘的情况；还由于数据库含量有限，错误的基因注释也无法避免。

基因表达序列标签（expressed sequence tag，EST）是 1991 年由亚当斯（Adams）提出的，随机选择 300～500 bp 的 cDNA 片段进行 5′端或 3′端测序获得短的 cDNA 的技术。该技术起始于人类基因组计划的前期，开启了 cDNA 大规模测序的时代，其主要是先构建 cDNA 文库，并从中提取大量的克隆产物，利用通用引物测序进行比对，从而得到研究基因的表达情况及表达丰度。

基因表达系列分析（serial analysis of gene expression，SAGE）技术是 1995 年由威尔克斯库（Velculescu）等提出的一种可以在整体水平对组织或细胞中的大量转录本进行定量分析的技术。该技术不仅能够全面地分析组织或细胞的表达基因，还能够得到这些基因的表达丰度信息，以及比较在不同条件下不同组织的基因表达差异。该技术的理论依据主要包括两点：第一，通过限制性酶切可产生 9～13 bp cDNA 标签，这些标签能够确认任何一种物种的转录产物；第二，这些 cDNA 标签会被连接并集中到同一个克隆中进行测序，从而显示基因的表达水平。

大规模平行测序（massively parallel signature sequencing，MPSS）技术是 2000 年由布伦纳（Brenner）等建立的以 DNA 测序为基础的大规模高通量基因分析技术，可以说是对 SAGE 技术的改进。该方法的理论基础是一个标签序列（一般为 10~20 bp）含有足够特异识别的转录子信息，将标签序列和长的连续分子连接在一起，从而进行克隆和序列分析。由于体系中带有荧光标记的单核苷酸，既可高效检测每个标签序列的出现频率，又可展现某基因的表达水平。

随着高通量测序技术的飞速发展，测序技术不仅能大规模进行基因组测序，也能够深入进行转录组测序，除了 mRNA 水平外还包括非编码 RNA、转录因子等数据的挖掘。由此，基于高通量测序在转录组分析方面开发出了 RNA 测序技术（RNA-seq），目前应用得十分广泛。RNA-seq 技术是第二代测序技术的重要应用，具有很多优点：第一，测序结果海量，能够测得数以亿计个碱基序列，基本覆盖整个转录组；第二，准确性高、灵敏度强，荧光信号灵敏而避免背景噪声和捕捉到低丰度基因；第三，使用便捷，直接对整个组织或细胞进行全转录组分析，不需要特异性探针（Martin and Wang，2011；McGettigan，2013）。

RNA-seq 技术首先需要利用纯化的 mRNA 反转录构建 cDNA 文库，再将 DNA 片段随机打断（或将 mRNA 随机打断后反转录）并添加测序衔接子，从而进行高通量测序（Wang et al.，2009；McGettigan et al.，2013）。最后，需要将得到的片段比对到参考基因组或转录组上，进行序列拼接。后续需要借助生物信息学技术和常用数据库进行数据的分析与整理。

3.1.2 转录组种类

就目前而言，转录组测序依旧以 Illumina 的第二代测序技术为主，主要是 RNA-seq 技术（Martin and Wang，2011）。这种方法可根据实验研究目的对 RNA 样品进行处理，从而提取 mRNA、lncRNA、miRNA 等进行高通量测序并构建文库。

1. mRNA 测序

真核生物 mRNA 测序的研究对象是特定组织或细胞在某一条件作用下所转录的 mRNA 的集合，其利用 mRNA 在 3′端所具有的 poly A 结构，通过 oligo-dT 磁珠进行捕捉，富集不含内含子序列的 mRNA 分子，再反转录成 cDNA 进行建库。测序得到的 mRNA 序列，在有参考基因组的情况下可精准比对到基因组上，从而判断内含子和外显子的位置；如果无参考基因组，也可对序列进行从头拼接，获得转录组具体的序列信息。该技术可用于研究在不同作用条件、不同组织中的转录水平，进行差异基因的比较和发掘；也可揭示转录组的复杂性，获得转录本结构、可变剪切、某些新基因等信息；还可发现某物种的组织特异性和时空特异性，为全面了解物种某一状态下的分子机制奠定基础。

2. 小 RNA 测序

小 RNA 是指一类高度保守的长度为 18～32 nt 的 RNA 分子，主要包括 miRNA、siRNA、snoRNA 和 piRNA 等，它们通常是生命活动过程中重要的调控因子，可参与mRNA 降解、DNA 表观修饰、转录翻译等过程。与 mRNA 测序类似，根据小 RNA 的5′端和 3′端结构特点，连接测序衔接子并筛选小 RNA 测序文库进行测序。小 RNA 测序具有灵敏度高、精准度高的特点，可用于挖掘、鉴定、定量分析某物种全基因组水平的小 RNA 图谱、获得新的 miRNA 分子、鉴定样品间差异表达分析等。

3. circRNA 测序

circRNA（环状 RNA）是一类特殊的环状 RNA 分子，不易被 RNA 酶降解，表达稳定，呈环状结构。circRNA 主要存在于细胞质中，在细胞生长发育、功能代谢中发挥着重要的转录调控作用。对于 circRNA 测序建库，需要从总 RNA 中去除 rRNA 及线性 RNA，再进行打断衔接子富集检测序列，构建 circRNA 文库，片段一般为 300～400 bp。目前主要利用 circRNA 测序对 circRNA 的剪接模式和类型进行深入细致的分析，发掘新的circRNA，也可分析 circRNA 与调控因子之间的关系。

4. lncRNA 测序

lncRNA（long non-coding RNA，长链非编码 RNA）是一类长度超过 200 nt 但不存在编码蛋白质功能的 RNA 分子，广泛存在于各种生物体内，在表观遗传、转录及转录后等多种水平上起着关键性的调控作用。lncRNA 可参与染色体结构的形成，也可与转录因子、miRNA、RNA 前体、蛋白质结合进而调节各类生物学分子的功能。一般来说，lncRNA部分存在 ploy A 结构，需要进行打断衔接子富集检测序列，再与核糖体数据库比对，去除测序结果中包含的 rRNA，筛选得到 lncRNA 序列信息。目前对 lncRNA 功能的研究还停留在筛选差异表达方面，未来有望进一步明确 lncRNA 与编码基因之间的调控关系。

5. 全转录组测序

全转录组是指在特定条件下组织或细胞所转录出的 RNA 总和，主要包括 mRNA 和非编码 RNA（如 lncRNA、小 RNA、circRNA）。在生物体中，mRNA 基因功能的发挥需要 lncRNA、小 RNA 和 circRNA 的调控作用。全转录组测序能够同时获得同一样本内的多种 RNA，可以更好地定量分析细胞或组织中的生物分子网络和调控途径，从而深入挖掘生物体基因功能及其背后的转录调控机制。

3.1.3　常用转录组数据库介绍

随着测序技术不断发展及测序成本不断降低，转录组测序已逐步取代传统测序成为研究生物基因功能的主要方法。尤其是目前广泛使用的 RNA-seq 技术，其能覆盖全部转录本，得到海量深入的测序结果，从而达到补充扩展物种基因组数据库、发掘基因功能、探索未知小 RNA 等研究目的。面对海量的基因数据，解读基因功能元件及组织或细胞分子成分是很有必要的。为了更好地利用生物信息学技术进行原始数据分析，出现了许多可供使用的综合数据库和特色数据库。

1. RNA 数据库

RNA central（http://rnacentral.org/）是第一个集合所有类型非编码 RNA 的数据库（包括 piRNA、microRNA、lncRNA 等），每一个 RNA 序列都存在唯一的编号，首次发行包括大约 800 万个序列。

2. NR（Non-Redundant Protein Sequence）数据库

NR（https://ftp.ncbi.nlm.nih.gov/blast/db/FASTA/）数据库是非冗余蛋白质序列数据库，包含多个数据库内容，简单来说即将核酸数据与蛋白质数据联系起来，可通过核酸序列在本地 BLAST（basic local alignment search tool，基于局部比对算法的搜索工具）得到相应的蛋白质序列，以便深入了解基因的生物功能，进行基因注释。

3. GO（Gene Ontology）数据库

GO（http://www.geneontology.org/）是由基因本体联盟（Gene Ontology Consortium）建立的数据库，其目标是将不同数据库中的生物学术用语不断标准化。通过基因产物的分子功能、生物学途径、细胞结构等进行分类汇总。因此，可利用该数据库进行转录组GO 注释，揭示某一转录组所具有的表达模式基因功能。

4. KEGG（Kyoto Encyclopedia of Genes and Genomes）数据库

KEGG（http://www.genome.jp/kegg/）是由日本京都大学生物信息学中心 Kanehisa 实验室建立的数据库，是一个包含系统信息、基因组信息、化学信息和健康信息的大型知识库。由于生物体内基因产物是以网络的形式存在，不同基因产物之间存在着相互作用，利用 KEGG 数据库可以更系统地认识基因的生物学功能及生物体的网络连接过程。将转录组数据与 KEGG 数据库比对，即可了解该基因或转录组所参与的生物学通路情况。

5. Swiss-Prot 蛋白质数据库

Swiss-Prot（https://www.expasy.org/resources/uniprotkb-swiss-prot/）是由瑞士生物信息学研究所（Swiss Institute of Bioinformatics，SIB）和欧洲生物信息学研究所（European Bioinformatics Institute，EBI）共同协作维护的高水平注释的蛋白质序列数据库，目前已合并到 UniProt 数据库中（The Universal Protein Resource，http://www.uniprot.org/）。该数据库提供了详细的蛋白质序列及功能信息，如蛋白质功能描述、结构域结构、转录后修饰、修饰位点等。可利用该数据库准确进行蛋白质序列比对，进行基因注释。

6. Pfam 数据库

Pfam（http://pfam.xfam.org/）是一个蛋白质家族数据库，依赖于隐马尔可夫模型（hidden Markov models，HMMs）和多序列比对。在蛋白质中，一般存在一个或多个结构功能区域，称为域。这些结构域决定了蛋白质的功能。Pfam 数据库可以准确地提供蛋白质家族及结构域分类，因此，可利用 Pfam 数据库对转录组数据从蛋白质层面进行家族归类和蛋白质结构域功能注释。

3.2 转录组测序技术在农业害螨研究中的应用

3.2.1 二斑叶螨

转录组测序技术的出现与普遍应用，为科研人员研究二斑叶螨抗性机制、二斑叶螨的寄主适应性机制等提供了巨大的便利，有助于从基因层面了解二斑叶螨的抗性机制、二斑叶螨与寄主植物的相互关系及二斑叶螨与共生菌的关系，为二斑叶螨的防治提供新的方向。

二斑叶螨寄主广泛，环境适应能力极强，抗性发展迅速。解析二斑叶螨适应寄主植物与抗性产生过程中的分子机制，对了解二斑叶螨的种群变化及制定新的防控策略具有重要意义。目前，转录组测序技术的发展，加速了对二斑叶螨适应环境中的各种分子机制的研究进程。以往对二斑叶螨的抗性研究主要集中在靶标位点的突变和经典的解毒酶系统，如经典的三大解毒代谢酶，然而这样的研究并不能全面解析二斑叶螨产生抗性的主要分子机制，而通过转录组测序，分析敏感与抗性品系的差异基因，能更好地了解二斑叶螨面对不同药剂时的应对机制。Dermauw 等（2013）采集了两个田间的二斑叶螨种群 mR-VP 和 mR-AB，且对常见的杀螨剂（如阿维菌素等）具有较高的抗性，以室内饲养的二斑叶螨作为敏感品系进行转录组测序，分析了 3 个不同品系二斑叶螨的转录组，发现具有大量的差异表达基因。相对敏感品系，mR-VP 和 mR-AB 基因的转录水平［log 2(FC)≥1，FDR<0.05］的差异表达基因分别为 893 个和 977 个，其中有 415 个差异基因在两个抗性系之间有重叠，分别占 46.5% 和 42.5%。将长期生长在豆类寄主上的二斑叶螨转移至番茄上后，随着生存时间的推移，对 5 代以后的两个二斑叶螨品系进行转录组测序，其中约有 7.5% 的基因具有差异表达，包括许多已知的解毒酶基因家族和一些平行转移基因，如内环裂解双加氧酶基因。发现两个抗性品系中分别有 49.5% 和 42.3% 的差异表达基因与寄主转换后的差异表达基因相同。两者的差异基因表达谱具有高度的相关性，可能两者的分子机制存在一定的联系。

二斑叶螨的寄主十分广泛，但在不同寄主上的种群表现并不相同。Diaz-Riquelme 等（2016）使用葡萄非适应性（伦敦品系）、适应性（穆尔西亚品系）二斑叶螨取食的叶片和空白对照通过 Illumina 平台组装了转录组。分析转录组数据发现，相比对照在伦敦组和穆尔西亚组分别检测到 390 个、4255 个差异基因。GO 和 GSA 富集分析发现，穆尔西亚组取食葡萄叶片引发的上调基因主要分布在信号转导、防御反应和代谢过程；相反，伦敦组取食叶片引发的上调基因很少有显著与防御反应、代谢过程有关的。穆尔西亚组下调基因主要富集在光合作用、植物生长和细胞增殖，而伦敦组下调基因只分布在光合作用和细胞增殖，植物生长基因并没有受到显著影响。因此，葡萄对伦敦非适应螨的拒食能力与微弱的诱导反应有关，而对适应葡萄作为宿主的穆尔西亚螨的诱导反应则很强烈，并发现了与番茄和拟南芥有效防御二斑叶螨取食有关的生物过程。

为了更好地理解防御机制和植物间接介导的植食性螨之间的相互作用，Schimmel 等（2018）分别用伊氏叶螨（Te）、二斑叶螨（Tu）及番茄刺皮瘿螨（Al）单独侵染番茄，伊氏叶螨+二斑叶螨（Te+Tu）、番茄刺皮瘿螨+二斑叶螨（Al+Tu）复合侵染番茄构建转录组。使用对照组作参考，不同处理下差异表达基因（DEGs）数量有很大差异，Te 组最少，只检测到 38 个 DEGs，Tu 组和 Al 组分别有 2460 个、3200 个 DEGs，双重侵染组 Te+Tu、Al+Tu 各有 2032 个、5152 个 DEGs。排除 Te 组后进行 GO 功能富集分析，发现其他处理组显著富集在 21 个 GO 类别中，各处理之间存在大量重叠。Tu+Te、Tu、Tu+Al 和 Al 样品中上调的 DEGs 在花粉识别、蛋白质磷酸化、过氧化氢分解代谢过程和几丁质分解代谢过程显著富集，而下调的 DEGs 始终富集在光合作用。此外，Tu、Tu+Al 和 Al 样品中下调的 DEGs 显著富集在与光合作用相关的光收集和叶绿素生物合成过程等 GO 类别。在单独被二斑叶螨及番茄刺皮瘿螨侵染后，番茄基因差异表达的比例为 8%～10%，而在伊氏叶螨侵染的植物中只有 0.1%发生了改变。双重侵染叶片的转录组分析显示，番茄刺皮瘿螨主要抑制了二斑叶螨引起的 JA 防御，而伊氏叶螨在转录组范围内抑制了由二斑叶螨触发的寄主反应。该转录组为宿主防御抑制和植物介导的草食动物竞争机制提供了新思路。

沃尔巴氏菌（Wolbachia）是一类广泛分布在节肢动物和丝虫体胞内共生立克次体细菌，已在多种叶螨中发现。Wolbachia 感染能影响二斑叶螨多种生物学习性，如生殖、寄生适应性。为了探明其中潜在的分子机制，张艳凯等（2014）利用 Wolbachia 感染二斑叶螨进行转录组测序。分析转录组数据，感染及不感染雌成螨样本间存在 251 个 DEGs，其中 148 个上调，103 个下调。对于雄成螨，共有 171 个 DEGs，其中 96 个上调，75 个下调，二斑叶螨雌雄螨有 82 个共同差异表达基因。对这些 DEGs 进行 GO 和 KEGG 富集分析，发现主要富集在二斑叶螨氧化还原过程、消化及解毒作用、脂质运载蛋白和其他未知功能等多种生物学过程。Wolbachia 侵染后大量差异表达基因与宿主氧化还原及铁、硫离子结合有关，可能是 Wolbachia 通过调节这些基因的表达保证自身的存活，同时也在二斑叶螨抗应激过程中发挥重要作用。转录组中还发现一些解毒代谢酶基因表达下调，表明二斑叶螨的取食及代谢可能受到 Wolbachia 感染影响。此外，转录组中一些脂质运载蛋白基因表达下调，可能与二斑叶螨解毒有关。Bing 等（2020）对二斑叶螨受 Wolbachia 感染的卵与未感染的卵进行转录组测序分析，感染与未感染的卵之间共有 145 个基因差异表达，其中 84 个基因表达上调，61 个基因表达下调。他们又进一步分析了胞质不亲和卵与感染和未感染的卵之间的转录水平差异，1613 个基因被鉴定为胞质不亲和卵特异性的上调基因、294 个基因被鉴定为胞质不亲和卵特异性下调基因，在转录、翻译、组织形态发生、DNA 损伤和 mRNA 监测等方面均有较强的表达，而大部分与能量生产和代谢相关的基因被下调。结果为 *Wolbachia* 通过调节未感染雌性卵的胞质不亲和使其死亡，来增加其在二斑叶螨中垂直传播的概率，增加了后代雌性感染比例的分子机制解析进一步提供了证据与信息。这些转录组有助于加深了解 *Wolbachia* 与节肢动物宿主协同进化及调控其生殖之间的关系，也为利用 *Wolbachia* 控制二斑叶螨提供了一定分子基础。

3.2.2 朱砂叶螨

朱砂叶螨作为农业害螨家族的一位重要成员，危害严重，防治困难。在各种防治中，化学防治仍是主要手段，现存于市场上的农药品种繁多，但由于朱砂叶螨自身特性和杀螨药剂的不规范使用，朱砂叶螨的抗药性日趋严重，增大了防治的难度。因此，探究朱砂叶螨的抗药性机制有助于减缓叶螨的抗药性发展，延长目前市售杀螨剂的使用寿命，进而解决由抗药性的增加带来的农药施用量增大、环境压力增大等问题。解决此类问题需要以大量的基因信息为基础解析叶螨的抗性机制，利用传统的生物学方法难以得到全面的抗性机制的基因信息，而随着高通量测序技术的出现，利用先进的转录组测序技术为全面、系统而深入地解决此类科学问题提供了快速、高效、便捷的方法。当前，有学者通过转录组测序技术对朱砂叶螨抗性机制进行了相关的研究。

首先，进行前期分析。包括对实验方案的设计、测序方案的设计及测序数据的质量控制，以便对完整的实验方案进行精确操作。采用叶碟法收集供试虫源（敏感品系、抗性品系）的不同龄期（设置生物学重复），利用试剂盒或 Trizol 试剂提取总 RNA，同时通过核酸浓度分析仪、琼脂糖凝胶电泳检验其质量，以确保总 RNA 的质量满足转录组测序要求。将质量达到测序要求的总 RNA 送至测序公司进行测序，对总 RNA 采用 Oligo（dT）富集 mRNA，然后将 mRNA 打断成 200 nt 的片段，利用随机引物六聚体反应转录合成 cDNA，之后进行末端修复、加 poly（A）、加衔接子后 PCR 扩增，最后进行 Illumina 测序得到结果。

其次，数据分析。对转录组数据进行整体评估、质量控制处理得到高质量读长，通过短阅读组装软件 Trinity 组装为 contig；contig 通过 paired-end reads 组装为 unigene；unigene 再通过比对到 Nr、Swiss-Prot、KEGG、COG、GO 数据库后进行基因注释。这些被注释的 unigene 将用于分析与朱砂叶螨抗药性有关的基因，它们对于探索朱砂叶螨抗药性机制具有十分重要的作用。未被注释的基因是目前研究中还没有被报道过的基因，大量的未知基因极大地丰富了朱砂叶螨的基因信息资源，对未知基因的探索可以使研究者发现更多有趣而有意义的现象。

如 Xu 等（2014）已有研究通过对朱砂叶螨进行转录组测序，共获得了 45 016 个 contig 和 25 519 个 unigene。通过对 NR、NT、Swiss-Prot、COG、KEGG 和 GO 等数据库的 BLAST 搜索（E-value <0.000 01），最后共 15 167 个 unigene 被注释。通过在数据库中手动查找，

从朱砂叶螨转录组中共归纳、整理出 10 类与杀虫剂抗药性有关的基因,分别为细胞色素 P450 基因(53 个)、谷胱甘肽硫转移酶基因(24 个)、羧酸酯酶基因(22 个)、三磷酸腺苷酶基因(13 个)、乙酰胆碱酯酶基因(3 个)、γ-氨基丁酸受体基因(GABA,16 个)、钠离子通道基因(1 个)、谷氨酸氯离子通道基因(6 个)、烟碱型乙酰胆碱受体基因(10 个)和细胞色素 b 基因(13 个)。

3.2.3　柑橘全爪螨

柑橘全爪螨(*Panonychus citri*)在世界各大柑橘产区危害严重,由于其繁殖力强、生殖周期短,以及农药的不合理使用,柑橘全爪螨抗药性逐年增强,给农业生产带来巨大挑战。随着高通量测序技术及组学的发展,科研人员能够从分子水平深入研究柑橘全爪螨的抗性机理。通过转录组测序,科研人员得以筛选柑橘全爪螨抗药性相关基因、杀虫剂/杀螨剂作用靶标相关基因及关键生理功能基因等,为害螨防治提供了分子基础。

Liu 等(2011)对噻螨酮抗性品系和敏感品系柑橘全爪螨提取到 mRNA,并通过 Illumina 测序技术构建了转录组。该转录组产生了 32 217 个单基因,其中 17 581 个被注释,共鉴定出 2701 个差异基因,其中 1967 个下调基因,734 个上调基因。GO 富集分析显示很多基因属于代谢过程、细胞器、催化活性,一些基因被指定为细胞杀伤、突触部分、辅助运输蛋白活性等。经过 KEGG 富集分析,抗性品系中参与药物代谢和类固醇激素生物合成途径的基因显著上调。通过基因注释,获得了许多与其他昆虫物种中的一般农药抗性相关的基因,分别有 121 个、30 个、43 个、2 个和 4 个单基因与细胞色素 P450 单加氧酶(CYP)、谷胱甘肽硫转移酶(GST)、羧酸酯酶、NADH 脱氢酶和超氧化物歧化酶(SOD)有关。此外,还鉴定了许多编码杀虫剂抗性靶蛋白的单基因,如钠离子通道和 GABA 受体等。该转录组大大扩展了柑橘全爪螨的现有序列资源,并为进一步了解杀螨剂抗性的分子机制提供了丰富的遗传信息。

为了更好地了解植食性螨对杀虫剂/杀螨剂的抗性机制,Niu 等(2012)使用不同发育阶段均匀比例的柑橘全爪螨通过 Illumina 平台构建了一个更加完整的转录组。这个转录组使用低成本短读长测序技术,测序深度是噻螨酮抗性品系转录组的 2 倍。Niu 等还发现了很多潜在的解毒和抗性相关基因。该转录组综合五大公共数据库(NR、Swiss-Prot、KEGG、COG 及 GO)进行基因注释,共鉴定 79 个 P450s、24 个 GSTs、13 个 CES 等解毒和抗性基因,以及 AChE、VGSC、nAChR、GABA 受体和 cyt-b 等杀虫剂/杀螨剂靶标蛋白基因。该转录组为研究植食性螨解毒和抗性提供了宝贵的公共数据,也为柑橘全爪螨其他基因的分子研究提供了平台。

为挖掘柑橘全爪螨生长发育过程的关键调控基因,李刚(2019)构建了柑橘全爪螨不同发育阶段蜕皮前后的转录组数据库。他们分别收集卵、幼螨、前若螨、后若螨、成螨等不同发育阶段的柑橘全爪螨,并使用 Illumina Hiseq™2000 进行转录组测序(图 3.1)。对柑橘全爪螨幼螨至成螨生长发育过程 3 次蜕皮前后进行差异基因分析,发现共有 4456 个基因在 3 次蜕皮过程中表达存在差异,其中,在幼螨到前若螨的蜕皮过程中有 1609 个差异表达基因，包括 613 个上调基因和 996 个下调基因；在前若螨到后若螨的蜕皮过程中有 1381 个差异表达基因，包括 940 个上调基因和 441 个下调基因；在后若螨到成螨的蜕皮过程中有 1466 个差异基因，包括 830 个上调基因和 636 个下调基因。对这些差异基因进行富集分析，发现富集比例较高的基因类别是蜕皮激素通路基因、几丁质相关基因、表皮蛋白基因和 ABC 转运蛋白基因。该转录组明确了参与柑橘全爪螨生长发育过程的关键调控基因，通过转录组关键基因筛选并结合 RNAi 技术，有望找到新靶标，为柑橘全爪螨防治提供新的思路。

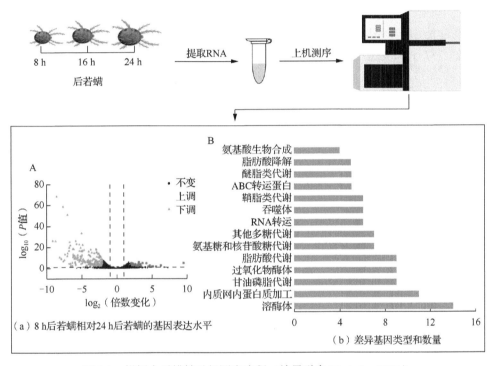

图 3.1　柑橘全爪螨转录组测序流程（结果引自 Li et al.，2021）

3.2.4　苹果全爪螨

苹果全爪螨（*Panonychus ulmi*），属蛛形纲蜱螨亚纲叶螨科，在我国分布范围较广，主要危害苹果、桃、梨、杏、李、樱桃、海棠、樱花、一品红和玫瑰等。与二斑叶螨相似，除了拥有广泛的寄主外，苹果全爪螨几乎对所有的杀螨剂产生了抗性。根据抗性活性成分的数量，苹果全爪螨在最具抗性的节肢动物中排名前十。因此，可以通过转录组测序，了解其解毒酶家族、常用杀螨剂的靶位点，以及涉及植物-螨虫相互作用和杀虫剂抗性的水平转移基因，为理解苹果全爪螨对杀螨剂的抗性提供了一个分子切入点。对苹果全爪螨抗性转录组测序有助于补充叶螨抗药性分子机制的转录组资源。

样品准备：苹果全爪螨敏感品系（HS）最初于 1900 年在德国的苹果园被采集，对大多数杀螨剂敏感；苹果全爪螨抗性品系 Ge16/09 是 2009 年在田间被采集的品系，对螺螨酯存在中度抗性；苹果全爪螨抗性品系 PSR-TK 是将 Ge16/09 品系用 1000 mg/L 的螺螨酯连续喷洒处理，致使抗性比达到 7000 的实验室品系。所有品系的螨都饲养在（24±1）℃、相对湿度 60%、16∶8 光照和暗光照条件下的气候箱中的李子树上。

测序与组装：从 200 只 1～3 日龄的成年雌性苹果全爪螨的抗性品系（PSR-TK）和敏感品系（HS）（PSR-TK 品系和 HS 品系各 4 个重复）提取总 RNA，构建文库。使用 Illumina Hiseq^{TM} 2000 技术进行测序。使用 Fasteris SA 从获得的 2×100 bp 读长数据中过滤低质量读长。利用基因测序分析综合软件 CLC Genomics Workbench（CLC）组装拼接了包含 27 777 个长度超过 200 bp 的独特的苹果全爪螨的 contigs，总共 27.6 Mb 的序列，总 GC 含量为 33.6%，contig 的平均大小为 993 bp，N50 为 2087 bp，平均总比对率为 91.7%。

转录组注释：通过与 NCBI NR 数据库的 BLAST，有 9190 个序列（约占 33.1%）与数据库同源（9091 个序列与蛋白质数据库比对上，81 个序列与核酸数据库比对上）。二斑叶螨的基因注释并没有上传到 NCBI，因此将苹果全爪螨的转录组数据与本地的二斑叶螨蛋白质组数据进行同源比对，结果发现共有 11 250 个序列比对上，其中，2483 个序列在 NCBI NR 数据库中没有显示出。总的来说，共有 11 673（42%）个苹果全爪螨的 contings 至少有一次被比对到，这个数据总体与其他一些非节肢动物物种相比较低，这可能是大多数 de novo 转录组包含相当数量的短 contig（<240 bp），包含不完整的 ORF（<80 aa）；另一方面，一些 contigs 可能是非编码 RNA，它们不与非冗余的蛋白质/核苷酸数据库发生突变（或者只是编码基因的 UTR 片段）。在比对上的序列中，94.14%（10 989）属于成虫，2.93%（342）属于细菌，1.55%（181）属于植物，0.64%（75）属于真菌，0.74%（86）属于其他生物。

比较转录组分析：一方面通过同源比较分析，可研究基因或家族基因在不同物种中的丢失和获得；另一方面，通过基因功能的注释，可分析研究物种中的基因功能。基因功能通过 GO 进行注释，在苹果全爪螨基因本体论分析中，分子功能被分配 17 161 个 GO 术语，占总体的 54.8%，细胞组件被分配 6623 个 GO 术语，占总体的 21.1%，生物学途径被分配 7534 个 GO 术语，占总体的 24.1%，而这些进一步被细分为 16 种生物学过程、9 种分子功能和 7 种细胞组件。在对苹果全爪螨比较转录组分析中选取了多个转录组数据作为参考，在其中发现了很多有趣的现象：①不同物种解毒代谢酶基因存在差异。系统发育分析显示，在大多数情况下，解毒基因（CCE、CYP、UGT、ABC）在二斑叶螨中的数量多于苹果全爪螨，暗示着解毒基因的增加可能与二斑叶螨更广谱的取食习性有关。对苹果全爪螨亚家族进行特异性辐射，将所有主要靶标位点进行注释，结果表明乙酰胆碱酯酶存在突变，可能产生氨基甲酸酯和有机磷的抗性。②使用复制的 RNA-seq 数据来评估抗螺螨酯和敏感的苹果全爪螨之间的基因表达差异，发现 CYP 和 CCE 可能与苹果全爪螨的螺螨酯抗性有关。③在二斑叶螨的基因组中存在大量水平转移的基因（HTG），并且在苹果全爪螨和柑橘全爪螨的转录组中也发现了 HTG 的同源序列，这些证据有力地证明了水平基因的转移发生在柑橘全爪螨与苹果全爪螨发生分化之前。

3.2.5　伊氏叶螨

伊氏叶螨（*Tetranychus evansi*）隶属于节肢动物门蛛形纲叶螨属，是一种入侵害虫，同时也是我国检疫的重要对象。它主要取食茄科植物，虽然也取食其他科的植物，但不造成严重的危害。据报道，伊氏叶螨能够抑制番茄的茉莉酸与水杨酸途径相关的植物防御的产生，因此伊氏叶螨是研究害虫与植物互作的理想材料（Huang et al.，2019）。通过对伊氏叶螨转录组的测序，一方面可以了解伊氏叶螨与植物之间相关基因的变化，预测相应的蛋白质，有助于阐释伊氏叶螨与寄主植物之间的相互关系；另一方面通过数据的分析，对制定相应的害虫防治措施有着积极的促进作用。因此，对田间采集的伊氏叶螨进行转录组测序，以明确伊氏叶螨取食寄主植物的关键机制。

样品准备：伊氏叶螨最初采集于 2016 年中国四川省雅安市的一片番茄田。在温度（25±0.5）℃、相对湿度（60±5）%，光照：黑暗（L：D）为 16 h：8 h 的条件下，用番茄红豆杉饲养螨虫 30 代以上，最终选取不同发育阶段（卵、幼螨、若螨、成螨）的伊氏叶螨提取总 RNA。

测序与组装：基于 BGISEQ-500 平台对待测样品测序，剔除低质量数据，组装后共得到 29 365 个 unigene 组装，平均长度为 1611 bp，N50 为 2831 bp。根据 NCBI NR、Swiss-Prot、COG 和 KEGG 进行序列注释，共有 15 949 个 unigenes 可被注释。利用 ESTScan 软件对残余 unigenes 进行预测，得到 1396 种新的蛋白质。同时，利用 GO 分析对唾液蛋白的功能进行了分类，最后，利用 GO 数据库对鉴定的唾液蛋白进行注释。

3.2.6　瓦螨

为了控制狄斯瓦螨（*Varroa destructor*）对养蜂业的危害，大量的杀螨剂如拟除虫菊酯类、香豆素类等被广泛地应用于瓦螨的防治，因此导致了一些具有杀螨剂抗性的瓦螨产生。随着转录组测序技术的发展，为更深入地了解瓦螨的生命周期、生理学特性及内在的生化过程提供了条件，也有助于促进对瓦螨与蜜蜂之间的互作关系的研究，对不同处理下的狄斯瓦螨进行转录组测序。

测序与组装：对不同处理的瓦螨，构建 RNA-seq 文库。通过 Illumina 测序平台获得数据，使用 Fast QC 进行评估，利用 DRAP version 1.7 与 Oases assembler 进行组装（FPKM>1）。转录组获得 41 801 个 contigs，范围为 201～8610 bp，N50 为 986 bp，组装好的转录组大小为 30 107 462 bp。

基因注释与比较转录组分析：在 NCBI 的蛋白质数据库中发现 308 个瓦螨的蛋白质中有 297 个出现在所测的转录组中（96.4%），比对覆盖率为（94.40±19.53）%，一致性为（88.57±4.52）%。在转录组数据中发现，捕食性螨是在 RefSeq 蛋白质注释中发现最多的物种，占 35.52% 的 contigs（14 848 个 contigs）；12 035 个转基因螨的蛋白质序列中有 8362 个（69.42%）在转录组数据中能对比上，比对覆盖率和一致性的平均值分别为

（51.81±31.41）%和（77.66±9.94）%；其他被发现的物种是鹿蜱（321 个 contigs）和蜜蜂（269 个 contigs）。利用 Busco V2 搜索到的 1066 个节肢动物门 odb9 蛋白中，有 851 个（约占基因组的 79.8%）是单拷贝或多拷贝的，其余未注释的则是缺失的（占有 8.4%）及碎片化的（占 11.8%）。通过比较不同龄期的瓦螨转录组数据发现：①在瓦螨不同的生命周期中，其转录组都在发生变化，其中主要变化发生在雌螨产卵前后（aresst *vs.* pre-lay；laying *vs.* post-laying），这表明在雌螨的生殖阶段会有一个重要的身体结构的变化；②有研究发现，在昆虫中，类固醇前体最后的连续羟基化作用是由 *Halloween* 基因编码的细胞色素 P450 家族介导的（Rewitz et al.，2006），但是，比对自由寄生阶段和停滞阶段之间的转录组，并没有检测到 spook（*CYP307a1*）、disembodied（*CYP302A1*）和 shade（*CYP314A1*）的表达水平的增加；③有人发现在蜜蜂的外寄生物（*Tropilaelaps mercedesae*）雌性与雄性转录组比对中，组蛋白-赖氨酸-*N*-甲基转移酶基因家族在雄性中比在雌性中有更高的表达（Dong et al.，2017），而在瓦螨中并没有发现这样的变化；④通过比较成功产卵和产卵失败的雌螨之间的转录组发现，只有两个 contings 不同，其中一个就是编码金属蛋白的基因，与此同时，分别对比正在产卵的雌螨与产卵前的雌螨和产完卵的雌螨，发现它们在几丁质代谢（正在产卵的螨中下调）、能量代谢（正在产卵的螨中下调）及基因表达量的变化（正在产卵的螨中上调）方面都高度相似；⑤在母系雌螨与子代雌螨之间比较发现与胆囊收缩素受体 A 相关的 contings 在子代雌螨中上调，这表明成熟雌螨与年幼的雌螨之间存在一定的行为差异；⑥编码的蜜蜂六聚蛋白 70b、70c、70a 和 110，转铁蛋白和载脂蛋白的 contigs 在雌性螨虫停滞期中达到一个峰值，这有可能给瓦螨提供蛋白质营养，但是由于这些蛋白质是在蜜蜂的脂肪体合成的，在瓦螨中被发现确实意外。总之，此次转录组数据揭示了狄斯瓦螨在不同阶段生理、行为和功能变化中涉及的关键基因和生物学过程，使我们对狄斯瓦螨的了解更加深入，也为研究狄斯瓦螨的其他方面（如控制狄斯瓦螨的新靶标等）贡献了力量。

3.2.7 农业害螨小分子 RNA

miRNA 是一类内生的、长度为 20～24 nt 的小 RNA，在细胞内具有多种重要的调节作用，参与许多生命过程，如细胞增殖、细胞凋亡、脂肪代谢和细胞分化等。miRNA 具有以下 4 个特点：表达具有组织特异性和阶段特异性；具有高度保守性，即能在其他物种中找到同源体；具有独有的序列特征，如 5′端第一个碱基对 U 有强烈倾向性；一个 miRNA 可调控多个基因表达，几个 miRNA 也可共同调控某个基因的表达。miRNA 的作用机制：①翻译抑制。miRNA 与靶基因通过 6～7 个碱基互补结合，可导致 miRNA 在蛋白质翻译水平上抑制靶基因表达。②mRNA 降解。miRNA 也有可能影响 mRNA 的稳定性。如果 miRNA 与靶位点完全互补，那么这些 miRNA 的结合往往会引起靶 mRNA 的降解。③转录调控。表观遗传是指在核酸序列水平上不涉及基因组变化的遗传变化。最近研究发现，miRNA 影响基因启动子 CpG 岛甲基化作用，在转录水平直接对靶基因进行调控。小 RNA 自发现以来一直受到研究者的广泛关注，组学技术近年来发展迅速，为研究小 RNA 提供了一种重要技术，在螨类领域的研究已有涉及。

在二斑叶螨中，构建了感染 *Wolbachia* 和未感染 *Wolbachia* 的二斑叶螨雌雄各 2 个小 RNA 文库（总共 4 个文库），预测了差异表达的 miRNA 的靶基因，并对靶基因进行 GO 聚类分析和 KEGG 通路分析。通过文库分析表明，*Wolbachia* 感染可显著抑制雌性中的 91 个 miRNA 和雄性中的 20 个 miRNA 的表达。对 miRNA 和 mRNA 数据的比较和预测，差异表达的 miRNA 负调节雌螨的 90 个 mRNA 和雄螨的 9 个 mRNA。对靶基因的分析表明，这些基因在鞘脂代谢、溶酶体功能、细胞凋亡和脂质转运及雌性生殖中具有重要功能（Rong et al., 2014）。

在柑橘全爪螨中，使用 Illumina 测序，鉴定了几类 sRNA，包括 594 个已知的 miRNA 和 31 个未知的 miRNA（存在于柑橘全爪螨的 4 个发育阶段）。此外，根据生物信息学分析和 S-Poly（T）miRNA 分析，许多 miRNA 的表达水平在不同发育阶段也有所不同。对 miRNA 靶基因及其功能注释的预测表明，miRNA 参与了柑橘全爪螨中多种途径的调控。作为柑橘全爪螨中 sRNA 的首例报道，此研究进一步加深了对 sRNA 在柑橘全爪螨发育中作用的理解（Liu et al., 2014）。

朱砂叶螨是农作物上的严重害虫，其防治主要依靠化学杀螨剂。过量和不适当地使用杀螨剂会导致螨虫对许多杀螨剂产生抗性，包括甲氰菊酯。利用 Illumina 测序，从甲氰菊酯易感株（TS）和耐药株（TR）中鉴定出了几类 sRNA，其中包括 75 个已知的 miRNA 和 64 个未知的 miRNA，预测到靶基因共 78 592 个。此外，在 TS 和 TR 文库中发现了 12 个表达差异显著的 miRNA，RT-qPCR 验证也与测序结果有很好的一致性。显著差异表达的 miRNA 的靶点包括 7 个谷胱甘肽硫转移酶、7 个细胞色素 P450 和 16 个羧基/胆碱酯酶基因，进一步分析它们对甲氰菊酯抗性的作用。此研究首次对朱砂叶螨 miRNA 进行了大规模的鉴定，并对 TS 和 TR 菌株进行了比较，为探究 miRNA 参与甲氰菊酯耐药的机制提供了线索（Zhang et al., 2016）。

microRNA-1（miR-1）是一种经过深入研究的保守 miRNA，涉及哺乳动物和昆虫的免疫反应。在研究中发现，与朱砂叶螨的同源易感菌株（SS）相比，在朱砂叶螨的丁氟螨酯耐药菌株（CYR）中，miR-1 家族（tci-miR-1-3p）的 miRNA 明显下调，表明 miR-1 参与了朱砂叶螨对丁氟螨酯的抗药性。当 tci-miR-1-3p 高表达时，一个谷胱甘肽硫转移酶（GST）基因作为 tci-miR-1-3p 的候选靶基因显著下调，说明 tci-miR-1-3p 和 GST 3′UTR 靶序列之间存在特异性相互作用。通过饲喂 miRNA 抑制剂或类似物，tci-miR-1-3p 丰度的降低或增加分别显著降低或增加了 mRNA 和蛋白质水平上的 GST 表达。此外，tci-miR-1-3p 的过表达导致在易感菌株和耐药菌株中，朱砂叶螨对丁氟螨酯的耐受性降低，反之亦然。在通过 RNAi 降低 GST 表达后，易感菌株和耐药菌株均更加敏感了，并且耐药菌株中的死亡率变化大于易感菌株。此外，重组 GST 可以显著分解丁氟螨酯，表明 GST 是作用于螨对丁氟螨酯抗性的功能基因（Zhang et al.，2018）。

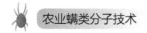

3.3 展　望

随着测序技术的不断发展，人们对叶螨的研究也从基因组测序拓展到转录组测序。转录本又能映射回基因组，得到更全面的遗传信息，叶螨的遗传学研究因此又上了一个台阶。

生物 RNA 的多样性决定了转录组种类的多样性，其中包括 mRNA、小 RNA、circRNA、lncRNA 等。研究者可根据不同的研究目的选择需要的 RNA 进行文库构建。随着 RNA 测序技术和生物信息学技术的发展，大量转录组数据库应运而生，为基因功能的解读提供了参考平台。

目前，螨类的转录组测序多用于生长发育、抗性机制和寄主适应机制等方面的研究，且取得不少研究成果。在害螨绿色防控的需求下，螨类转录组测序正在成为常规手段，并将持续发展，为农业害螨的防治奠定组学基石。

参 考 文 献

李刚，2019. 柑橘全爪螨蜕皮激素合成和信号传导通路解析[D]. 重庆：西南大学.

张艳凯，2014. 叶螨中 *Wolbachia* 感染特性及其对宿主生殖、种群遗传和基因表达的影响[D]. 南京：南京农业大学.

BING X L, LU Y J, XIA C B, et al., 2020. Transcriptome of *Tetranychus urticae* embryos reveals insights into *Wolbachia*-induced cytoplasmic incompatibility[J]. Insect Molecular Biology, 29(2): 193-204.

DERMAUW W, WYBOUW N, ROMBAUTS S, et al., 2013. A link between host plant adaptation and pesticide resistance in the polyphagous spider mite *Tetranychus urticae*[J]. Proceedings of the National Academy of Sciences of the United States of America, 110: 113-122.

DIAZ-RIQUELME J, ZHUROV V, RIOJA C, et al., 2016. Comparative genome-wide transcriptome analysis of *Vitis vinifera* responses to adapted and non-adapted strains of two-spotted spider mite, *Tetranyhus urticae*[J]. BMC Genomics, 17: 74.

DONG X, ARMSTRONG S D, XIA D, et al., 2017. Draft genome of the honey bee ectoparasitic mite, *Tropilaelaps mercedesae*, is shaped by the parasitic life history[J]. GigaScience, 6(3):1-17.

HUANG H J, CUI J R, CHEN L, et al., 2019. Identification of saliva proteins of the spider mite *Tetranychus evansi* by transcriptome and LC-MS/MS analyses[J]. Proteomics, 19(4): e1800302.

LI G, LIU X Y, SMAGGHE G, et al., 2021. Molting process revealed by the detailed expression profiles of RXR1/RXR2 and mining the associated genes in a spider mite, *Panonychus citri*[J]. Insect Science, 29(2): 430-442.

LIU B, DOU W, DING T B, et al., 2014. An analysis of the small RNA transcriptome of four developmental stages of the citrus red mite (*Panonychus citri*)[J]. Insect Molecular Biology, 23(2): 216-229.

LIU B, JIANG G F, ZHANG Y F, et al., 2011. Analysis of transcriptome differences between resistant and susceptible strains of the citrus red mite *Panonychus citri* (Acari: Tetranychidae)[J]. PLoS One, 6(12): 9.

MARTIN J A, WANG Z, 2011. Next-generation transcriptome assembly[J]. Nature Reviews Genetics, 12(10): 671-682.

MCGETTIGAN P A, 2013. Transcriptomics in the RNA-seq era[J]. Current Opinion in Chemical Biology, 17(1): 4-11.

NIU J Z, DOU W, DING T B, et al., 2012. Transcriptome analysis of the citrus red mite, *Panonychus citri*, and its gene expression by exposure to insecticide/acaricide[J]. Insect Molecular Biology, 21(4): 422-436.

REWITZ K F, RYBCZYNSKI R, WARREN J T, et al., 2006. The Halloween genes code for cytochrome P450 enzymes mediating synthesis of the insect moulting hormone[J]. Biochemical Society Transactions, 34(6): 1256-1260.

RONG X, ZHANG Y K, ZHANG K J, et al., 2014. Identification of Wolbachia-responsive microRNAs in the two-spotted spider mite, *Tetranychus urticae*[J]. BMC Genomics, 15(1):1122.

SCHIMMEL B, ALBA J, WYBOUW N, et al., 2018. Distinct signatures of host defense suppression by plant-feeding mites[J]. International Journal of Molecular Science, 19(10): 3265.

WANG Z, GERSTEIN M, SNYDER M, 2009. RNA-Seq: a revolutionary tool for transcriptomics[J]. Nature Reviews Genetics, 10(1): 57-63.

XU Z, ZHU W, LIU Y, 2014. Analysis of insecticide resistance-related genes of the carmine spider mite *Tetranychus cinnabarinus* based on a *de novo* assembled transcriptome[J]. PLoS One, 9(5): e94779.

ZHANG Y, FENG K, HU J, et al., 2018. A microRNA-1 gene, tci-miR-1-3p, is involved in cyflumetofen resistance by targeting a glutathione S-transferase gene, *TCGSTM4*, in *Tetranychus cinnabarinus*[J]. Insect Molecular Biology, 27(3): 352-364.

ZHANG Y, XU Z, WU Q, et al., 2016. Identification of differentially expressed microRNAs between the fenpropathrin resistant and susceptible strains in *Tetranychus cinnabarinus*[J]. PLoS One, 11: e0152924.

第 4 章　农业害螨蛋白质组测序

蛋白质组（proteome）的概念是由澳大利亚科学家威尔金斯（Wilkins）和威廉姆斯（Williams）于 1994 年在意大利科学会议上首次提出，是指基因组表达的所有蛋白质，即细胞、组织或机体全部蛋白质的存在及其活动形式。蛋白质组与基因组相对应，也是一个整体的概念。基因组是静态的，一个生物体的基因组在其一生中基本上是稳定不变的，但基因组内各个基因表达的条件和程序则随着时间、地点和环境条件的变化而变化，因而其表达产物的种类和数量随着时间、地点和环境条件的变化而变化，所以说蛋白质组作为表达产物是一个动态的概念。蛋白质组学是在组织、细胞的整体蛋白质水平上，探索蛋白质作用模式、功能机理、调节控制及蛋白质群体内的相互关系，从而获得对疾病过程、细胞生理病理过程及调控网络的全面而深入的认识，以揭示生命活动的基本规律。蛋白质组学作为一门学科，不仅要研究蛋白质存在的情况，而且要研究蛋白质存在的缘由，即这些蛋白质的产生与作用。高通量蛋白质组学分析技术加上高灵敏度和高分辨率的质谱技术开创了后基因组时代新的里程碑（Mádi et al.，2003）。在近十年内该技术在昆虫学领域的应用也越来越多，但在农业害螨方面的应用却相对滞后。本章主要介绍农业害螨研究中可能涉及的蛋白质组学研究技术和常用蛋白质组数据库。

4.1　蛋白质组学技术

4.1.1　聚丙烯酰胺凝胶电泳

聚丙烯酰胺凝胶电泳（polyacrylamide gel electrophoresis，PAGE）需要借助十二烷基硫酸钠（sodium dodecylsulfate，SDS）这一阴离子去污剂才能完成。SDS-PAGE 技术首先在 1967 年由夏皮洛（Shapiro）建立，1969 年由韦伯（Weber）和奥斯本（Osborn）进一步完善。SDS-PAGE 是由丙烯酰胺（简称 Acr）和交联剂 N, N'-亚甲基双丙烯酰胺（简称 Bis）在催化剂过硫酸铵（AP），N, N, N', N'-四甲基乙二胺（TEMED）作用下，聚合交联形成的具有网状立体结构的凝胶，并以此为支持物进行电泳。

1. 技术原理

PAGE 可根据不同蛋白质分子所带电荷的差异及分子大小的不同所产生的不同迁移率将蛋白质分离成若干条区带，如果分离纯化的样品中只含有一种蛋白质，蛋白质样品电泳后，就应只分离出一条区带。SDS 是一种阴离子表面活性剂，能打断蛋白质的氢键和疏水键使蛋白质变性而改变原有的构象，从而使蛋白质分子与 SDS 充分结合形成带负电荷的蛋白质-SDS 复合物，使蛋白质带负电荷的量远远超过其本身原有的电荷，掩盖了各种蛋白质分子间天然的电荷差异。因此，各种蛋白质-SDS 复合物在电泳时的迁移率，除受分子量影响外，不再受原有电荷和分子形状的影响。

2. 实验流程

1）蛋白质样品的准备

电泳要求所分离的蛋白质处于变性状态。取 10 μL 上样缓冲液与 30 μL 蛋白质样品混合均匀后，置沸水中 5 min，冷却至室温备用。处理好的样品液如经长期存放，使用前应在沸水浴中加热 1 min，以消除亚稳态聚合。

2）凝胶的制备

SDS-PAGE 凝胶分为分离胶和浓缩胶。浓缩胶位于整块胶的前段，分离胶位于整块胶的后段。在制胶过程中要保证整个操作过程都洁净干燥，切勿触摸灌胶面玻璃。根据所测蛋白质分子量范围，选择适宜的分离胶浓度。分离胶混合液混匀后用细长头滴管将凝胶液加至长、短玻璃板间的缝隙内，高约 8 cm，用 1 mL 注射器取少许蒸馏水，沿长玻璃板板壁缓慢注入至 3～4 mm 高，以进行水封。约 30 min 待凝胶完全聚合后，倾去水封层的蒸馏水，再用滤纸条吸去多余水分。浓缩胶混合液配制后用细长头滴管将浓缩胶加到已聚合的分离胶上方，直至距离短玻璃板上缘约 0.5 cm 处，轻轻将样品槽模板插入浓缩胶内，应避免带入气泡。约 30 min 凝胶聚合后小心拔去样品槽模板，用窄条滤纸吸去样品凹槽中多余的水分，将 pH 值为 8.3 的 Tris-甘氨酸缓冲液倒入上、下储槽中，应没过短板约 0.5 cm 以上，即可准备加样。

3）加样

一般加样体积为 10～15 μL（含 2～10 μg 蛋白质）。如果样品较稀，可增加加样体积。用微量注射器将样品通过缓冲液加到凝胶凹形样品槽底部，待所有凹形样品槽内加样完成，即可开始电泳。

4）电泳

将直流稳压电泳仪开关打开，初始电泳电流应为低电流（约 10 mA）。待样品进入分离胶时，可将电流调至 20～30 mA。当蓝色染料迁移至底部时，将电流调回到零，关闭电源。拔掉固定板，取出玻璃板，用刀片轻轻将一块玻璃板撬开移去，在胶板一端切除一角作为标记，将胶板移至染色器皿中染色。

5）染色与脱色

将染色液倒入染色器皿中，然后将胶浸没在考马斯亮蓝溶液中染色 1～2 h，用蒸馏水漂洗数次，再用脱色液脱色，直到蛋白质区条带清晰，随后测量各条带与凝胶顶端的距离。以标准蛋白质分子量的对数对相对迁移率作图，得到标准曲线，根据待测样品相对迁移率，从标准曲线上查出其分子量。

6）蛋白质鉴定

在无菌工作台上将目标蛋白质区域内的蛋白质条带切离，进行下一步的质谱鉴定分析（Xu et al.，2013）。在蛋白质鉴定过程中，有时还需要通过聚丙烯酰胺凝胶电泳技术进一步地分离蛋白质。

聚丙烯酰胺凝胶电泳技术常用来作为蛋白质免疫印迹（Western blot，WB）中分离目的蛋白质条带的方法。得到目的条带之后，通常把凝胶上的蛋白质转移到聚偏二氟乙烯（polyvinylidene fluoride，PVDF）膜上，进行后续的免疫实验（廖重宇，2016，图4.1）。

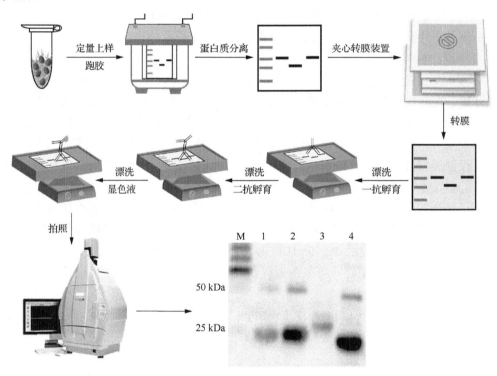

图 4.1　柑橘全爪螨蛋白质免疫印迹流程（结果引自廖重宇，2016）

3. 技术特点

SDS-PAGE 一般采用的是不连续缓冲系统，与连续缓冲系统相比，具有较高的分辨率。该技术的实验周期较短，可在短时间内对样品进行初步分离并鉴定。该方法对于某些蛋白质分辨率有限，有些蛋白质（如血红蛋白）由亚基或两条以上肽链组成，它们在巯基乙醇和 SDS 的作用下可解离成亚基或多条单肽链，SDS-PAGE 仅能测定它们的相对分子量，不能分离等分子量的蛋白质。SDS-PAGE 对难溶蛋白的分离检测能力较弱，可能会缺失一些重要的膜蛋白信息。

4.1.2　双向凝胶电泳

双向凝胶电泳（two-dimensional gel electrophoresis，2-DE）技术由意大利科学家 Farrel 等于 1975 年建立，先于蛋白质组概念的提出。该技术根据蛋白质等电点和分子量的差异，进行方向垂直的两次电泳对蛋白质进行分离。与单向电泳相比，该技术可以从复杂的蛋白质样品中分离出更多的成分，是蛋白质组学研究中经典和常用的技术之一。

1．技术原理

2-DE 蛋白质分离原理体现在两个方面：第一向等电聚焦（isoelectric focusing，IEF）电泳，根据蛋白质所带电荷，即等电点差异进行蛋白质分离；第二向电泳为十二烷基硫酸钠-聚丙烯酰胺凝胶电泳（sodium dodecylsulfate-polyacrylamide gel electrophoresis，SDS-PAGE），根据蛋白质的分子量差异进行分离，然后通过分析电泳图谱开展蛋白质鉴定。经双向凝胶电泳后，其结果是产生一系列的蛋白质点。在双向凝胶电泳图谱中展现的一个点可能是一种或者几种蛋白质，这取决于样品的复杂程度。在一块凝胶中可以分离出上千种蛋白质，具体的蛋白质数量取决于蛋白质的等电点、表观分子量及各种蛋白质的相对丰度。结合质谱技术，该技术已成为鉴定蛋白质差异表达的重要手段。近年来，第一向的固定化 pH 梯度（immobilized pH gradient，IPG）胶条替代两性电解质 pH 梯度载体与功能强大的计算机应用及分析软件的开发，以及质谱技术的广泛使用加快了 2-DE 技术的广泛应用。

2．实验流程

1）样品制备

双向凝胶电泳成功的关键在于建立一套有效的、可重复的样品制备方法。样品制备的影响因素包括蛋白质的溶解性、分子量、电荷数及等电点等。电泳要求所分离的蛋白质在整个实验过程中都保持溶解状态。对于不同的样品性质及研究目的，其制备方法存在一定的差异。用于样品处理的缓冲液必须在低离子强度的基础上保持蛋白质的天然电荷，且维持其良好的溶解性。因此，绝大多数样品往往需要经过多次实验才能摸索到最适宜的条件。

样品制备通常从细胞裂解或组织破碎开始。这一过程应迅速操作，尽可能在低温条件下进行，以减少蛋白质水解或蛋白酶的酶解。例如，可以在强变性溶液中裂解细胞，同时结合蛋白酶抑制剂的使用。复杂的生物样品建议采用预分级的方式来降低单一双向凝胶电泳中蛋白质的复杂度。例如，采用液相等电聚焦仪将复杂样品按照 pH 值进行分离，将研究范围限定在预分级的范围内，可以增加低丰度蛋白质的检出率。或者利用窄范围的 IPG 胶条使特定范围内的蛋白质分离得更彻底，分辨率更高。同时应保证样品制备过程中所有试剂的质量较高，所用溶液现配现用。样品溶解要求样品中非共价结合的蛋白质复合物和聚集体完全破坏，溶解必须去除可能干扰 2-DE 分离的盐、脂类、多糖和核酸等物质,且溶解方法要保证样品在电泳过程中继续保持溶解状态。利用离液剂、去垢剂、两性电解质、缓冲液、还原剂等化合物可以使样品中的蛋白质溶解,但并非所有化合物在化学和电荷等方面都能满足 IPG 胶条和 IEF 的要求。用于等电聚焦的化合物不能增加溶液中的离子强度,如果用一些强离子强度的化合物(如高浓度的 NaCl 溶液),会导致升压过程中电流太大而影响聚焦结果。常规使用的化合物有变性剂、表面活性剂、两性电解质、还原剂等。常用的变性剂是硫脲,硫脲的工作浓度以 8 mol/L 为宜。样品在含硫脲的溶液中溶解较为缓慢,在离心和使用前需要在室温下孵育 1 h,并且避免样品温度超过 30℃。常使用的去垢剂是 CHAPS 和 CHAPSO。SDS 可以提高蛋白质的溶解能力,但是不能作为去垢剂在蛋白质制备过程中使用。双向凝胶电泳样品制备过程中的还原剂从最初使用的 β-巯基乙醇变成现在的二硫苏糖醇(DTT)和二硫赤藓糖醇(DTE)。此外,蛋白质样品中还可能存在一些杂质,会干扰蛋白质分离过程,如过小的分析离子、盐离子、色素分子、核酸、脂质、酚类物质。这些干扰杂质均可以利用蛋白质纯化试剂盒进行纯化去除。

2)第一向等电聚焦

蛋白质是两性分子,在不同的 pH 值环境中可以带正电荷、负电荷或不带电荷。对每个蛋白质来说,其都有一个特定的 pH 值,此时蛋白质的静电荷为零,此 pH 值即该蛋白质的等电点(pI)。将蛋白质样品加至 pH 值梯度介质上进行电泳时,它会向与其所带电荷相反的电极方向移动。在移动过程中,蛋白质分子可能获得或失去质子,并且随着移动的进行,该蛋白质所带的电荷数和迁移速度下降。当蛋白质迁移至其等电点位置时,其净电荷数为零,在电场中不再移动。聚焦是一个与 pH 值相关的平衡过程,蛋白质以不同的速率靠近并最终停留在它们各自的 pI 值位点;在等电聚焦过程中,蛋白质可以从各个方向移动到它的恒定位点。

3)第二向凝胶电泳

双向凝胶电泳的第二向是将 IPG 胶条中经过第一向分离的蛋白质转移到第二向的聚丙烯酰胺凝胶上,根据蛋白质分子量大小与第一向垂直的电泳分离。蛋白质与 SDS 结合形成带负电荷的蛋白质-SDS 复合物,由于 SDS 是一种强阴离子去垢剂,所带的负电荷远远超过蛋白质分子原有的电荷量,能消除不同分子之间原有的电荷差异,从而使凝胶中电泳迁移率不再受蛋白质原有电荷的影响。因此,在第二向电泳前就需要让所有的蛋白质带电荷。将聚焦后的胶条从聚焦盘中取出,加入平衡缓冲液 I 置于摇床中慢摇 15 min,结束后将胶条转移至平衡缓冲液 II 中慢摇 15 min。第二次平衡结束后,转移至 SDS-PAGE 胶上进行第二向垂直电泳。

4)凝胶染色

目前有很多方法来检测双向凝胶上所分离的蛋白质,常用的是染料或银离子与蛋白质相结合。由于方法的不同,其步骤的复杂程度、检测灵敏度、与质谱的兼容性,以及成本和设备需求均有差异。

5)图像采集和分析

双向凝胶电泳上的蛋白质在染色后都需要进行图像采集,以检测凝胶上蛋白质的信号信息。使用较多的是文件扫描仪和 CCD 成像仪。文件扫描仪设备成本最低，但是在凝胶成像扫描中要求扫描仪具有较高的分辨率和较宽的光密度范围。CCD 成像仪是通用的获取图像的电子设备，可以用于多种染色凝胶（如银染、考马斯亮蓝染色和荧光染色）及放射性自显影成像。激光密度计也可用于双向凝胶电泳分析，它具有更宽的线性范围、不易受到饱和度影响、高分辨率和高灵敏度等优势。成像设备摄入图像后对凝胶图像以数字形式保存，对每块凝胶图像进行平等比较。双向凝胶电泳上复杂的蛋白信息只有利用计算机才能获得最精准的分析。在图像分析软件的帮助下可以定量比较双向凝胶电泳中蛋白质图谱的差异，检测各凝胶上蛋白质的表达及变化情况。双向凝胶电泳分析一般包括以下步骤：图像成像、点的定量检测、点匹配、编辑匹配、分子量和 pI 校准、合成胶与平均胶、标准化、数据分析、凝胶注释。尽管如此，仍不可避免约有 10%的未检出点和假点，需要手工添加、删除和分割。在图像采集完成后，利用各种分析软件进行分析、收集、诠释、比较蛋白质组数据资料等。目前应用较为广泛的图像分析软件有 PDQuest、ImageMaster 2D Elite、Melanie、BioImage Investigator 等。

6）蛋白质鉴定

电泳胶分离的蛋白质通过质谱鉴定才能真正明确性质和潜在的功能。质谱鉴定方法是蛋白质组学研究的基本技术平台。目前，以质谱为基础的蛋白质组研究策略基本上是利用有序列特异性的蛋白酶，如胰蛋白酶对 2-DE 凝胶（或 1-DE 凝胶）分离的蛋白质进行凝胶原位酶解，使之成为肽段，经酶解的肽段较易从凝胶中被洗脱出来。一个蛋白质经胰蛋白酶酶解后的部分片段的质量信息或序列信息通常能为明确鉴定蛋白质提供充足的信息。

质谱仪是一种测定由分子衍生的离子质量的分析仪器，其根据分子的质量与电荷比来检测。质谱仪包括离子源、质量分析器、检测器、数据处理器等基本的标准组件。近十年来，随着质谱仪性能的不断发展提升，质谱仪已成为蛋白质组学研究的核心技术。基质辅助激光解吸电离（matrix assisted laser desorption ionization，MALDI）和电喷雾离子化（electrospray ionization，ESI）则是这些技术进步的基础。MALDI 是利用一束脉冲激光把分析物从含有强紫外线吸收物质的固态基质中释放出来，从而产生带单电荷的分子或离子。ESI 的原理是当液体通过位于高压电场中的毛细管时，使流出毛细管的雾滴蒸发后，离子转化为气相。ESI 的一个明显特点是对单一分析物时，既可以产生单电荷离子，也可以产生多电荷离子。基质辅助激光解吸电离飞行时间质谱（MALDI-time of flight mass spectrometry，MALDI-TOF-MS）是蛋白质组研究中比较常用的蛋白质鉴定技术。将样品与能强烈吸收激光的基质配成溶液，溶剂挥发后形成的"固体溶体"进入离子源，激光照射"固体溶体"，基质吸收能量并传递给样品形成离子，样品离子进入飞行时间质谱仪中进行检测。该技术的特点和优势使其在测定大分子化合物，尤其是蛋白质、核酸、多糖、脂类等生物大分子上是其他质谱技术无法代替的。

3. 技术特点

双向凝胶电泳是经典蛋白质组学方法，蛋白质差异变化直观可见、经济实惠。但对于低拷贝蛋白质的鉴定能力较弱，微量蛋白往往还是重要的调节蛋白，但当前的技术还不足以检出拷贝数低于 1000 的蛋白质，且极酸或极碱蛋白质、极大（>200 kDa）或极小（<10 kDa）蛋白质、难溶蛋白的分离检测难度较大。得到高质量的双向凝胶电泳需要精湛的技术，因此迫切需要自动二维电泳仪的出现。

4.1.3 iTRAQ

近些年来质谱技术的飞速发展使其成为蛋白质定量的关键手段。同位素标记相对和绝对定量（isobaric tags for relative and absolute quantitation，iTRAQ）是其中研究蛋白质相对和绝对定量的常用质谱分析技术。iTRAQ 技术是由 AB SCIEX 公司研发的一种体外同种同位素标记的相对与绝对定量技术，利用多种同位素试剂标记蛋白质多肽 N 端或赖氨酸侧链基团，经高精度质谱仪串联分析的蛋白质组学研究技术。iTRAQ 的发展得益于可进行多重标记的 iTRAQ 试剂的开发，该试剂结构由报告基团（reporter group）、肽反应基团（peptide reactive group）和平衡基团（balance group）三部分组成。不同指示基团及其相对应平衡基团的质量和都相同，而肽反应基团能与赖氨酸 ε-氨基和所有肽链的氨基末端连接，可标记所有氨基酸。iTRAQ 技术可同时比较多达 8 个样品之间的蛋白质表达量，是近年来定量蛋白质组学中应用最广泛的高通量筛选技术。

1. 技术原理

iTRAQ 试剂中平衡基因是质量为 31 Da、30 Da、29 Da、28 Da 等分子量差别为 1 的基团，使 4 种 iTRAQ 试剂分子量均为 145 Da，即等量异位标签（isobaric tag），保证 iTRAQ 标记的同一肽段质荷比（m/z）相同。不同标记试剂与来源于不同样品胰酶消化后的肽段结合，经过色谱分离，并通过一级质谱和二级质谱。平衡基团在二级质谱时发生中性丢失，而报告基团在二级质谱低质量区域产生多个报告离子，其信号强度分别代表该标记样品的表达量，根据报告离子的峰面积计算同一蛋白质同一肽段在不同样品间的比值，从而实现蛋白质的相对和绝对定量。由于 iTRAQ 试剂是等量的，即不同同位素标记同一多肽后在第一级质谱检测时，分子量完全相同，用串联质谱法对一级质谱检测到的前体离子（precursor ion）进行碰撞诱导解离，产物离子通过二级质谱进行分析。在二级质谱分析过程中，报告基团、平衡基团和肽反应基团之间的键断裂，平衡基团丢失，产生低质荷比（m/z）的报告离子。由于二级质谱可分析分子量相差 1 的报告基团，不同报告基团离子强度的差异就代表了它所标记的多肽的相对丰度。同时，多肽内的酰胺键断裂，形成一系列 b 离子和 y 离子，得到离子片段的质量数，通过数据库查询和比较，可以鉴定出相应的蛋白质前体。

2. 技术流程

1）蛋白质样品制备
可以利用蛋白质样品提取试剂盒或其他方法提取样品的总蛋白质。对于 iTRAQ 定量，一般要求蛋白质含量不少于 50 μg，蛋白质浓度不低于 5 μg/μL。可以选择常规的 Bradford 蛋白质定量方法，也可以采用现代微量核酸蛋白质浓度测定仪进行蛋白质定量检测。

2）酶切

一般蛋白质组学研究中样品的酶切反应常使用胰蛋白酶。根据蛋白质定量结果取一定量（100 μg）蛋白质加入胰蛋白酶液进行酶解，再经过一系列的洗涤和离心做除盐处理，最后复溶用于后续 iTRAQ 试剂标记。

3）标记

根据试剂盒说明采用 8-plex 标记或 6-plex 标记等量样品，并混合成一个样用于高 pH 值 C18 色谱分组分析。

4）质谱检测

不同的液质联用仪器的操作方法存在一定差异。先利用色谱仪将蛋白质样品分为不同组分（12 个组分），再将每个组分经液相色谱–串联质谱法（liquid chromatography-tandem mass spectrometry，LC-MS/MS）进行质谱检测。

5）蛋白质鉴定

经质谱检测后，肽段的定性和定量信息均被采集。不同报告基团离子强度的差异代表其所标记的多肽的相对丰度。肽段信息则被软件转成肽段序列信息。基于仪器配套的软件结合各大蛋白质数据库可对蛋白质进行鉴定，再按照一定的筛选条件对蛋白质鉴定的可信度进行评估。

3. 技术特点

优点：iTRAQ 技术通量高，可同时标记 8 个样品，一次实验可实现多达 8 个样品的蛋白质鉴定和定量；标记完全，标记效率高达 97%以上，可减少样本处理，以及不同组上机造成的实验误差；相比 2-DE 所检测多位于细胞质内蛋白质而言，iTRAQ 技术可检测到更多的胞质蛋白、线粒体蛋白、膜蛋白和核蛋白；iTRAQ 技术是基于高度敏感性和精确性的串联质谱方法，不需要凝胶就可以获得相对和绝对定量的蛋白质结果；可对任何类型的蛋白质进行鉴定，包括极大/极小分子量蛋白质、酸性蛋白质和强碱性蛋白质；具有高灵敏度、检测限低、分析速度快、分离效果好、自动化程度高等特点；适用范围广，无物种特异性限制，理论上可用于所有物种。

缺点：该方法对蛋白质样品制备浓度要求较高，标记试剂盒价格较贵。

4.1.4 Label-free

近些年来，另外一种蛋白质组学研究技术——非标定量法（Label-free）越来越受到关注。Label-free 不需要对比较样本做特定标记处理，只需要比较特定肽段/蛋白质在不同样品间的色谱质谱响应信号便可得到样品间蛋白质表达量的变化，通常用于分析大规模蛋白质鉴定和定量时所产生的质谱数据。Label-free 又可分为基于谱图数（spectra count，SC）和基于肽段离子强度（或色谱离子流的峰面积，即 XIC）两种方

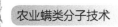

法，后者更准确，使用更广泛。

1. 技术原理

Label-free 依赖于繁杂的信息分析过程完成定量，通过比较质谱分析次数或质谱峰强度，分析不同来源样品蛋白质的数量变化。该方法认为肽段在质谱中被捕获检测的频率与其在混合物中的丰度呈正相关，因此蛋白质被质谱检测的计数反映了蛋白质的丰度，通过适当的数学公式可以将质谱检测计数与蛋白质的数量联系起来，从而对蛋白质进行定量。按照其原理主要分为两种，第一种是根据二级质谱相关的每个蛋白质鉴定到的肽段总次数（peptide hide 或 spectral counts）、所鉴定肽段的离子价位（ion counts of identified peptides）等信息进行定量分析。该方法发展较早，已经形成多种定量算法，各种方法的差别在于后期算法在大规模数据上的修正。第二种是根据一级质谱相关的肽段峰强度（mass spectral peak intensity）、峰面积（peak area）、液相色谱保留时间（LC retention time）等信息进行定量分析（Zhu et al.，2010）。

2. 实验流程

1）样品准备
样品准备过程的蛋白质提取、定量及酶解与蛋白质样品制备流程类似，根据蛋白质性质和实验目的的不同，样品准备过程存在一定的差异，可按需调整制备方法。

2）上机测序
酶解后的蛋白质样品利用纳升液相色谱仪进行进一步的分离，具体参数因不同公司品牌、型号的差异而不同。

3）蛋白质鉴定
质谱仪将采集到的物理信号转化为数字信号后利用 MASCOT 软件进行比对分析以确定肽段的性质。所鉴定到的不同蛋白质中相同的肽段性质归为一个蛋白质组。将所鉴定到的蛋白质肽段和参考序列库或在线数据库进行比对进行定性分析。

4）蛋白质定量
该技术一般利用基于肽段峰强度的绝对定量（intensity-based absolute quantification，iBAQ）方法对鉴定到的肽段进行定量分析。运用 MASCOT 等软件，对液相色谱-串联质谱数据非标记定量分析是将质谱数据由谱峰形式转化为直观的类似双向凝胶电泳的图谱，图谱上的每一个点代表一个肽段，而不是蛋白质；再比较不同样本上相应肽段的强度，从而对肽段对应的蛋白质进行相对定量。实践证明其具有很好的定量准确性和可信性，现在已经逐渐成为蛋白质组学领域内的标准解决方案。

3. 技术特点

无须昂贵的同位素标签作内部标准，实验耗费低。对样本的操作也最少，从而使其最接近原始状态，并且不受样品条件的限制，克服了标记定量技术在对多个样本进行定量方面的缺陷。不需要过高的样品浓度、复杂的实验方案及价格过高的原料等，该方法具有速度更快，更简洁及结果更简明等优点。该方法对液相色谱-串联质谱的稳定性和重复性要求较高，至少需要 3 次技术重复和 3 次生物学重复。

4.1.5　SWATH

SWATH（sequential window acquisition of all theoretical mass spectra）是苏黎世联邦理工学院的鲁埃迪·埃伯索尔德（Ruedi Aebersold）博士及其团队与 AB SCIEX 公司联合推出的一项全新的质谱技术。SWATH 定量方法是基于提取二级产物离子峰面积，计算出肽段含量，进而通过肽段含量推理出蛋白质含量。当 SWATH 定量应用到全蛋白质组水平就产生了 SWATH 定量蛋白质组，以此方法为基础可以迅速锁定几个样品间的差异蛋白质（Sajic et al.，2015）。此新方法依赖于先进的四极杆飞行时间串联质谱仪——AB SCIEX 的 TripleTOF 5600 系统。该系统集高分辨率、高质量精确度和超高 MS/MS 谱图采集速率于一体，是唯一能够有效运行 SWATH 方法的质谱仪。

1. 技术原理

SWATH 采集模式是一项基于数据非依赖型采集（data-independent acquisition，DIA）模式的新型蛋白质组质谱定量技术，它以质谱为基础，能够在单次分析中完成一个样品所有蛋白质和肽段的定量（Gillet et al.，2012）。因此，SWATH 是一种真正全景式的、高通量的质谱技术，同时也大幅提高了定量的可重现性。SWATH 采集模式是一种新型的 MS/MS 扫描技术，它将扫描范围划分为以 25 Da 为间隔的一系列区间，通过超高速扫描来获得扫描范围内全部离子的所有碎片信息，是 MS/MS 技术的扩展。以蛋白质组学样品分析中常见的扫描范围 400～1200 为例，每 25 Da 作为一个扫描间隔（SWATH），每个 SWATH 扫描时间设定为 100 ms，那么该扫描范围累计需要 32 个 SWATH［（1200-400）/25=32］，完成一次扫描需要 3.2 s（李春波，2011）。与传统的数据依赖型采集（data-dependent acquisition，DDA）扫描方式（如 shotgun proteomics）相比，SWATH 技术均匀扫描和采集检测范围内所有前体离子及二级产物离子信息，并依据二级产物离子峰面积进行定量，有效地规避了 DDA 定量模式中由于高丰度信号影响和动态排除等引起的定量灵敏度不高和重现性差等问题，同时提高了高分辨质谱的定量通量，在高通量组学层面实现与针对特定蛋白质的定量质谱技术相当的定量性能（Gillet et al.，2012）。高分辨率的模式可以消除背景干扰，提高选择能力、灵敏度和通量，针对亚细胞结构、微生物、细胞分泌物等样本，SWATH 的定量效果非常好。

2. 实验流程

（1）样品准备。样品准备好后进行纯化，去除杂质及污染后还原打开蛋白质二硫键，并使用胰蛋白酶等蛋白酶将蛋白质切成多肽片段。

（2）上机测序。酶解后的蛋白质样品利用纳升液相色谱仪进行进一步的分离，具体参数因不同公司品牌、型号的差异而不同。分离后的肽组分利用高分辨率的 TripleTOF 5600+或更高端的质谱仪进行 SWATH 质谱分析。

（3）蛋白质鉴定。在获得所有肽段的全谱 SWATH 数据后，使用 OpenMS/Skyline 等软件对质谱数据进行定性和定量分析，最终通过生物信息学分析鉴定差异性蛋白质并阐述差异性蛋白质的生物学功能。

3. 技术特点

稳定性好，一次 SWATH 实验就能获得完整的蛋白质定量和定性结果，无须进行方法优化。灵敏度高，SWATH 利用高分辨率的 TripleTOF 5600+系统，达到了与多重反应监测（multiple reaction monitoring，MRM）技术相当的定量灵敏度，定量准确度高且重复性好，各重复样品间的定量数据相关性可达到 0.99 以上。线性动态范围广，定量范围可跨越 4 个数量级。但该技术一次只能定量 2000 多种蛋白质，且由于 SWAHT 采集模式下，一个窗口中所有母离子的全部碎片离子都呈现在一张谱图中，使用传统的蛋白质鉴定软件不能有效解析这些谱图，使质谱数据的解析较为复杂。

4.2 常用蛋白质组数据库

蛋白质组数据库（proteome database）被认为是蛋白质组知识的储存库，几乎包含所有已被鉴定的蛋白质信息，如蛋白质的氨基酸序列、核苷酸顺序、3D 结构、翻译后的修饰、基因组及代谢数据库等。当前的计算机和网络技术让所有的数据库连在一起，并允许我们从一个数据库中的一条信息链接到其他的数据库，将一个研究对象的数据与其他各种蛋白质组相关数据或图谱相连。分析型软件工具被称为蛋白质组分析机器人、数据分析软件包。在既定的状态下，定量研究蛋白质的表达水平，或者计算机辅助数据库系统建立可将实验推进一步。因此，蛋白质组分析技术联合蛋白质组数据库、计算机网络和其他软件被称为蛋白质组的机控百科全书。目前，蛋白质组信息量呈指数增长趋势，蛋白质组计划的实施会产生新的数据库。当评估一个数据库的价值时，也应重点考虑两个因素——更新时效性和数据库间的关联性。下面对在农业昆虫及害螨研究中应用较多的几个主要蛋白质数据库做简要介绍。

4.2.1 UniProt

全球蛋白质资源（universal protein resource，UniProt）数据库，是信息最丰富、资源最多的蛋白质序列及功能注释数据库，由欧洲生物信息学研究所（European Bioinformatics Institute，EBI）、蛋白质信息资源（Prontein Information Resource，PIR）、瑞士生物信息研究所（Swiss Institute of Bioinformatics，SIB）合作建立而成，提供详细的蛋白质序列、功能信息，旨在为从事现代生物研究的科研人员提供一个有关蛋白质序

列及其相关功能介绍并可免费使用的共享数据库。它包括 UniProt Knowledgebase
（UniProtKB，UniProt 知识库）、UniProt Reference Clusters（UniRef，UniProt 参考资料
库）和 UniProt Archive（UniParc，UniProt 档案库）三大数据库（Wu et al.，2006）。该
数据库数据主要来自基因组测序项目完成后所获得的蛋白质序列，它包含了大量来自文
献的蛋白质生物功能信息。

UniProtKB 是一个专家级的数据库，它可以通过与其他资源进行交互查找的方式为
用户提供一个有关目的蛋白质的全面信息。该数据库主要由两部分组成：
UniProtKB/Swiss-Prot 和 UniProtKB/TrEMBL。UniProtKB/Swiss-Prot 中包含检查、验证
和手工注释的蛋白质序列，是一个高质量的、手工注释的、非冗余的数据集，主要来自
文献中的研究成果和 E-value 校验过的计算分析结果，有质量保证的数据才可被加入该
数据库。UniProtKB/TrEMBL 则包含未校验的、计算机自动翻译和注释的蛋白质序列，
是一个非常广泛的蛋白质注释数据库。在三大核酸数据库（EMBL-Bank/GenBank/DDBJ）
中注释的编码序列都被自动翻译并加入该数据库中。它也有来自 PDB 数据库的序列，
以及 Ensembl、Refeq 和 CCDS 基因预测的序列。这两类数据库为广大科学工作者提供
了重要的蛋白质鉴定及分析基础。截至 2023 年 9 月 4 日，UniProtKB/Swiss-Prot 包含
569 793 个注释条目，而 UniProtKB/TrEMBL 包含 248 272 897 个注释条目。

UniRef 对来自 UniProtKB 的数据包括各种剪接变异体进行了分类汇总，还从 UniParc
中选取了一些数据以求能完整地、没有遗漏地收录所有数据，同时也保证没有冗余数据，
该数据库的同一性（identity）分为 3 个级别：100%、90% 和 50%。UniRef90 数据库建
立在 UniRef100 数据库的基础之上，而 UniRef50 数据库又是以 UniRef90 为基础。
UniRef100、UniRef90 和 UniRef50 3 个数据集的数据量分别减少 10%、40% 和 70%。
UniRef100 是目前最全面的非冗余蛋白质序列数据库。UniRef90 和 UniRef50 的数据量
有所减少是为了能更快地进行序列相似性搜索以减少结果的误差。UniRef 现在已广泛用
于基因组自动注释、蛋白质家族分类、结构基因组学、系统发生分析、质谱分析等研究
领域。同时，UniRef 中的聚类信息也会随着 UniProtKB 的更新而同步更新。

UniParc 是一个综合性的非冗余数据库，它包含全世界所有主要的、公开的数据库
中的蛋白质序列。由于蛋白质可能在不同的数据库中存在，并且在同一个数据库中可能
有多个版本。为了去冗余，UniParc 对每个唯一的序列只存一次，每个序列提供稳定的、
唯一的编号，即通用唯一识别码（universally unique identifier，UUID）以便在不同的数
据库中对蛋白质进行鉴定。每一个 UUID 序列不再接受任何修改，且库中只含有蛋白质
的序列信息，其他的注释信息需要根据所提供的数据库链接至原数据库中查询。目前，
UniParc 中包括以下数据库中的蛋白质信息：EMBL-Bank/DDBJ/GenBank nucleotide
sequence databases, Ensembl, EnsemblGenomes, European Patent Office (EPO), FlyBase,
H-Invitational Database (H-InvDB), International Protein Index (IPI), Japan Patent Office
(JPO), Korean Intellectual Property Office (KIPO), Pathosystems Resource Integration Center
(PATRIC), PIR-PSD, Protein Data Bank (PDB), Protein Research Foundation (PRF), RefSeq,

Saccharomyces Genome Database (SGD), TAIR *Arabidopsis thaliana* Information Resource, The Seed (SEED), TROME, USA Patent Office (USPTO), UniProtKB/Swiss-Prot, UniProtKB/Swiss-Prot protein isoforms, UniProtKB/TrEMBL, Vertebrate Genome Annotation database (VEGA), WormBase, WormBase ParaSite (WBParaSite).

4.2.2 PIR 数据库

蛋白质信息资源（protein information resource，PIR）数据库先于核酸数据库出现。在 1960 年左右，Dayhoff 和其同事们搜集了当时所有已知的氨基酸序列，编著了《蛋白质序列与结构图册》。这本图册中的数据后来演化为蛋白质信息资源数据库。该数据库集成了关于蛋白质功能预测数据的公共资源的数据库，其目的是支持基因组/蛋白质组研究。PIR 与其他组织合作，共同构成了国际蛋白质序列数据库 PIR-PSD——一个主要的已预测的蛋白质数据库，包括 250 000 多种蛋白质，主要帮助研究者鉴别和解释蛋白质序列信息，研究分子进化、功能基因组。它是一个全面的、经过注释的、非冗余的蛋白质序列数据库。所有序列数据都经过整理，超过 99% 的序列已按蛋白质家族分类，一半以上的序列还按蛋白质超家族进行了分类。

除了蛋白质序列信息之外，PIR 还包含以下信息：蛋白质名称、蛋白质的分类、蛋白质的来源；关于原始数据的参考文献；蛋白质功能和蛋白质的一般特征，包括基因表达、翻译后处理、活化等；序列中相关的位点、功能区域。PIR 提供 3 种类型的检索服务：一是基于文本的交互式查询，用户通过关键字进行数据查询；二是标准的序列相似性搜索，包括 BLAST、FASTA 等；三是结合序列相似性、注释信息和蛋白质家族信息的高级搜索，包括按注释分类的相似性搜索、结构域搜索等。PIR 数据库致力于提供及时的、高质量、最广泛的注释，旗下的数据库有蛋白质知识整合数据库（iProClass）、蛋白质家族分类系统（PIRSF）、PIR-PSD、非冗余的蛋白质参考资料数据库（PIR-NREF）、全球蛋白质资源（UniProt）库，与 90 多个生物数据库（蛋白质家族、蛋白质功能、蛋白质网络、蛋白质互作、基因组等数据库）存在着交叉应用。

其中，iProClass 蛋白质知识整合数据库提供来自 90 多个生物学数据库的大量整合数据，可以检索最新的蛋白质综合信息，包括功能、转导通路、相互作用、家族分类、基因和基因组、功能注释标准体系（ontology）、文献和分类学信息，还可以检索 ID 图谱、蛋白质词典和相关序列。PIRSF——蛋白质家族分类系统，概要论述家族的特征，如家族名称、分类分布、分级和功能域结构，以及家族成员，包括功能、结构、传导通路、功能注释标准体系和家族分类。利用这些信息可以获得蛋白质的准确功能或预测的功能和该蛋白质所属家族成员共有的其他特征。iProLINK——蛋白质文献、信息和知识整合数据库提供有关注释内容的文献、蛋白质名称词典和其他有助于文献挖掘的语言处理技术开发的信息、数据库校正、蛋白质名称标记和功能注释标准体系。使用 iProLINK 可以获得描述蛋白质记录的文本文献资源，在 UniProtKB 记录中加入蛋白质或基因命名的图谱，获得用于开发文本挖掘算法的注释数据集、挖掘蛋白质磷酸化（RLIMS-P）文献和获得蛋白质功能注释标准体系（protein ontology，PRO）信息。

4.2.3 PIR-PSD

蛋白质信息资源-国际蛋白质序列数据库（the protein information resource-international protein sequence database，PIR-PSD）是由美国蛋白质信息资源库（PIR）、慕尼黑蛋白质序列信息中心（Munich Information Center for Protein Sequences，MIPS）和日本国际蛋白质信息数据库（the Japan International Protein Information Database，JIPID）共同组建和维护的国际上最大的公共蛋白质序列数据库。这是一个全面的、经过注释的、非冗余的蛋白质序列数据库，包括来自几十个完整基因组的蛋白质序列。所有序列数据都经过整理，超过 99% 的序列已按照蛋白质家族分类，一半以上的序列还按照蛋白质超家族进行了分类。PSD 的注释中还包括对许多序列、结构、基因组和文献数据库的交叉索引，以及数据库内部条目之间的索引，这些内部索引帮助用户在包括复合物、酶-底物相互作用、活化和调控级联等具有共同特征的条目之间方便检索。PSD 每季度都会发行一次完整的数据库，是一个支持基因组学、蛋白质组学和系统生物学检索和科学研究的综合公共生物信息学资源。

PSD 还有几个辅助数据库，如基于超家族的非冗余库等。PIR 提供 3 类序列搜索服务：基于文本的交互式检索；标准的序列相似性搜索，包括 BLAST、FASTA 等；结合序列相似性、注释信息和蛋白质家族信息的高级搜索，包括按注释分类的相似性搜索、结构域搜索 GeneFIND 等。

4.2.4 RCSB PDB 蛋白质三级结构数据库

蛋白质数据库（protein databank，PDB）是国际上唯一的生物大分子结构数据档案库，由美国布鲁克海文（Brookhaven）国家实验室建立。PDB 收集的数据来源于 X 射线晶体衍射（X-ray crystallograph）、核磁共振波谱法（nuclear magnetic resonance spectroscopy），以及电子显微镜（electron microscopy）分析的大分子（蛋白质、多糖、核酸、病毒等）数据，经过整理和确认后存档而成。目前，PDB 的维护由结构生物信息学研究联合实验室（the research collaboratory for structural bioinformatics，RCSB）负责。RCSB 的主服务器和世界各地的镜像服务器提供数据库的检索和下载服务，以及关于 PDB 数据文件格式和其他文档的说明，PDB 数据还可以从发行的光盘获得。使用 Rasmol 等软件可以根据 PDB 文件算法在计算机上显示生物大分子的三维结构及序列详细信息、生化性质等特征。

4.2.5 Swiss-Prot

Swiss-Prot 是经过注释的蛋白质序列数据库，由欧洲生物信息学研究所维护。数据库由蛋白质序列条目构成，每个条目包含蛋白质序列、引用文献信息、分类学信息、注释等，注释中包括蛋白质的功能、转录后修饰、特殊位点和区域、二级结构、四级结构、与其他序列的相似性、序列残缺与疾病的关系、序列变异体和冲突等信息。Swiss-Prot中尽可能减少了冗余序列，并与其他 30 多个数据库建立了交叉引用，其中包括核酸序列库、蛋白质序列库和蛋白质结构库等。利用序列提取系统（sequential recommendation，SR）可以方便地检索 Swiss-Prot 和其他 EBI 的数据库。Swiss-Prot 只接受直接测序获得的蛋白质序列，序列提交可以在其网站页面上完成。

Swiss-Prot 采用了和 EMBL 核酸序列数据库相同的格式和双字母标识字。这种双字母的标识字对于数据库的管理维护比较方便，但用户在使用时却不便捷，特别对数据库格式不很熟悉的用户。ExPASy 开发了面向生物学家的、基于浏览器的用户界面，特别是用可视化方式表示氨基酸特征表，使用户对序列特性一目了然，如二硫键、跨膜螺旋、二级结构片段、活性位点等。

4.3 蛋白质组测序技术在农业害螨研究中的应用

4.3.1 滞育二斑叶螨的蛋白质组学

二斑叶螨危害的寄主植物广泛，抗性发展迅速，是一种世界性害螨。在自然选择中面临植物防御和化学药剂的胁迫，二斑叶螨体现出了极强的适应性。在二斑叶螨的寄主互作与抗性研究中，应用了大量的转录组数据，而对蛋白质的研究相对较少。蛋白质组学技术可有效快速了解二斑叶螨体内适应不同环境时的蛋白质变化，相对基因水平更直观，利用其他组学技术，结合蛋白质组学可以更好地解析二斑叶螨对田间寄主适应性与抗性的问题。洪晓月研究团队针对二斑叶螨，主要利用串联质谱等技术，分析叶螨受胁迫后的蛋白质图谱，解析变化蛋白及其趋势，再进行质谱鉴定差异蛋白，通过转录组与蛋白质组可有效地揭示二斑叶螨滞育的复杂机制。

叶螨受胁迫后蛋白质组检测的试验方案：在 25℃、60%RH 和光周期为 16 L：8 D 条件下，将饲养在菜豆上的螨转移至 20℃、60%RH 和短日照 8 L：16 D 条件下诱导滞育。长日照条件下饲养的雌成螨在第 3 天开始产卵（R3），在短日照条件下饲养的雌成螨在第 3 天开始改变体色（D3），第 13 天开始完全改变体色（D13）。将 400～500 只雌成螨（R3、D3 和 D13）在液氮中粉碎，用裂解缓冲液（7 mL 尿酸、2 mL 硫脲、4% 3-[（3-酰氨基丙基）二甲氨基]丙磺酸盐、40 mmol Tris-HCl，pH=8）和 1 mmol 苯甲基磺酰氟、2 mmol 乙二胺乙酸进行提取。以牛血清白蛋白为标准，用 Bradford 法进行定量分析。取总蛋白（100 μg），用胰蛋白酶在 37℃消化 16 h，蛋白质：胰蛋白酶为 30：1，胰蛋白酶消化后用真空离心干燥肽。肽在 0.5 mL Teab 中被重组，并采用 iTRAQ Reagent8 Plex Multi-plex 试剂盒试剂进行样品处理与标记。用 iTRAQ 试剂标记样品［分别为 R3、D3 和 D13，113（R3-1），114（R3-2），115（D3-1），116（D3-2），117（D13-1），118（D13-2）］。此外，用不同的标签（119 和 121）标记相同的两个样品（它们都是从所有样品中制备的等量肽的混合物）。然后在真空浓缩器中收集和干燥标记样品。用一个 4.6 μm×250 μm

粒子的 UltremexSCX 柱对得到的多肽混合物进行重组和分馏。所收集的 20 个组分用 Strata XC18 柱脱盐，干燥后再悬浮在缓冲液 A（2%乙腈，0.1%甲酸）中进行 LC-ESI-MS/MS 技术分析。LC-ESI-MS/MS 分析采用 Q 外质谱在线耦合到 LC-20 AD Nano-HPLC 系统。以 8 μL/min 的流速在一个 2 cm 的 C18 吸附柱上洗脱分离 4 min，然后，在流速为 300 nL/min 的 10 cm C18 分离柱上被分离洗脱，在 2%～35%缓冲液 B（98%乙腈，0.1%甲酸）中洗脱 44 min，在 2%～80%的缓冲液 B 中洗脱 2 min，在 80%的缓冲液 B 中洗脱 4 min，然后转回至 5%的缓冲液 B 中洗脱 1 min。在 Orbitrap 质谱仪上检测 MS 光谱。通过 Proteome Discoverer 1.2 将原始的 MS/MS 数据转换成 Mascot General Format（MGF）文件。利用高能碰撞离解工作模式，在归一化碰撞能量设定为 27.0%的条件下，为 MS/MS 选择了多肽，在 Orbitrap 质谱仪上检测 MS/MS 光谱。将导出的 MGF 格式文件通过 Mascot2.3 与二斑叶螨基因组蛋白数据库 17 909 个预测蛋白进行比对搜索。在蛋白质定量方面，只使用特定的肽对蛋白质进行定量。选择中间肽的比值表示蛋白质比值，在适用校正因子的情况下，iTRAQ 比率被标准化，使数据集中所有肽匹配的该比值的中位数将是统一的。用至少两种独特的多肽进行蛋白质鉴定，并在所有 4 种重复分析中定量检测蛋白质，进一步分析二斑叶螨雌性滞育和繁殖之间的蛋白质的丰度变化。

使用 KOG 数据库将二斑叶螨的基因通过 RPSBLAST（E 值<10^{-5}）进行 KOG 分类，并对所有 mRNA-蛋白质对进行相关分析，同时进行 DETS 和 DEPS 两种类型的富集分析。用 KEGG 数据库通过 RPSBLAST 将 DETS 和 DEPS 分配到 KEGG 通路（E 值<10^{-15}）。对 iTRAQ 实验进行分析，从 6 个样品中 15 616 个独特的肽段（每个发育阶段有两个重复）的 55 449 个独特的光谱中鉴定出 2697 个蛋白质。KOG 分析表明，细胞骨架（D3 和 D13）和能量产生（D3）的 mRNA 和蛋白质水平持续升高，翻译后修饰（D13）和脂代谢（D13）持续下调。此外，在 D13 的下调转录本中，氨基酸和碳水化合物等代谢通路下调幅度较大，暗示滞育雌成螨在第 13 天的代谢水平较低。在 D13 的 mRNA 水平上，信号转导类型更为丰富，这表明在滞育早期有信号转导。根据 KEGG 注释进行了同样的富集分析，结果表明，在滞育雌成螨的上调转录本中，有几个信号相关的通路，包括神经活性配体-受体相互作用（D3 和 D13）、钙信号通路（D3）、突触小泡周期（D3）和谷氨酸能突触（D13）。在 KOG 和 KEGG 分析中，虽然信号相关的类别和途径在蛋白质水平上没有显示出显著的富集，但在上述信号相关通路的关键成员中观察到不同表达的蛋白质丰度。在转录组和蛋白质组数据所揭示的滞育基因中，发现 Ca^{2+} 的相关基因发生了显著的变化，包括 65 个 Ca^{2+} 结合蛋白基因和 23 个 Ca^{2+} 转运基因，表明 Ca^{2+} 信号在滞育调节中起着重要作用。滞育的其他变化包括：①谷氨酸受体（可能参与突触可塑性变化）的上调；②参与细胞骨架重组的基因，包括编码细丝蛋白、微管蛋白和整合素信号各组成部分的基因发生了显著的变化；③参与无氧能量代谢的基因发生了显著的变化，这反映了早期螨的无氧能量代谢。通过蛋白质组与转录组初步解析了二斑叶螨滞育的分子调控机制，并筛选了参与的信号通路基因。

同年，Jonckheere 等（2016）对二斑叶螨的 4 个寄主品系进行了唾液蛋白的收集和测序，结合 RNA-seq 预测了约 90 种唾液蛋白，首次报道并建立了螯肢动物的唾液蛋白库（图 4.2）。

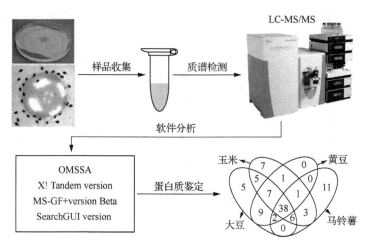

图 4.2　二斑叶螨唾液蛋白鉴定流程（结果引自 Jonckheere et al.，2016）

4.3.2　柑橘全爪螨抗性品系的蛋白质组学

柑橘全爪螨作为橘园第一大害螨，严重危害柑橘产业的发展。近年来随着橘园害螨化学农药的大量不合理使用，柑橘全爪螨已经对多种杀虫剂产生了不同程度的抗性。柑橘全爪螨在受到药剂刺激后体内的反应变化是复杂多样的，除了与药剂胁迫直接相关的解毒代谢酶外，还有许多行使其他功能的蛋白质发挥作用。差异蛋白质组学技术的运用，能帮助我们全面了解生物体的响应机制。利用 2-DE 技术，分析阿维菌素药剂胁迫后柑橘全爪螨雌成螨的蛋白质图谱，利用分析软件解析差异表达蛋白及其变化趋势，并利用质谱鉴定技术对这些蛋白质进行鉴定，旨在从蛋白质水平探究柑橘全爪螨响应阿维菌素胁迫的机制（Shen et al.，2017；钟锐，2014）。

试验方案：选择阿维菌素 LC_{30} 剂量处理柑橘全爪螨，于适宜环境中饲养 24 h。镜检后将存活的试螨收集起来用于提取总蛋白。蛋白质提取利用含两性电解质的裂解液研磨破碎试虫组织和细胞提取总蛋白，并检测蛋白质样品浓度。取适量蛋白质样品与水化上样液充分混匀，并加入 5 μL 1%溴酚蓝储液指示剂，保证蛋白质样品上样量 100 μg，总体积 400 μL，并线性均匀加入水化盘中，将 17 cm IPG 预制胶条胶面朝下，缓慢放入水化盘中，同时在水化盘中添加适量矿物油以覆盖胶条和水化上样液；盖好水化盘，放入 PROTEIN IEF 等电聚焦仪，于 17℃水化 14 h。聚焦结束后，去除胶面多余的矿物油，将胶条转移至聚焦盘，胶面与聚焦盘正负电极充分接触。将聚焦盘放入 PROTEIN IEF 等电聚焦仪，编辑聚焦程序，设置工作温度 17℃、保护电流 50 μA/根，开始第一向等电聚焦。聚焦结束后将胶条置于 4 mL 平衡缓冲液Ⅰ中缓慢振荡 15 min，然后转入 4 mL

平衡缓冲液 II 中缓慢振荡 15 min；第二次平衡结束后，将胶条转移至事先配好的 SDS-PAGE 胶上，开始第二向垂直电泳。待溴酚蓝指示剂距凝胶底部剩余 1 cm 时，停止电泳；拆下夹具，轻轻撬开玻璃板，将凝胶转移至染色皿中开始染色。本试验中凝胶染色采用质谱兼容的银染法，染色结束后用 ChemiDoc^{TM} XRS+凝胶成像仪采集凝胶图谱，图谱处理及分析使用双向凝胶电泳分析软件 PDQuest^{TM} 8.0（Wei et al.，2015）。

对阿维菌素 LC$_{30}$ 剂量处理后柑橘全爪螨表达变化倍数较大的 26 个蛋白质进一步开展质谱鉴定，共鉴定得到 23 种蛋白质。COG 蛋白质功能分析显示，这些蛋白质共分为细胞加工和信号转导、信息储存和加工、新陈代谢三大类。其中，属于新陈代谢的有 11 个（spot 3、spot 4、spot 5、spot 6、spot 7、spot 9、spot 15、spot 16、spot 21、spot 22、spot 25），属于信息储存和加工的有 4 个（spot 2、spot 8、spot 18、spot 26），属于细胞加工和信号转导的有 3 个（spot 11、spot 13、spot 14）。这些蛋白质中，相对变化倍数上调 2 倍以上的蛋白质由高到低依次为卵黄原蛋白（3.32 倍）、ATP 合酶 D 链（3.01 倍）、λ-晶状体蛋白同源物（2.84 倍）、3-磷酸甘油醛脱氢酶（2.59 倍）、酯酶 B（2.44 倍）、铁蛋白（2.39 倍）、V-ATP 合酶 B（2.21 倍）、翻译延伸因子 2（2.15 倍）以及 ATP 合酶α（2.05 倍）；下调 2 倍以下的有钙网织蛋白（44%）、延胡索酰乙酰乙酸酶（43%）及 40S 核糖体蛋白 SA（42%）；其余蛋白质的相对表达变化量均处于 0.5～2 倍之间。

害螨对杀螨剂抗药性的发展受多方面因素影响，包括遗传学、生物学、生态学和防治策略等。害螨接触药剂后其适应这种胁迫而不致死是多种调节机制共同作用的结果。害螨通过体内相关基因的表达调控来系统性地应对杀虫（螨）剂的毒害作用。通过一系列实验，确定了适用于柑橘全爪螨双向凝胶电泳的差异蛋白质组学技术体系，通过对阿维菌素 LC$_{30}$ 浓度处理 24 h 后的差异蛋白质组学分析，分离出了 26 个表达量发生显著变化的蛋白质，质谱鉴定发现包含了行使不同功能的多种蛋白质，包括能量代谢、解毒代谢、抗氧化等功能的蛋白质。说明柑橘全爪螨应对阿维菌素的刺激是由多种蛋白质共同参与调节、协同作用的结果。

4.3.3　巴氏新小绥螨高低温品系的蛋白质组学

植绥螨是一类具有捕食作用的螨类，在农业生产上广泛应用于防治叶螨、跗线螨、瘿螨、蓟马及粉虱等有害生物，利用植绥螨控制农业害螨是有害生物绿色防控的一项重要措施。在农业生态系统中，植绥螨和害螨由于其体形微小，容易受到各种环境因子的影响，包括温度、湿度、紫外线、化学药剂等。研究表明植绥螨比害螨更易受到环境压力的影响，如温度、紫外线等（Stavrinides and Mills，2011；Tachi and Osakabe，2012）。农业害螨，如二斑叶螨、柑橘全爪螨、山楂叶螨（*Tetranychus viennensis*）等为高温活动型叶螨，适度高温环境会加重该类型叶螨的发生与危害，而植绥螨对高温环境相对敏感，且商业化植绥螨大多是在 25℃恒温条件下饲养获得的。

巴氏新小绥螨作为我国唯一已商业化生产的本土植绥螨种类，目前通过长期高温驯化（中等高温：35℃）与高温锻炼（45℃暴露 2 h），筛选获得高温品系，显著增强其在高温胁迫下的承受能力，具有明显的温度可塑性和适应性（Zhang et al.，2018）。长期的高温驯化使巴氏新小绥螨在生理层面发生适应性变化，利用比较转录组学与蛋白质组学（iTRAQ）结合的方法，能够阐明巴氏新小绥螨在高温胁迫中的适应性差异，为生防天敌捕食螨对高温活动型农业害螨的持续高效控制提供理论支撑（Tian et al.，2020）。同时，科学界缺乏对昆虫和螨类等变温动物热表型可塑性和高温驯化机制等方面的相关研究。利用 RNA-seq 与 iTRAQ 技术结合可从多个样品中寻找出差异表达基因/蛋白，为揭示其适应机制提供强有力证据。

试验方案：分别收集巴氏新小绥螨两种温度品系初孵雌成螨各 2000 头，提取总蛋白。利用牛血清蛋白作为标准品对 G-250 进行标准曲线制作，将提取的总蛋白溶液采用 Bradford 定量方法进行蛋白质浓度测定。每样取 30 μg 蛋白质溶液进行 SDS-PAGE 电泳，用考马斯亮蓝染色后确定蛋白质质量。选取蛋白质质量合格的样品进行蛋白质酶解，每个样品取 100 μg 蛋白质溶液，按蛋白质：酶=40：1 的比例加入胰蛋白酶进行酶解，酶解的肽段利用 Strata X 柱进行脱盐，真空抽干。取出 iTRAQ 标签试剂，每管试剂加入 50 μL 异丙醇，涡旋振荡后低速离心，用 0.5 mol/L TEAB 溶解肽段样品，并加入对应 iTRAQ 标签试剂中，不同样品肽段选用不同的 iTRAQ 标签，室温静止 2 h。采用岛津 LC-20AB 液相系统对样品进行液相分离。用 2 mL 流动相 A（5%ACN pH=9.8）复溶抽干的肽段样品并上样检测，在 214 nm 波长下监测洗脱峰并每分钟收集一个组分，结合色谱洗脱峰图，合并样品得到 20 个组分，然后冷冻抽干。将抽干的肽段样品复溶，20 000 g 离心 10 min 后，取上清进样。通过岛津公司 LC-20AD 的纳升液相色谱仪进行分离。经过液相分离的肽段通过 nanoESI 源离子化后进入串联质谱仪 Q-Exactive（Thermo Fisher Scientific，San Jose，CA）进行 DDA 模式检测。得到原始数据后，将原始质谱数据经过相应工具转换成 MGF 格式文件后，用蛋白质鉴定软件 Mascot 比对相应数据库搜索鉴定，同时进行质控分析以判断本次数据是否合格，将合格数据经过一定的筛选阈值，得到最终可信的蛋白质鉴定结果。随后进行 iTRAQ 定量分析，采用华大基因自主研发的 IQuant 软件，从定量结果中筛选出显著差异蛋白，最后进行 GO、Pathway、COG 等功能注释和差异蛋白的 GO、Pathway 富集分析。

采用高通量质谱技术，在巴氏新小绥螨高温品系与常温品系蛋白组测定中共鉴定到 5082 个蛋白质，其中差异表达蛋白共 500 个（上调 225 个，下调 275 个）。在高温品系中上调的差异表达蛋白主要包括线粒体抗氧化系统中的重要酶——异柠檬酸脱氢酶、凋亡相关蛋白胰凝乳蛋白酶 B、DNA 甲基化甲基转移酶及免疫蛋白 serpin B10 等。下调的差异表达蛋白则涉及生命活动的营养代谢、信号转导、解毒及抗氧化防御等方面，包括马来酰乙酸异构酶、Ras-like GTP 结合蛋白、抗氧化酶及 GST 转移酶等。长期的高温驯化增强了巴氏新小绥螨高温品系对于高温的适应能力，然而其解毒及抗氧化防御等蛋白质的下调可能增加高温品系在其他胁迫中的适合度代价。研究人员比较了这两种温度品系的紫外敏感性发现，当高强度 UV-B 照射时，高温品系表现出较弱的耐受能力，这可能是由于高温品系将更多的能量用于应对高温环境（Tian et al.，2019，图 4.3）。

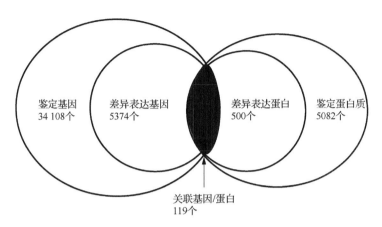

图 4.3　巴氏新小绥螨高温品系差异表达蛋白

　　结合比较转录组学技术分析高温品系中转录与蛋白质水平的相关性，共有 119 个基因或蛋白质关联，其中，转录与蛋白质水平表达趋势一致的基因主要有 HSP70、异柠檬酸脱氢酶、卵黄原蛋白及 ATP-dependent DNA 解旋酶等，而如细胞色素 P450、表皮蛋白及胆碱脱氢酶等在转录与翻译水平下调表达。表皮脂质对于昆虫适应性有着重要作用，是昆虫水分流失的主要屏障，表皮蛋白在高温品系中下调，意味着高温驯化在干燥条件下可能产生的适合度代价。经过长时间高温压力的选择作用，高温品系基因表达模式已经产生重组，这些反应在表型上可揭示其适应性机制。

4.3.4　瓦螨属狄斯瓦螨的蛋白质组学

　　瓦螨属的狄斯瓦螨（*Varroa destructor*）是一种对意大利蜂具有毁灭性破坏的害螨。狄斯瓦螨最原始的寄主是中华蜜蜂，后来发现狄斯瓦螨还可以在西方蜜蜂体内寄生。蜂螨在发育阶段，取食幼虫、蛹和幼蜂的血淋巴，降低了意大利蜂血淋巴中营养物质含量，影响其生长和发育，同时还影响意大利蜂的免疫系统。另外，寄生螨还可以传播病原物，缩短意大利蜂的寿命，对意大利蜂造成非常大的危害。本试验通过蛋白质组及质谱技术，对寄生蜂螨中病原物进行鉴定（Erban et al.，2015）。

　　试验方案：使用 50 mmol/L 裂解液研磨寄生蜂螨匀浆，随后转移到 50 mL 离心管中于 4℃、10 000 g 下离心 15 min。将上清液转移到 1.5 mL 离心管中于 4℃、33 000 g 下离心 15 min，取上清液并保存。用 0.45 μm 的细菌过滤器对样品进行过滤去除杂质，取 1 mL 滤液采用对氨基苯甲酸（*p*-ABA）纯化柱进行纯化得到纯化后的 *p*-ABA 结合蛋白及非结合蛋白。同时补充 GSTrap 4B 柱对样品进行纯化。最后得到 4 种蛋白质样品，即未过滤或纯化的初始样品、经 GSTrap 4B 柱未吸附的样品、经 *p*-ABA 柱纯化后的样品、经 *p*-ABA 柱未吸附的蛋白质样品。最后 4 类蛋白质均用 PDMidiTrap™ G-25 柱进行脱盐处理，并进行蛋白质浓度检测，分装冻干后低温保存。对 4 类样品均进行 SDS-PAGE 电泳，根据其条带情况分别切成 3 段或 6 段，每片凝胶中的总蛋白均采用胶内溶解的方法溶解、纯化、酶解蛋白质样品，然后采用 LC-MS/MS 的方法对分离到的蛋白质进行鉴定（图 4.4），共鉴定到 6 种病毒蛋白，分别属于 4 种蜜蜂病毒，即 DWV、ABPV、VdMLV、IAPV。

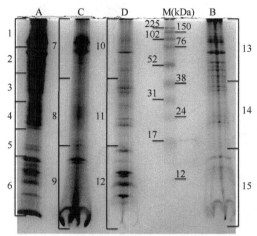

A—未纯化样品；B—GSTrap 4B 柱纯化未吸附样品；C—*p*-ABA 柱纯化后样品；D—*p*-ABA 柱未吸附样品。

图 4.4　寄生蜂螨蛋白 SDS-PAGE 电泳分离

随后对 4 类蛋白质样品开展了 2-DE 分析（图 4.5）。将水化后的 13 cm IPG 胶条放入平衡液 I 中平衡 15 min，随后将胶条放入平衡液 II 中平衡 15 min。胶条放置在 14% 的 SDS-PAGE 上，并用 1% 的琼脂糖固定进行电泳。电泳结束后，采用考马斯亮蓝染色法进行染色，在固定液中过夜固定和脱色。结果采用 MALDI TOF/TOF 进行分析。在 1-DE 后，发现 DWV 和 VdMLV 主要存在于 *p*-ABA 游离分数（D）处理中，另外，在 2-DE 后，D 中 DWV 和 VdMLV 的亮度高于 *p*-ABA 纯化组合（C）样品中。未进行纯化的样品中蛋白质也被成功地分离开。通过 MALDI TOF/TOF 分析，共分离出 64 个点。将其 MS/MS 数据与 NCBI 数据库进行比对，共获得 20 个来自 DWV、ABPV 和 VdMLV 的结构蛋白。在分析过程发现，在 D 样品中获得 8 个蛋白质点，但是在 C 样品中获得 4 个蛋白质点，2-DE MS/MS 结果表明在 D 样品中的 1~3 个蛋白质点是 DWV 的 3 个 VP1 亚型，4、6、8 是 VdMLV 的 3 个亚型，5 和 7 分别是 DWV 的 VP3 亚型和 ABPV 亚型；在 C 样品中鉴定到的是 ABPV 的 VP3 亚型和 VdMLV 的亚型。

通过对寄生蜂螨蛋白质组学的深度分析，鉴定并分析 4 种病毒蛋白。通过比对病毒的结构蛋白 MWs 的数量，发现寄生蜂螨中的病毒并没有被清除，非结构蛋白和结构蛋白的量表明病毒在寄生蜂螨中没有进行复制，因此病毒的富集是通过寄生蜂螨不断取食获得的。基于蛋白质组学研究技术，可以有效对寄生蜂螨中病毒结构蛋白进行鉴定，获得病毒结构蛋白的各种亚型。

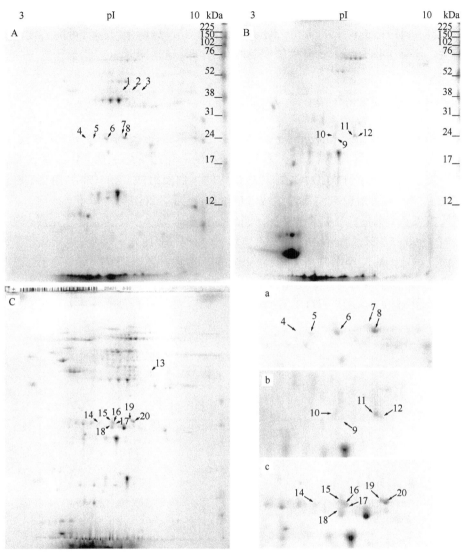

A—p-ABA 游离分数；B—p-ABA 纯化组分；C—纯化前上清液（如总可溶性蛋白质组）；
a~c——显示了相应分数中 23~24 kDa 病毒斑点的详细信息。

图 4.5 2-DE SDS-PAGE 凝胶图谱

气味和化学信息的感受在节肢动物寄主定位中起着至关重要的作用。为进一步明确蜂螨感受寄主信息素或气味物质的载体蛋白，研究人员利用非标定量法分析了蜂螨雄蜂和工蜂前肢、口器及第二对足的蛋白质组学，共鉴定到 958 个蛋白质，其中大多数在不同的器官和发育阶段是相同的（Iovinella et al.，2018）。通过差异分析发现，有 12 个蛋白质在组织间存在差异表达。在蛋白质定量分析的基础上，研究人员还发现了 4 个气味结合蛋白类蛋白（odorant-binding protein like，OBP-like），这些蛋白质与昆虫 OBP 有一定的相似性，但目前仅在一些螯肢亚门动物中有所报道。此外，还发现两个尼曼-皮克C2 家族蛋白（Niemann-Pick family type C2，NPC2），这两个蛋白质可能与化学信号的载体相关。这项工作有助于了解大蜂螨的嗅觉分子基础，同时也有助于开发与嗅觉相关的防控策略。

4.3.5 微小牛蜱的蛋白质组学

微小牛蜱（*Boophilus microplus*）是动物身上常见的外寄生物，是传播牛疾病最多的一种蜱，可传播牛巴贝斯虫病、牛双芽巴贝斯虫病和牛边缘边虫病等，给畜牧业造成了巨大的经济损失。为了分析微小牛蜱若虫体内的蛋白质组成，研究者利用 2-DE 技术分析了其幼虫体内的可溶及难溶蛋白组成（Untalan et al.，2005）。

试验方案：利用蛋白质提取试剂盒（Bio-Rad）提取微小牛蜱若虫总蛋白质。取 400 μg总蛋白质（300 μL）于 17 cm IPG 胶条室温水化上样处理 18 h，然后等电聚焦、平衡，再进行第二向电泳。凝胶经考马斯亮蓝 G250 染色后成像，图谱经 PDQuest 2-DE 凝胶分析软件分析蛋白质胶点（图 4.6）。当所有 3 个生物重复凝胶中均出现蛋白质胶点时，切胶进行胶内酶解和 MALDI-TOF 和 Q-TOF/串联质谱鉴定，参考序列为微小牛蜱的 EST 序列库。

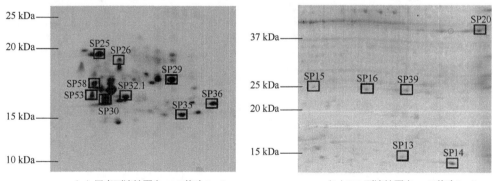

（a）尿素可溶性蛋白，pH值为3~6　　　　　　（b）Tris可溶性蛋白，pH值为5~8

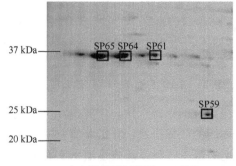

（c）尿素可溶性蛋白，pH值为7~10

图 4.6　微小牛蜱若虫 2-DE 蛋白质图谱分析

利用 2-DE 技术对取食前微小牛蜱幼虫总蛋白质进行分离。凝胶经考马斯亮蓝染色和蛋白质定量分析，在尿素和 Tris 两类样品中分别检测到 250 个和 550 个蛋白质。Tris 可溶蛋白质等电点集中在 5～8，分子量大小为 10～100 kDa。尿素可溶蛋白质主要为偏酸性的低分子量蛋白质。蛋白质定量分析后，选取 6 个 Tris 可溶蛋白质和 14 个尿素可溶性蛋白质进行鉴定。共有 19 个蛋白质得到成功鉴定，其中有一个蛋白质（原肌球蛋白）得到了明确的鉴定。有 10 个蛋白质通过序列比对鉴定到其同源蛋白质，包括细胞骨架蛋白质、表皮蛋白、唾液腺相关蛋白，以及一些看家蛋白，如精氨酸激酶、热激蛋白等。另外，还有 8 个蛋白质鉴定到对应的核苷酸序列。没有成功鉴定到的一个蛋白质则可能是一个新的蛋白质，在该物种参考库中还未记录。这些蛋白质的鉴定对后续开展其功能研究，如参与寄主作用和取食机制具有重要的作用。

为了鉴定病原微生物 *Babesia bovis* 在微小牛蜱中肠内的传导机制，研究者采用同样的蛋白质提取试剂盒得到尿素可溶蛋白质样品和 Tris 可溶蛋白质样品开展进一步的 1-DE 和 2-DE 蛋白质组学研究（图 4.7），分析了微小牛蜱在 *Babesia bovis* 侵染前后中肠的蛋白质组，建立了微小牛蜱中肠蛋白质组数据库。该研究还利用液相等电聚焦仪对病原菌侵染前后的蛋白质样品进行了进一步分级，提高膜蛋白样品中低丰度蛋白质的浓度后，再经 1-DE 电泳分离（图 4.8）。

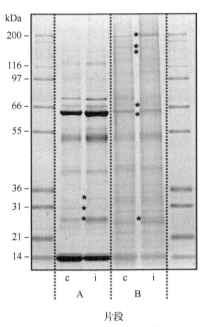

A—Tris 可溶蛋白质；B—尿素可溶蛋白质；c—非侵染对照组；i—侵染处理组。

图 4.7　微小牛蜱病原微生物 *Babesia bovis* 侵染前后两类蛋白质样品 1-DE 电泳图谱比较

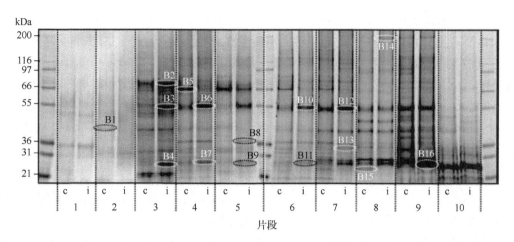

图 4.8　微小牛蜱中肠膜蛋白在病原微生物 *Babesia bovi*s 侵染前后经液相等电聚焦仪分级后的 1-DE 图谱

利用 1-DE 电泳分析发现中肠中绝大多数的蛋白质属于 Tris 可溶蛋白，膜蛋白或膜相关蛋白仅占 2.7%。在病原微生物 *Babesia bovis* 侵染后膜蛋白类蛋白比例发生变化，达到 3.6%。利用液相等电聚焦仪分级后经 1-DE 电泳发现不同 pH 值范围内均有差异表达蛋白，对其中的 20 个条带进行质谱鉴定，共有 16 个条带鉴定到 19 个蛋白质，其中又有 16 个蛋白质直接匹配到氨基酸序列，其余 3 个蛋白质匹配到核苷酸的同源序列。对分级后的膜蛋白集中的样品（pH 值：3～6，5～8，7～10）再经 2-DE 进行进一步的分离（图 4.9），共检测到 30 个胶点，其中包含部分在蛋白泳带质谱中鉴定到的蛋白质。最后分析发现 6 个蛋白质与信号转导有关，5 个代谢酶蛋白参与电子传递，在侵染后高表达。另外，还发现诸如分子伴侣、细胞骨架蛋白等蛋白质在侵染后出现表达下调（Rachinsky et al.，2008）。

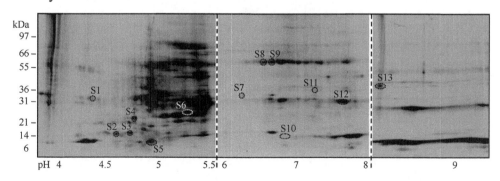

图 4.9　微小牛蜱病原微生物 *Babesia bovis* 侵染后中肠膜蛋白的 2-DE 图谱分析

研究者利用 2-DE 结合质谱技术对取食后微小牛蜱的中肠蛋白组进行分析（图 4.10），共鉴定到 105 个尿素可溶性蛋白和 37 个 PBS 缓冲液可溶性蛋白，对部分蛋白质鉴定发现包括线粒体 ATP 合成、电子传递链、蛋白质合成及抗氧化等功能的蛋白质在雌虫中肠中表达量较高（Kongsuwan et al.，2010）。研究者还对微小牛蜱正常取食和过量取食后唾液腺内的蛋白质开展了全蛋白质组的液相色谱串联质谱分析（Tirloni et al.，2014）。

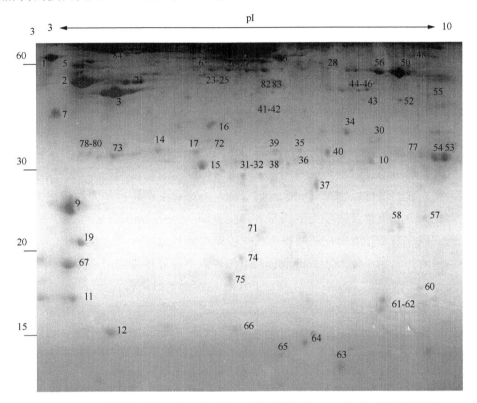

图 4.10　微小牛蜱取食后中肠中尿素可溶蛋白样品经 2-DE 分离后的图谱分析

4.3.6　与农业害螨相关的蛋白质组学研究

农业害螨危害农业经济作物，通常会刺激植物的免疫反应，但植物响应农业害螨危害的反应机制却各不相同。在木薯（*Manihot esculenta*）响应二斑叶螨取食危害的研究中，研究人员利用 iTRAQ 标记定量蛋白质组学技术分析了木薯在低密度二斑叶螨取食危害后的蛋白质差异，共鉴定到 191 个差异表达蛋白（Yang et al.，2019）。这些蛋白质主要集中在与植物防御相关的通路中，如黄酮生物合成、类苯基丙烷生物合成，以及谷胱甘肽代谢等，而高密度二斑叶螨取食后则诱导植物中植物激素信号转导及植物-病原体相互作用通路中蛋白质的差异表达。在此基础上，研究人员还开展了转录组水平的分析，通过转录组和蛋白质组关联进一步分析木薯对二斑叶螨取食后的防御机制。

尘螨是诱发哮喘、过敏性鼻炎和湿疹等过敏性疾病的重要过敏原，是重要的卫生害螨，在医学上具有一定的重要性。近年研究证实尘螨与很多过敏性疾病直接相关，全球有 1%～2%的人口受到尘螨引起的过敏反应影响（Sánchez-Borges et al.，2017），在欧洲约有 50%的家庭中有尘螨的发生（Zock et al.，2006）。生活中常见的主要有屋尘螨和粉尘螨。因为尘螨不同种类的过敏原之间存在抗原交叉性，往往患者在做点刺试验时一旦对其中一种反应阳性，对于另外一种螨也会产生不同程度的反应。为了研究不同尘螨引起的不同过敏反应，研究人员利用纳升液相色谱（RSLC nano，Dionex）结合电喷雾串联质谱（Q-Exactive mass spectrometer，Thermo Fisher）的方法（Label-free，非标定量法）对欧洲屋尘螨的全蛋白质组和排泄物的蛋白质组进行鉴定分析（Waldron et al.，2019），共鉴定到 12 530 个蛋白质，有 95.5%的蛋白质在 InterPro 数据库中注释到同源蛋白，有 2.6%的蛋白质可能与过敏反应有关。

家禽红螨（poultry red mite）是家禽和鸟类的一种外寄生物，也称为红螨。夜间当鸟类休息时，螨虫通过吸食其血液为生。之后它们藏匿于鸟类羽毛缝隙中，并在那里产卵繁殖后代。它们还可以携带其他家禽病原体，给家禽生产带来重大经济损失，如造成家禽贫血、减少产蛋量及降低蛋的质量。鸡皮刺螨（*Dermanyssus gallinae*）就是一种常见的家禽红螨。为了弄清鸡皮刺螨寄生后对蛋鸡血清蛋白成分及含量的影响，进而评价寄主中急性时相蛋白（acute phase proteins）作为蛋鸡受红螨寄生后的分子标记潜力，研究人员在收集血清蛋白样品后利用 SDS-PAGE 技术对样品进行预分级，共收集到 11 个主要的条带组分。每个组分切胶后进行胶内消化溶解提取蛋白质。每个组分的蛋白质经纳升液相色谱（RSLC nano，Thermo Scientific）分离后进行电喷雾离子质谱仪（Amazon Speed，Daltonics Bruker）检测。蛋白质的定性鉴定根据质谱仪分析软件 Data Analysis Software 分析，最终发现急性时相蛋白血清淀粉样蛋白 A 与红螨的寄生侵染密切相关，可以作为蛋鸡受鸡皮刺螨侵染后的分子标记（Kaab et al.，2019）。

大蜂螨起源于东亚，现在已广泛存在于欧洲及南美洲等地。中华蜜蜂对蜂螨的抵抗能力研究得相对较好，但是大蜂螨侵染意大利蜜蜂后则会造成蜜蜂种群的急剧下降，说明意大利蜜蜂对大蜂螨的抵御能力较差（Beaurepaire et al.，2015）。研究人员拟通过定量蛋白质组学的技术分析中华蜜蜂抗蜂螨反应中的关键蛋白，以揭示造成这种差异的原因。研究者利用 iTRAQ 标记定量蛋白质组学研究技术分析了敏感和抗性中华蜜蜂种群在蜂螨寄生前后蜂体内的蛋白质表达变化（Ji et al.，2015）。他们首先收集了中华蜜蜂抗性及敏感品系，以及两者经蜂螨寄生后试虫制备蛋白质样品。然后，分别用含 [118]I、[119]I、[116]I 和 [117]I 标签的 iTRAQ 试剂标签标记蛋白质样品。经纳升液相色谱（nanoACQUITY system，Waters）分离后进行电喷雾离子化，随后通过质谱分析（TripleTOF 5600，AB SCIEX）对蛋白质样品进行分离鉴定，最后再利用生物信息学方法对蛋白质组成和含量进行分析（图 4.11）。

通过生物信息学分析一共鉴定得到 1532 个蛋白质，在受到蜂螨侵染的抗性品系与敏感品系比较中，共鉴定得到 72 个差异表达蛋白，其中有 41 个差异表达蛋白在抗性品系中呈现上调，31 个呈现下调（图 4.11）；在未受到蜂螨侵染的抗性品系和敏感品系中，共有 154 个差异表达蛋白，其中有 72 个蛋白在抗性组中呈现上调，82 个呈现下调。通过对不同处理组间差异表达蛋白的比较，最终利用 Venn 图进行联合分析，结果表明有 12 个蛋白可能参与中华蜜蜂抵抗蜂螨的过程，它们分别是 60S 酸式核糖体蛋白 P2、60S 核糖体蛋白 L12、蛋白质二硫键异构酶、卵黄原蛋白前体、内表皮结构糖蛋白 SgAbd-2-like、气味结合蛋白 OBP13 前体、聚腺苷酸结合蛋白 1-like、肌钙蛋白 C 和 4 个未知蛋白。该结果为中华蜜蜂抗蜂螨寄生机制研究奠定了基础。

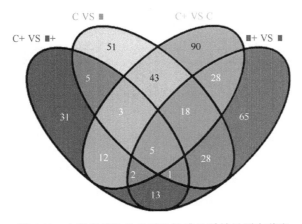

图 4.11　中华蜜蜂抗性品系及敏感品系差异蛋白鉴定

随后研究人员对意大利蜜蜂也开展了类似的研究。为了探究蜂螨和寄主蜜蜂之间的互作机制和蜂螨寄生后对意大利蜜蜂的影响，研究者利用 Label-free 蛋白质组学研究技术分析了意大利蜜蜂中雄蜂和工蜂的蛹在螨寄生后的蛋白质组差异。利用该技术共鉴定到 1195 个蛋白质（Surlis et al.，2018）。相较于未受蜂螨侵害组，202 个蛋白质分子在受蜂螨侵害的雄蜂蛹中差异表达，250 个蛋白质分子在受蜂螨侵害的工蜂蛹中差异表达（图 4.12）。深入研究发现，意大利雄蜂和工蜂蛹被蜂螨侵害后，与表皮、脂质运输和免疫反应相关的蛋白表达下调，而与代谢过程相关的蛋白表达上调。在受蜂螨侵害组中，相比工蜂，雄蜂体内有大量的细胞支架和肌肉蛋白呈现显著性上调；脂肪酸和碳水化合物代谢通路在工蜂中显著性地富集。由此表明，当意大利蜜蜂被蜂螨寄生后，其体内免疫系统、脂质运输、表皮等相关蛋白均表现下调，导致其免疫反应受到抑制，最终提高意大利蜜蜂对外源病原物的敏感性。该结果丰富了蜂螨-蜜蜂相互作用研究，为瓦螨病的有效控制策略提供了理论依据。

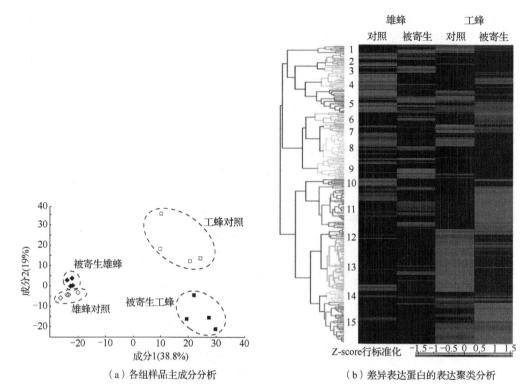

（a）各组样品主成分分析　　　　　（b）差异表达蛋白的表达聚类分析

图 4.12　意大利蜜蜂被大蜂螨寄生后雄蜂和工蜂蛋白质定量分析

4.4　展　　望

在结构基因组时代，随着对基因组研究的深入，人们认识到单纯的基因组信息并不能完全揭示生命的奥秘。由于基因表达的时空性和可调节性，利用 DNA 序列信息仅可提供相关基因组的结构和推测其功能，而不能预测和解释生物体内复杂的生物过程等。蛋白质是生理功能的执行者和生命活动的直接体现者，几乎所有的生理和病理过程都依赖于蛋白质，并引起蛋白质的相应变化。生物的蛋白质随着组织、分化程度和发育阶段甚至环境状态的不同而发生显著的变化。对蛋白质结构和功能的研究将直接阐明生物体在不同生理或病理条件下的变化机制。此外，生物体功能的多样性主要体现在蛋白质组而不是基因组。

蛋白质组学分为定性蛋白质组学和定量蛋白质组学，定量蛋白质组学又分为相对定量蛋白质组学和绝对定量蛋白质组学。近几年还发展产生了一些新的蛋白质修饰的蛋白质组学研究技术，如磷酸化、糖基化、甲基化蛋白质组分析技术。近 20 年来，蛋白质组学在实验技术和应用上都得到了突飞猛进的发展。质谱技术由于具有极高的灵敏度而成为蛋白质组学研究的核心工具，是目前蛋白质组学研究中最具活力和潜力的技术。随着蛋白质分离技术和质谱技术的不断发展，必然会出现新的蛋白质研究技术，使蛋白质组学研究得到更大的提升。

　　同位素编码亲和标签（isotope coded affinity tag，ICAT）技术是 1999 年由吉吉（Gygi）等利用稳定同位素稀释原理发明，应用 MALDI-TOF 和 LC/MS/MS 进行蛋白质差异表达的定量分析技术。ICAT 技术是利用同位素亲和标签试剂预先选择性地对蛋白质进行标记，然后依次通过胰酶水解、卵白素亲和层析、液相色谱和串联质谱（LC-MS/MS）对蛋白质进行分离和分析。ICAT 试剂由 3 部分组成：活性基团，能特异结合肽链中半胱氨酸残基的巯基；连接子，可结合稳定的同位素；生物素，作为亲和标签，与卵白素结合，用于选择分离 ICAT 标记的多肽。这种新方法的建立，为发展定量蛋白质组学提供了广阔空间。该技术可兼容任何量的蛋白质，且能够直接鉴定和检测低丰度蛋白质和膜蛋白。该技术只需分离含有 Cys 标记的肽段，大幅降低了蛋白质肽混合物的复杂性，几乎任何促进蛋白质溶解的试剂均可使用。不过它存在两个缺点：①ICAT 试剂是相当大的修饰物，存在于整个 MS 分析过程中的每个肽段上，这无疑增加了搜库算法的复杂程度；②无法分析不含 Cys 标记的蛋白质。

　　蛋白质芯片技术的出现大幅提高了蛋白质鉴定的速度，其在蛋白质组学研究中的应用主要是研究差异显示的蛋白质及蛋白质间的相互作用。该技术与 DNA 芯片相似，蛋白质芯片技术就是将预先制备好的抗体蛋白以微阵列的方式固定于经过特殊处理的底板上，然后将其与待分析蛋白质样品反应，只有那些与特定抗体蛋白发生特异性结合的蛋白质才留在芯片上。蛋白质芯片技术实际上是酶联免疫技术的大规模应用。到目前为止，已经开发出的蛋白质芯片包括玻璃板芯片、3D 胶芯片和微孔芯片 3 种，并实现了芯片与蛋白质分离及与质谱的联机使用。近几年发展起来的抗体组技术的应用使蛋白质芯片技术发生了质的突破。

　　生物信息学的发展给蛋白质研究提供了更方便、更有效的计算机分析软件。最近发展的利用质谱数据直接搜寻基因组的数据库，可利用质谱数据直接进行基因注释和判断复杂的拼接方式。基因组学的迅速推进，给蛋白质组学研究提供了更多、更全的数据库，这对于发现新的蛋白质，预测蛋白质结构和功能及进行药物设计等具有重要的作用。随着更多物种的基因组测序和注释的完成，必将导致蛋白质数据库资源的大量增加。蛋白质组数据库是蛋白质组研究水平的标志和基础，因此生物信息学在蛋白质组学研究中的作用也必将越来越大。

参 考 文 献

李春波，2011. 创新的蛋白质组学质谱应用新技术：SWATH 技术[J]. 现代科学仪器（5）：161-162，165.

廖重宇，2016. 柑橘全爪螨谷胱甘肽 S-转移酶解毒代谢功能研究[D]. 重庆：西南大学.

钟锐，2014. 柑橘全爪螨响应阿维菌素胁迫的差异蛋白质组学研究[D]. 重庆：西南大学.

BEAUREPAIRE A L, TRUONG T A, FAJARDO A C, et al., 2015. Host specificity in the honeybee parasitic mite, *Varroa* spp. in *Apis mellifera* and *Apis cerana*[J]. PLoS ONE, 10(8): e0135103.

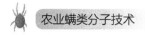
ERBAN T, K HARANT, HUBALEK M, et al., 2015. In-depth proteomic analysis of *Varroa destructor*: detection of DWV-complex, ABPV, VdMLV and honeybee proteins in the mite[J]. Scientific Reports, 5: 13907.

GILLET L C, NAVARRO P, TATE S, et al., 2012. Targeted data extraction of the MS/MS spectra generated by data-independent acquisition: a new concept for consistent and accurate proteome analysis[J]. Molecular & Cellular Proteomics, 11(6): O111. 016717.

GYGI S P, RIST B, GERBER S A, et al., 1999. Quantitative analysis of complex protein mixtures using isotope-coded affinity tags[J]. Nature Biotechnology, 17(10): 994-999.

IOVINELLA I, MCAFEE A, MASTROBUONI G, et al., 2018. Proteomic analysis of chemosensory organs in the honey bee parasite Varroa destructor: a comprehensive examination of the potential carriers for semiochemicals[J]. Journal of Proteomics, 181: 131-141.

JI T, SHEN F, LIU Z, et al., 2015. Comparative proteomic analysis reveals mite (*Varroa destructor*) resistance-related proteins in Eastern honeybees (*Apis cerana*)[J]. Genetic and Molecular Research, 14(3): 10103-10118.

JONCKHEERE W, DERMAUW W, ZHUROV V, et al., 2016. The Salivary protein repertoire of the polyphagous spider mite *Tetranychus urticae*: a quest for effectors[J]. Molecular & Cellular Proteomics: MCP, 15(12): 3594-3613.

KAAB H, BAIN M M, BARTLEY K, et al., 2019. Serum and acute phase protein changes in laying hens, infested with poultry red mite[J]. Poultry Science, 98(2): 679-687.

KONGSUWAN K, JOSH P, PEARSON R, et al., 2010. Exploring the midgut proteome of partially fed female cattle tick (*Rhipicephalus (Boophilus) microplus*)[J]. Journal of Insect Physiology, 56(2): 212-226.

MÁDI A, PUSZTAHELYI T, PUNYICZKI M, et al., 2003. The biology of the post-genomic era: the proteomics[J]. Acta Biologica Hungarica, 54(1): 1-14.

RACHINSKY A, GUERRERO F D, SCOLES G A, 2008. Proteomic profiling of *Rhipicephalus (Boophilus) microplus* midgut responses to infection with *Babesia bovis*[J]. Veterinary Parasitology, 152(3-4): 294-313.

SAJIC T, LIU Y, AEBERSOLD R, et al., 2015. Using data-independent, high-resolution mass spectrometry in protein biomarker research: perspectives and clinical applications[J]. Proteomics Clinical Applications, 9(34): 307-321.

SÁNCHEZ-BORGES M, FERNANDEZ-CALDAS E, THOMAS W R, et al., 2017. International consensus (ICON) on: clinical consequences of mite hypersensitivity, a global problem[J]. World Allergy Organization Journal, 10: 14.

SHEN X M, ZHONG R, XIA W K, et al., 2017. Identification of responsive proteins in *Panonychus citri* exposed to abamectin by a proteomic approach[J]. Journal of Proteomics, 158: 9-19.

STAVRINIDES M C, MILLS N J, 2011. Influence of temperature on the reproductive and demographic parameters of two spider mite pests of vineyards and their natural predator[J]. Biocontrol, 56(3): 315-325.

SURLIS C, CAROLAN J C, COFFEY M, et al., 2018. Quantitative proteomics reveals divergent responses in *Apis mellifera* worker and drone pupae to parasitization by Varroa destructor[J]. Journal of Insect Physiology, 107: 291-301.

TACHI F, OSAKABE M, 2012. Vulnerability and behavioral response to ultraviolet radiation in the components of a foliar mite prey-predator system[J]. Naturwissenschaften, 99(12): 1031-1038.

TIAN C B, LI Y Y, HUANG J, et al., 2020. Comparative transcriptome and proteome analysis of heat acclimation in predatory mite *Neoseiulus barkeri*[J]. Frontiers in Physiology, 11: 426.

TIAN C B, LI Y Y, WANG X, et al., 2019. Effects of UV-B radiation on the survival, egg hatchability and transcript expression of antioxidant enzymes in a high-temperature adapted strain of *Neoseiulus barkeri*[J]. Experimental and Applied Acarology, 77(4): 527-543.

TIRLONI L, RECK J, MARIA R, et al., 2014. Proteomic analysis of cattle tick *Rhipicephalus (Boophilus) microplus saliva*: a comparison between partially and fully engorged females[J]. PLoS ONE, 9(4): e94831.

UNTALAN P M, GUERRERO F D, HAINES L R, et al., 2005. Proteome analysis of abundantly expressed proteins from unfed larvae of the cattle tick, *Boophilus microplus*[J]. Insect Biochemistry & Molecular Biology, 35(2): 141-151.

WALDRON R, MCGOWAN J, GORDON N, et al., 2019. Proteome and allergenome of the European house dust mite *Dermatophagoides pteronyssinus*[J]. PLoS ONE, 14(5): e0216170.

WEI D, JIA F X, TIAN C B, et al., 2015. Comparative proteomic analysis of *Bactrocera dorsalis* (Hendel) in response to thermal stress[J]. Journal of Insect Physiology, 74: 16-24.

WU C H, APWEILE R, BAIROCH A, et al., 2006. The Universal Protein Resource (UniProt): an expanding universe of protein information[J]. Nucleic Acids Research, 34(Database issue): D187-D191.

XU J J, BAULDING J, PALLI S R, 2013. Proteomics of *Tribolium castaneum* seminal fluid proteins: identification of an angiotensin-converting enzyme as a key player in regulation of reproduction[J]. Journal of Proteomics, 78: 83-93.

YANG J, WANG G Q, ZHOU Q, et al., 2019. Transcriptomic and proteomic response of *Manihot esculenta* to *Tetranychus urticae* infestation at different densities[J]. Experimental and Applied Acarology, 78(2): 273-293.

ZHANG G H, LI Y Y, XU Y J, et al., 2018. Intraspecific variations on thermal susceptibility in the predatory mite *Neoseiulus barkeri* Hughes (Acari: Phytoseiidae): responding to long-term heat acclimations and frequent heat hardenings[J]. Biological Control, 121: 208-215.

ZHU W, SMITH J W, HUANG C M, 2010. Mass spectrometry-based label-free quantitative proteomics[J]. Journal of Biomedicine and Biotechnology, 2010(9): 840518.

ZOCK J, HEINRICH J, JARVIS D, et al., 2006. Distribution and determinants of house dust mite allergens in Europe: the European Community Respiratory Health Survey Ⅱ[J]. Journal of Allergy Clin Immunology, 118(3): 682-690.

第 **5** 章　农业害螨物种分子鉴定技术

物种是生物存在的基本形式，是生物学研究的基础，在进行一切生物学研究的伊始，都需要对所研究物种进行分类鉴定。依据外部形态特征鉴定物种的方法（形态标记）由人类开始活动采用至今，随着新技术的不断出现，也发展出许多新的鉴定物种的方法，如分析理化性质（生化标记），根据不同生物物种的特定组织组成成分的物理化学性质存在的差异进行鉴定，常用的检验手段是色谱分析和光谱分析；蛋白质分析鉴定（同工酶标记），是根据不同物种蛋白质组成、结构等性状的差异，采用电泳技术对血清蛋白及同工酶等进行分析、鉴定；还有免疫学鉴定方法，是根据物种存在种属特异性抗体和抗原，不同物种抗体和抗原之间相互作用发生凝聚反应，其反应存在一定的规律，据此鉴定不同的物种；细胞学的发展（细胞学标记），将染色体数目、核型和带型的特征应用到物种分类鉴定上（赵凯，2000；周用武和杨玉华，2009）；而科学技术发展至今，分子生物学技术作为热门的研究手段，也被广泛应用于生物物种鉴定研究中。

5.1　分子生物学物种鉴定技术概述

分子生物学的发展，促成分子标记技术广泛应用于物种分类鉴定、种群遗传、系统发生和分子生态学。广义的分子遗传标记是指可遗传的并被检测的蛋白质和核酸序列，而狭义的分子遗传标记是指 DNA 分子标记，这里采用狭义的分子遗传标记概念。分子遗传标记是随着聚合酶链式反应和 DNA 印迹（Southern blot）等分子生物学技术的飞速发展而出现的遗传学标记技术，它突破了以往形态标记、细胞学标记和同工酶标记等表达型标记的局限性，在揭示物种的遗传变异性研究中发挥着独特的优势。分子标记技术发展迅速，目前，在蜱螨系统学及相关研究中常用的 DNA 分子标记方法有限制性片段长度多态性、随机扩增 DNA 多态性、扩增片段长度多态性、直接扩增片段长度多态性、微卫星 DNA、核酸序列分析等（张旭等，2008；洪晓月，2012）。

5.1.1　DNA 分子标记技术

1. 限制性片段长度多态性

限制性片段长度多态性（restriction fragment length polymorphism，RFLP）是发展最早的 DNA 分子标记技术，由伯恩斯坦（Bostein）于 20 世纪 80 年代中期提出，它将目标 DNA 序列经特定的限制性内切酶（restriction endonuclease，RE）进行酶切，由于不同的目标 DNA 序列结构（遗传信息）有差异，RE 在其上的识别位点的数目和距离发生了改变，因而产生相当多的大小不等的 DNA 片段。然后通过 DNA 印迹转移到支持膜上，利用同位素或非同位素标记的某一 DNA 片段作为探针，使酶切片段与探针杂交，显示与探针含同源序列的酶切片段在长度上的差异，从而构建出多态性图谱，进行系统进化和亲缘关系的分析。

RFLP 技术具有共显性的特点，因此具有区别纯合基因型与杂合基因型的能力，其结果可靠，适合构建连锁图。同时，RFLP 技术也存在不足，如在进行 RFLP 分析时，需要该位点的片段作探针，可能会使用放射性同位素标记的安全性较差。此外，RFLP 技术还存在对 DNA 需要量较大、所需仪器设备较多、检测步骤多、技术较复杂、周期长、成本高等不足。

2. 随机扩增多态性 DNA

随机扩增多态性 DNA（random amplified polymorphic DNA，RAPD），于 1990 年由威廉（William）等创立。它利用一系列不同的随机排列的 9～10 个碱基组成的寡核苷酸单链为引物，以基因组 DNA 为模板进行 PCR 扩增（与常规 PCR 相比，退火温度较低，一般为 36℃）。当模板上有引物的结合位点，并且一定范围内有与引物互补的反向重复序列时，此范围内的 DNA 片段就可以被扩增出。RAPD 带的多态性是由引物与模板的结合位点数及可扩增区域片段的长度决定的，基因组的遗传变异通过琼脂糖凝胶电泳检测 RAPD 产物的多态性获得。

RAPD 弥补了 RFLP 技术的不足，对 DNA 样本需要量少，且操作简单，不受环境、发育阶段、数量性状遗传等的影响，能够客观地体现供试材料之间 DNA 的差异，并可以检测出 RFLP 标记不能检测的重复顺序区。但 RAPD 也存在某些不足，一般表现为显性遗传，极少数为共显性，因而不能区分显性纯合和杂合基因型，此外，RAPD 标记的 PCR 易受实验条件的影响，对反应的微小变化十分敏感，其结果重复性较差，可靠性较低。尽管近年来 RAPD 的使用频率有所减少，但依旧是研究基因图谱的重要手段。

3. 扩增片段长度多态性

扩增片段长度多态性（amplified fragment length polymorphism，AFLP）技术是 1993 年由荷兰科学家扎博（Zabeau）和沃斯（Vos）发明的 RFLP 和 RAPD 相结合的技术，集 RFLP 技术的可靠性和 RAPD 技术的高效性于一体，其重复性好，稳定可靠，只需极少量的 DNA 样品，而且不需要预先知道序列信息，是迄今最有效的分子标记技术。因此，AFLP 非常适合于品种指纹图谱的绘制、遗传连锁图的构建及遗传多样性的研究。AFLP 技术的基本原理是对基因组 DNA 限制性酶切片段进行选择性扩增，目的 DNA 经可产生黏性末端的限制性内切酶酶切，产生的片段被连接上通用衔接子，连接产物作为 PCR 扩增的模板，引物是在衔接子互补顺序和限制性内切酶识别位点的基础上增加 1～3 个选择性核苷酸设计而成的。只有那些与引物的选择性碱基严格配对的酶切片段才能被扩增出来，通过调整引物 3′端选择碱基的数目可获得丰富的多态性。选用不同的引物组合能够检出亲缘关系很近的品种的 DNA 样品间极细微的差别，同时它还可以比较不同个体之间基因组水平上的差异。该技术的特点在于人工设计合成了限制性内切酶的通用衔接子及可与衔接子序列配对的专用引物，因此在不需要事先知道 DNA 序列信息的前提下，就可对酶切片段进行传统的 PCR 扩增。典型的 AFLP 实验 1 次可获得 50～100 条谱带。

4. 直接扩增片段长度多态性

直接扩增片段长度多态性（direct amplification of length polymorphism，DALP）是 1998 年由法国科学家德马雷（Desmarais）等发展起来的基于随意扩增、用于检测基因多态性并用扩增产物直接测序的一种方法。这是一种以通用测序引物 M13 为核心序列，在此基础上任意添加少数碱基的引物进行样品基因组的 PCR 扩增，以得到相应的 DNA 指纹的方法。这个方法利用了引物 M13 的序列特性，即其广泛存在于真核、原核细胞基因组当中，并且出现于多个位点。

DALP 拥有 RAPD 信息量大的优点，不需要被分析样品的基因组参考序列，其引物序列相对 RAPD 较长（RAPD 引物不多于 10 个碱基），PCR 扩增时采用相对高的退火温度，这些都使 DALP 的结果比 RAPD 有更高的重复性和稳定性。同时，由于使用了通用测序引物 M13 为核心序列的双引物扩增，得到的 DNA 条带的 5′端和 3′端的序列不一样，但都含有对应的 M13 序列，可以用核心序列的 M13 测序引物直接测序，省去了烦琐的克隆步骤，简化了实验流程。

5. 微卫星 DNA

微卫星 DNA 也称简单重复序列（simple sequence repeat，SSR），是由 1～6 个核苷酸为重复单位串联组成的长达几十个核苷酸的重复序列。几乎在所有真核生物基因组中随机分布，由于重复次数和程度的不同使所在的基因座位呈现一定的多态性。微卫星 DNA 的重复在基因组的进化中起着非常重要的作用，因而被认为是遗传信息含量最高的遗传标记，并日渐成为基因组分析和分子进化最普遍的工具。在分子系统学研究中，可以利用某个微卫星 DNA 两端的保守序列设计 1 对特异引物，通过 PCR 扩增该位点的微卫星序列，然后用探针杂交检测微卫星 DNA 的变异。微卫星 DNA 多态性在上述诸种分子标记中显示出独特的优点，在分析物种进化和系统发生、生物种群内遗传变异及种群间关系等方面均有重要意义。

6. 核酸序列分析

核酸序列分析（DNA sequence analysis）是指通过测定核苷酸序列比较同源分子之间相互关系的方法。自 1975 年第一个 DNA 的核苷酸序列被测定，之后测序技术急速发展，也使核酸序列分析被广泛地应用于系统学研究中。利用不同类群个体的同源核苷酸序列，建立分子系统发育树，并推断类群间的演化关系是目前分子进化和系统发育研究的热点。核酸序列分析是目前在生物物种鉴定中应用最多的一种分子标记方法。

5.1.2　DNA 条形码

DNA 条形码（DNA barcoding）技术是通过对一段标准化基因 DNA 序列的分析来实现对生物物种准确、快速鉴定的技术。DNA 条形码的概念由加拿大动物学家赫伯特（Hebert）于 2003 年首次提出，他研究发现利用线粒体细胞色素 C 氧化酶 I（cytochrome c oxidase I，CO I）基因可作为通用的物种鉴定标记，并且建立起物种名称和生物实体之间一一对应的关系（Hebert and Cywinska，2003）。DNA 条形码概念的原理与商品零售业条形编码一样，即每个物种的 DNA 序列都是唯一的。在 DNA 序列上，每个位点都有 A、T、G、C 4 种可能的情况，那么只需要 15 个碱基位点就能出现 4^{15}（大于 10 亿）种编码方式，这个数字是现存物种的 100 倍。在蛋白编码基因里，由于密码子的简并性，其第三位碱基通常都不受自然选择的作用，是自由变化的，因此只要考虑在蛋白编码基因上的一个长度仅为 45 bp 就可以获得将近 10 亿种可选择的编码。随着分子生物学技术的发展，在实际研究过程中，要获得一段几百个碱基长度的序列已经比较容易。因此，建立在一段长度为几百个碱基的基因序列信息基础上的 DNA 条形码，从理论上来讲完全可以包括所有物种。

DNA 条形码技术自提出以来，受到许多生物学家的广泛关注，其操作快速简便，能够进行广泛的科学应用，是分类学中辅助物种鉴定的技术，它在物种的区别和鉴定、发现新种和隐存种、重建物种和高级阶元的演化关系中发挥着至关重要的作用（Schindel and Miuer，2005）。此外，在出入境检疫检验和濒危物种保护等领域也发挥着巨大的作用，弥补了传统形态学鉴定的不足。

5.2　核酸序列分析常用的分子标记

生物体的基因组非常庞大，无法进行全面的序列分析，而选择合适的分子标记片段是蜱螨分子系统学研究的关键所在，因此目前直接测序集中在比较保守的 DNA 序列上。线粒体 DNA（mitochondrial DNA，mtDNA）、核糖体 DNA（ribosomal DNA，rDNA）、叶绿体 DNA（chloroplast DNA）、卫星 DNA（satellites DNA）、微卫星 DNA（microsatellites DNA）和核蛋白编码基因（nuclear protein coding genes）等特征基因作为分子标记被广泛应用于分类鉴定和系统发育研究中，其中，rDNA 和 mtDNA 中的多个基因在蜱螨分类及分子系统学中应用较广（张旭等，2008；苏宏华等，2011；洪晓月，2012）。

5.2.1　核糖体 DNA

1. 结构

核糖体 DNA（rDNA）是一种 DNA 序列，存在于所有生物中，是生物体内保守基因之一,用于 rRNA 编码。核糖体 RNA 是构成核糖体的主要成分,是最多的一类 RNA,也是 3 类 RNA(tRNA,mRNA,rRNA)中相对分子质量最大的一类,占 RNA 总量的 82% 左右。它与蛋白质结合而形成核糖体,其功能是作为 mRNA 的支架,使 mRNA 分子在其上展开,实现蛋白质的合成,是蛋白质生物合成的"装配机"。核糖体是生物细胞内和 rRNA 分子的组合,翻译 mRNA 分子以产生蛋白质的组件。真核生物的核糖体包括大小两个亚基。大亚基主要由 28S、5.8S 和 5S rRNA 组成,小亚基主要由 18S rRNA 组成。

rDNA 基因在真核生物基因组中以串联重复形式存在,其中,18S、5.8S 和 28S rRNA 基因组成一个转录元件,产生一个前体 RNA,核 rDNA 顺反子在形成 rRNA 时有两个内转录片段被剪切,形成核糖体内转录间隔区(internal transcribed spacer,ITS),第 1 段位于 5.8S 和 18S rRNA 之间,第 2 段位于 5.8S 和 28S rRNA 之间,分别称为 ITS1(internal transcribed spacer 1)和 ITS2(internal transcribed spacer 2)。虽然核 rDNA 顺反子在真核生物的核仁组织区具有数百个拷贝,但由于存在一种快速的协同进化过程而导致了重复单位的一致性,因此 ITS 可被看作为单拷贝基因。

通过比较不同物种的 rDNA 序列发现,rDNA 的特点是成熟 RNA 的编码区具有高度保守性;间隔区序列则由于不受选择压力的影响,变异较大,如 ETS、ITS 和 IGS 等非编码区有高度的多态性。这些特征使 rDNA 成为从种下级元至高级阶元间研究系统发育最重要的遗传标记,常用来鉴别一些难以用形态学方法鉴别的近缘物种的关系。

2. rDNA 在蜱螨中的应用

核 rDNA 顺反子在形成 rRNA 时 ITS1 和 ITS2 被剪切掉,不参与核糖体的形成,因此受到的选择压力小,进化速度快,可用来研究种群分化、种或属间的系统发育(刘殿锋和蒋国芳,2005)。28S rDNA 保守序列中含有 12 个高变区(D1~D12),因此可以用来解决从种到科级水平上的系统发生关系。5.8S 和 5S rRNA 基因序列较短,因此在分子系统学中应用较少,而 18S、28S rRNA 和 ITS 的基因序列在昆虫等分子系统学中得到了广泛的应用。

在蜱螨系统进化研究中,rDNA 主要采用内转录间隔区作为分子标记,尤其以中度保守序列 ITS1 和 ITS2 应用最为广泛,主要用于物种鉴定和物种分化研究。杨光友等对国内动物体表的 11 种螨进行了系统发育分析,结果支持疥螨是单种的说法(古小彬等,2009)。Shaw 等(2002)对澳大利亚的全环硬蜱属进行分析,得出 ITS2 是一个有效的种系标记。Hurtado 等(2008)对 *T. urticae*、*T. turkestani* 和 *T. evansi* 等的 ITS 序列分析后得出 ITS 可以用于物种的鉴定。Pegler 等(2015)对动物体表寄生的 9 种痒螨(*Psoroptes mite*)进行了遗传分化的研究,寄生在不同寄主上的痒螨存在形态差异,通过微卫星 DNA 和 ITS2 序列分析发现 9 个种群不存在寄主相关性。

白映禄等(2019)基于 rDNA 的 ITS1 序列对甘肃省叶螨属和全爪螨属种群的系统关系进行了探讨,表明 ITS1 对于叶螨种类分子水平的鉴定是一种有效的 DNA 分子标记。

5.2.2　线粒体 DNA

1. 结构

线粒体 DNA（mtDNA）是共价的双链超螺旋闭合环状分子，大小为 14～17 kb，以高拷贝数存在于线粒体内，每个细胞中有 1000～10 000 个拷贝，含有 13 个蛋白质编码区（细胞色素 b 脱辅基酶 Cytb，ATP 合成酶亚基 ATPase6 和 ATPase8，细胞色素 C 氧化酶亚基 CO Ⅰ、CO Ⅱ、COⅢ，NADH 脱氢酶亚基 ND1～6 和 ND4L）；两个编码 rRNA 的基因（编码 16SrRNA 和 12SrRNA）以及 22 个编码 tRNA 的基因和一段非编码区。图 5.1 为线粒体 DNA 结构示意图（成新跃等，2000）。

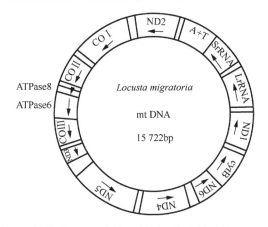

图 5.1　线粒体 DNA 结构示意图（仿成新跃等，2000）

mtDNA 基因组在分子进化中有许多独特的优越性，其结构简单、稳定，很少受到序列重排的影响，又具有广泛的种内和种间多态性，在亲缘关系相近的物种间，其进化率为单拷贝核基因的 5～10 倍，并呈母系遗传。由于这些特点使线粒体 DNA 成为研究物种进化的首选材料，已广泛应用于物种鉴定和分类、物种起源及其分化等方面的研究（刘天祥等，1998）。

2. mtDNA 在蜱螨中的应用

目前，在蜱螨分子系统学研究中应用的主要基因有 12S rRNA、16S rRNA 和 CO Ⅰ等（张旭等，2008）。12S rRNA 和 16S rRNA 基因序列保守，主要用于种级以上阶元、远缘物种及分化时间较早的种间的系统发育研究。CO Ⅰ、CO Ⅱ、ND1 和 ND5 则常用于分析亲缘关系密切的种、亚种及地理种群间的系统关系（王备新和杨莲芳，2002）。其中，螨类物种鉴定主要采用 CO Ⅰ基因。线粒体细胞色素 c 氧化酶亚基Ⅰ基因（CO Ⅰ或 *cox* Ⅰ）是线粒体 13 种细胞色素氧化酶亚基中最大的一种编码蛋白基因，演化速度是其他蛋白编码基因的 3 倍，能很好地将物种区别开来，且较少存在插入和缺失，两端的序列相对保守，是应用极广泛的分子标记之一，也是 DNA 条形码的首选基因。

蜱螨体形微小，仅靠传统形态学方法无法将亲缘关系较近的物种区分开，鉴于线粒体 DNA 的特点，对传统分类上难以解决的复合种、近缘种和隐存种之间的识别和鉴定发挥了巨大作用。Salomone 等（1996）基于两种土壤甲螨 *Steganacarus magnus* 和 *S. anomalus* 在形态学上所产生的争议，扩增了两个物种的 mtDNA CO I 基因的中央序列，进行同源性比较发现，两个物种在分子水平上没有产生足以形成物种分化的差异，二者实际上为同一个种（Salomone et al.，1996）。Badek 等（2008）用 CO I DNA 条形码片段序列将羽螨新种 *Glaucalges tytonis*（Analgoidea：Xolalgidae）与同样采自仓鸮 *Tyto alba*（Strigiformes：Tytonidae）羽毛上的 *G. attenuatus* 区分开来，二者分属于两个种；新种 *G. tytonis* 与已知种 *G. attenuatus* 的 DNA 条形码序列平均差异为 14.75%，新种 *G. tytonis* 所测标本不存在种内差异，已知种 *G. attenuatus* 种内差异为 0.47%，这两种羽螨种间及种内差异倍数符合目前大多数物种的遗传分化阈值。他们在发表新种时扩增并登录了新种的 CO I DNA 条形码片段序列。Martin 等（2010）应用 CO I 和 28S rRNA D2 区序列分析，提出生活在河流中的 *Hygrobates setosus* 是一个独立的种，该种过去一直作为 *H. nigromaculatus* 的亚种存在；Mironov 等（2012）发表尾叶羽螨属 *Proctophyllode* 新种时也扩增了新种的基因片段，并且除了常用的 CO I 基因，还扩增了核糖体 28S rDNA 的片段。

5.3 分子鉴定技术在农业害螨研究中的应用

5.3.1 在植食性害螨中的应用

叶螨体形微小，田间种群变异较大，传统的形态鉴定方法耗时长，技术难以掌握。

王少丽等（2013）筛选 RAPD 扩增条带中截形叶螨（*Tetranychus truncatus*）的特异性引物，从截形叶螨的不同发育阶段中均可成功扩增出一个特异性的 303 bp 的 DNA 条带，而在其他近似的叶螨种类中未扩增到该条带，且该引物成功鉴定出北京地区茄子和菜豆寄主上采集的截形叶螨田间种群，表明该引物能快速鉴定截形叶螨。

二斑叶螨和朱砂叶螨究竟是否为同种，一直存在争议，日本学者认为二斑叶螨可以分为绿色型和红色型，Hinomoto 等（2001）通过比较二者 CO I 基因序列的同源性，从分子生物学角度证明了二者为同一种。

Navajas 等（1997）基于 CO I 和 ITS2 序列分析了叶螨属中一些种的系统发育关系，分析物种中包括山楂叶螨（*Tetranychus viennensis*）和与山楂叶螨形态相似的 *Tetranychus quercivorus*。在基于 CO I 和 ITS2 序列构建的系统发育树上，*T. viennensis* 与 *T. quercivorus* 聚在一起，而独立于叶螨属其他种所在的分支之外。进一步的形态观察发现，*T. viennensis* 与 *T. quercivorus* 雌、雄螨的所有足的爪间突均缺少背中毛，气门沟末端呈网状，而叶螨属其他种雌螨或雄螨足的爪间突背中毛可见，气门沟末端弯曲。由于分子与形态数据趋同，建议恢复 Oudemans 建立的双叶螨属（*Amphitetranychus*），山楂叶螨及 *T. quercivorus* 应归属于双叶螨属。

崔玉楠等（2013）依据雄性叶螨阳具的形态特征和核糖体转录间隔区限制性内切酶片段长度多态性技术，对不同寄主、地理区域的叶螨种类进行了鉴定。结果表明，两项技术的结合能够准确鉴定出卢氏叶螨（*Tetranychus ludeni*）、豆叶螨（*Tetranychus phaselus*）、神泽氏叶螨（*Tetranychus kanzawai*）、二斑叶螨、截形叶螨、皮氏叶螨（*Tetranychus piercei*），为叶螨属的分类提供快速鉴定方法。

Rodrigues 等（2014）用 RAPD 技术和 CO I 序列分析两种方法分析细须螨科（Tenuipalpidae）紫红短须螨（*Brevipalpus phoenicis*）的多态性。结果显示这两种方法所得的结果基本一致，证实佛罗里达和巴西的细须螨属于单系群。

危害葡萄的两种瘿螨 *Colomerus vitis* 和 *Calepitrimerus vitis* 经常共同发生，分类上容易混淆。Carew 等（2004）使用了 ITS1 的 RFLP 和若干个微卫星位点明确区分了这两个种，同时分析了它们各自的种群结构。研究结果显示出两种害虫在遗传水平上的差异，并建议将之视为两种类型的农业害虫和对应使用两种防治方法来对待。

5.3.2　害螨天敌的应用

Yli-Mattila 等（2000）用 24 个引物对芬兰真绥螨（*Euseius finlandicus*）进行 RAPD 扩增，成功地区分了芬兰真绥螨中的两个品系。

邹志文等（2011）对采自江西橘园的尼氏真绥螨（*Euseius nicholsi*）、江原钝绥螨（*Amblyseius eharai*）、津川钝绥螨（*A. tsugawai*）和东方钝绥螨（*A. orientalis*）进行总 DNA 提取，PCR 扩增，分析比较钝绥螨 ITS 基因片段，探讨其作为分子手段应用于种类鉴定，同时应用此分子标记来分析钝绥螨的亲缘关系。ITS 序列片段分析结果支持尼氏真绥螨和卵圆真绥螨（*E. ovalis*）现在的分类地位，而小新绥螨属（*Neoseiulus*）与钝绥螨属（*Amblyseius*）似乎未达到属间差异，其分类地位有待进一步确定。

贺丽敏等（2010）对蒲螨属（*Pyemotes*）9 个种群的线粒体基因进行了克隆测序，根据实验结果，认为这几个种群可以分为 3 个独立的种，解决了单纯依据形态学方法很难鉴定近缘种的问题。

5.4　展　望

随着分子生物学和生物信息学、统计学及生物软件的发展，仅 DNA 分子标记就已经发展到几十种，特别是第二代测序技术的诞生，大幅降低了测序成本，为分类学注入了新的发展动力。但是传统分类学的基石地位却是不容动摇的，最早提出 DNA 条形码概念的赫伯特也认为传统分类学研究十分重要，彻底清楚分类类群的形态学特征是分子分类学研究正确取样的前提，完全摒弃传统分类学而开展分子分类学研究是不可行的。只有二者相辅相成、彼此促进，才能共同推动生物分类和系统学研究（程希婷等，2011）。

综合各种分子标记技术的优缺点，核酸序列分析是目前应用最多的物种分子鉴定的方法，每个物种具有自己的DNA条形码也是很多分类学家的美好愿景，而合适的标记基因是应用分子技术准确鉴定物种的前提。当前和今后相当长一段时间内，筛选适宜于植物、动物和微生物不同分类阶元和分类群的DNA条形码依然是分类学家的主要研究工作。

螨类分子系统学发展至今已建立了一些较成熟的方法，一些与经济相关的重要类群的特定片段序列已被测定，极大地促进螨类的系统学研究，但相对于其他动物类群来说，螨类系统学研究中所涉及的基因还较少。同时，螨类的分子系统学研究在国内尚属起步阶段，与国外差距较大。在分子标记技术的应用中也出现与形态分类系统关系不一致的情况，因此综合采用分子数据并与其他方法如形态特征、染色体等数据相结合进行综合鉴定，才能使结果更科学准确（张旭等，2008）。

参考文献

白映禄，薛玉丽，常芸，等，2019. 基于rDNA ITS1序列的甘肃省叶螨属 *Tetranychus* 和全爪螨属 *Panonychus* 种群的系统关系[J]. 甘肃农业大学学报，54（5）：128-134.

成新跃，周红章，张广学，2000. 分子生物学技术在昆虫系统学研究中的应用[J]. 动物分类学报，25（2）：121-133.

程希婷，王爱民，顾志峰，等，2011. DNA条形码研究进展[J]. 基因组学与应用生物学，30（6）：748-758.

崔玉楠，孙荆涛，葛成，等，2013. 基于形态与RFLP技术相结合的快速叶螨鉴定法[J]. 应用昆虫学报，50（2）：329-335.

古小彬，张晓谦，杨光友，等，2009. 11株螨虫分离株的ITS2序列分析与系统关系研究[J]. 畜牧兽医学报，40（2）：235-242.

贺丽敏，焦蕊，许长新，等，2010. mtDNA中CO Ⅰ基因序列在蒲螨（*Pyemotes*）鉴定中的应用[J]. 河北农业科学，1（14）：46-50.

洪晓月，2012. 农业螨类学[M]. 北京：中国农业出版社.

刘殿锋，蒋国芳，2005. 核基因序列在昆虫分子系统学上的应用[J]. 动物分类学报，30（3）：484-492.

刘天祥，刁兆彦，董慧琴，1998. 叶螨线粒体CO Ⅰ基因中央区段的PCR扩增[J]. 蛛形学报，2：18-24.

苏宏华，江丰，杨益众，2011. 核基因和线粒体基因在叶螨分子系统学上的应用[J]. 中国农学通报，27（30）：192-196.

王备新，杨莲芳，2002. 线粒体DNA序列特点与昆虫系统学研究[J]. 昆虫知识，39（2）：88-92.

王少丽，戴宇婷，张友军，等，2013. 截形叶螨分子鉴定技术的建立及其应用[J]. 应用昆虫学报，50（2）：388-394.

张旭，金道超，郭建军，等，2008. 螨类系统学研究中的分子标记[J]. 昆虫知识，45（2）：198-203.

赵凯，2000. 动物遗传标记概述[J]. 青海大学学报（自然科学版），18（3）：10-13.

周用武，杨玉华，2009. 动物物种鉴定的非DNA方法评述[J]. 通化师范学院学报，30（10）：58-61.

邹志文，陈芬，夏斌，等，2011. 几种钝绥螨ITS基因片段的序列分析[J]. 中国农业科学，2011，44（23）：4945-4951.

BADEK A, DABERT M, MIRONOV S V, et al., 2008. A new species of the genus *Proctophyllodes* (Analgoidea: Proctophyllodidae) from cetti's warbler *Cettia cetti* (Passeriformes: Sylviidae) with DNA barcode data[J]. Annales Zoologici, 58(2): 397-402.

CAREW M E, GOODISMAN M A D, HOFFMANN A A, et al., 2004. Species status and population genetic structure of grapevine eriophyoid mites[J]. Entomologia Experimentalis et Applicata, 111(2): 87-96.

DABERT J, EHRNSBERGER R, DABERT M, 2008. *Glaucalges tytonis* sp. n. (Analgoidea, Xolalgidae) from the barn owl *Tyto alba* (Strigiformes, Tytonidae): compiling morphology with DNA barcode data for taxon descriptions in mites (Acari)[J]. Zootaxa, 1719: 41-52.

HEBERT P D N, CYWINSKA A, 2003. Biological identifications through DNA barcodes[J]. Proceedings Biological Science, 270(1512): 313-321.

HINOMOTO N, OSAKABE M, GOTOH T, et al., 2001. Phylogenetic analysis of green and red forms of the two-spotted spider mite, *Tetranychus urticae* Koch (Acari: Tetranychidae), in Japan, based on mitochondrial cytochrome oxidase subunit I sequences[J]. Applied Entomology and Zoology, 36(4): 459-464.

HURTADO M A, ANSALONI T, CROS-ARTEIL S et al., 2008. Sequence analysis of the ribosomal internal transcribed spacers region in spider mites (Prostigmata: Tetranychidae) occurring in citrus orchards in Eastern Spain: use for species discrimination[J]. Annals of Applied Biology, 153(2): 167-174.

MARTIN P, DABERT M, DABERT J, 2010. Molecular evidence for species separation in the water mite *Hygrobates nigromaculatus* Lebert, 1879 (Acari, Hydrachnidia): evolutionary consequences of the loss of larval parasitism[J]. Aquatic Sciences Research Across Boundaries, 72(3): 347-360.

MIRONOV S W, DABERT J, DABERT M et al., 2012. A new feather mite species of the genus *Proctophyllodes* Robin, 1877 (Astigmata: Proctophyllodidae) from the long-tailed Tit *Aegithalos caudatus* (Passeriformes: Aegithalidae)-morphological description with DNA barcode data[J]. Zootaxa, 3253: 54-61.

NAVAJAS M, GUTIERREZ J, GOTOH T, 1997. Convergence of molecular and morphological data reveals phylogenetic information on *Tetranychus* species and allows the restoration of the genus *Amphitetranychus* (Acari, Tetranychidae)[J]. Bulletin of Entomological Research, 87: 283-288.

PEGLER R, EVANS L, STEVENS J, et al., 2005. Morphological and molecular comparison of hostderived populations of parasitic *Psoroptes* mites[J]. Medical and Veterinary Entomology, 19: 392-403.

RODRIGUES J C V, GALLO-MEAGHER M, OCHOA R, et al., 2004. Mitochondrial DNA and RAPD polymorphisms in the haploid mite *Brevipalpus phoenicis* (Acari: Tenuipalpidae)[J]. Experimental and Applied Acarology, 34(3-4): 275-290.

SALOMONE N, FRATI F, BERNINI F, 1996. Investigation on the taxonomic status of *Steganacarus magnus* and *Steganacarus anomalus* (Acari:Oribatida) using mitochondrial DNA sequences[J]. Experimental and Applied Acarology, 20(11): 607-615.

SCHINDEL D E, MILLER S E, 2005. DNA barcoding a useful tool for taxonomists[J]. Nature, 435(7038): 17.

SHAW M, MURRELL A, BARKER S, 2002. Low intraspecific variation in the rRNA internal transcribed spacer 2 (ITS2) of the Australian paralysis tick, *Ixodes holocyclus*[J]. Parasitology Research, 88(3): 247-252.

YLI-MATTILA T, PAAVANEN-HUHTALA S, FENTON B, et al., 2000. Species and strain identification of the predatory mite *Euseius finlandicus* by RAPD-PCR and ITS sequences[J]. Experimental and Applied Acarology, 24(11): 863-880.

第 6 章　农业害螨种群遗传分析技术

　　节肢动物在长期进化过程中既保留一些遗传特征，用于物种延续，同时也产生一些变异，以适应新的环境。分子种群遗传分析是研究节肢动物自然种群的遗传变异，进一步明确物种起源地、扩散或迁移途径、种群历史动态及种群遗传结构等遗传与进化科学问题的重要手段。就农业害螨而言，由于其微小的体形、有限的迁移扩散能力、高繁殖力及多样的生殖模式等生物学特性，表现出特有的种群遗传与进化规律。深入研究农业害螨种群遗传多样性、遗传分化及基因流等种群遗传与进化问题，有利于从分子水平上了解农业害螨的生态适应机制和成灾规律，为制定有效的防控策略提供基础的遗传学信息。本章主要就目前农业害螨种群遗传多样性、遗传分化及分子种群遗传学研究中常用的分子标记技术做简要描述，并对未来分子种群遗传学在农业害螨中的应用研究进行展望。

6.1　种群遗传分析技术概述

6.1.1　种群遗传变异与适应

　　遗传变异不仅存在于节肢动物的种间，也存在于同一物种的不同种群之间。种群遗传结构（genetic structure）是遗传多样性（变异）在种群间和种群内的时空分布，它反映着种群的遗传特征，而这些特征决定着种群的进化潜力（魏丹丹，2012）。种群遗传结构是物种以往进化历程的历史积累，也是将来进化适应发展的基础。寄主、扩散能力（主动或被动）、地理隔离、农药施用水平及其他外界环境因素均可以影响甚至形化害虫特有的种群遗传结构（David et al.，2003）。种群遗传多样性（genetic diversity）是指种内不同群体之间或同一群体内不同个体之间的遗传变异总和，是种群遗传结构研究中常用的指标参数，被认为是物种进化的基础，受突变率、有效种群大小和基因流等因素的影响（Amos and Harwood，1998）。正是这些因素和种群的历史动态共同决定了遗传变异在种内的分布现状。农业害螨是一个比较复杂的类群，不同种群间常常表现出较高的遗传多样性，尤其是同种害螨的不同种群之间遗传多样性更高。而且，无论在细胞学水平还是分子生物学水平，农业害螨种群间的遗传多样性均表现出明显的遗传分化。

　　事实上，遗传变异是体现物种的进化能力和对环境适应能力的重要遗传指标。研究表明，种群遗传多样性的高低与物种进化的速率成正比，同时往往与物种的环境适应能力呈正相关。物种的遗传多样性越高，其对不同环境甚至逆境的适应能力就越强。种群遗传多样性较低的物种往往会因类似种群内自交效应而导致有效种群数量降低，从而使种群中个体的生态适合度降低（Markert et al.，2010）。一般而言，某物种的群体数量越大，其遗传多样性越丰富，对环境的适应能力也就越强。因此，具备较高遗传多样性的物种更容易在恶劣环境或者新的栖息地中生存和繁殖，也有利于其迁徙和扩散，进而扩展其分布范围和增加种群数量（Lei et al.，2007）。对于害虫或害螨而言，其不断适应环境变化的进化潜力同样主要取决于其遗传多样性。遗传多样性越高，害虫或害螨对环境变化的适应就越强，也更加容易扩展其分布范围。可见，对于害虫和害螨种群遗传多样性的研究，可以揭示物种进化历史，为评估其进化潜力和竞争优势提供重要参考。

6.1.2 种群遗传多样性的检测方法

种群遗传多样性是生物经历漫长复杂的过程而积累的遗传进化本质，是物种在不同的生存环境中不断适应、不断变化而达到维持生存、发展和进化的物质基础。值得一提的是，对入侵生物的遗传多样性的研究，有助于制定合理的检疫、阻截及防控措施，推断其起源地，从而考虑从原产地引进天敌。可见，种群遗传多样性的评估或量化，无论是对于农业害虫害螨，还是对于入侵生物，均具有重要的科学研究意义。目前，对于遗传多样性的评估多是基于基因频率（等位基因频率或者基因型频率）的变化来确定的。当种群处于一定条件下时，等位基因频率和基因型频率之间存在预期的关系。即当已知等位基因频率时，在种群满足假设条件的情况下，就可以对基因型的频率进行预测。这种特定的条件，就是指处于哈迪-温伯格平衡（Hardy-Weinberg equilibrium，HWE）。满足 HWE 须具有以下假设的前提条件：①种群内的交配是随机的；②没有特定的基因型经受自然选择的作用；③基因流、突变或随机遗传漂变（genetic drift）对等位基因频率的影响可以忽略；④种群大小在理论上是无限大的；⑤等位基因的分离符合孟德尔遗传定律。在 HWE 状态下，无论当前种群遗传多样性的大小如何，种群的遗传变异都可以维持现有的水平。HWE 是研究进化动力的基础，因为生物需要在特定的生态过程中经历具体的进化历程，而改变种群基因频率的进化动力几乎都离不开基因突变、自然选择、基因流和随机遗传漂变的影响。虽然 HWE 只是一种理想情形，但许多自然条件下非近亲繁殖的大型种群在较短的进化过程中都可能处于 HWE 状态，而一些孤雌生殖的节肢动物种群常偏离 HWE。当研究的种群偏离 HWE 时，我们需要推测导致这种偏离发生的原因，这可能是有某种在生物学上值得注意的现象存在，如未被发现的种群亚结构、自然选择的作用或近交现象等。当然，偏离 HWE 也可能是因为采样的不合理或分子标记的不正确选择。

衡量种群遗传多样性的指标主要包括等位基因多样性（allelic diversity，A）、多态位点比例（proportion of polymorphic loci，P）、观测杂合度（observed heterozygosity，H_0）、基因多样性（gene diversity，GD）。在 HWE 状态下，基因多样性常等同于预期杂合度（expected heterozygosity，H_e）或核苷酸多样性（π）。基因多样性用于单倍体数据计算时，又称为单倍体多样性（haploid diversity），如基于线粒体基因数据的遗传多样性估计，常用单倍型多样性（haplotype diversity，HD）作为度量基因多样性的指标。在关于遗传多样性的研究中，可以选择上述指标的一种或多种。对于单个种群的遗传多样性分析，利用上述指标便可理解种群的进化历程。但在自然界中，种群的遗传同时受到种群内和种群间过程的影响，因此对于多种群遗传多样性的分析，还可以计算群体间遗传距离、种群分化系数、基因流等指标。综合上述指标，可以进一步探究自然选择、遗传漂变和基因流间的相互作用及其对种群遗传结构的影响。通过分析种群间基因流的范围和方式，建立种群间系统发育的关系，可进一步推测造成该类型种群遗传结构的原因。

6.1.3 影响种群遗传多样性的因素

遗传多样性受到众多因素的影响，概括起来主要分为自然选择和非适应性进化过程（如遗传漂变）两大类。自然选择可通过多种方式改变基因频率，从而增加或减少遗传多样性。事实上，自然选择与遗传漂变之间存在着相互制约与发展的关系，当有效种群大小（N_e）处于较小的情况时，遗传漂变的作用较强；相反，当 N_e 较大时，自然选择作用明显增强。就自然选择而言，稳定选择或定向选择均会降低种群的遗传多样性。其中，定向选择常通过负选择（negative selection）或纯化选择（purifying selection）来降低遗传多样性，而当其为正选择（positive selection）时，多样性会暂时性升高，但在长期作用下，遗传多样性会逐渐丢失。总体而言，遗传多样性会受到自然选择、遗传漂变、种群瓶颈及繁殖方式等因素的影响，而降低遗传多样性因素的数量要多于提高遗传多样性因素的数量。节肢动物种群遗传多样性受生境条件（自然选择）和遗传漂变的影响。生境条件的差异是造成节肢动物种群遗传多样性变化和种群分化的重要原因之一。其中，非生物环境因子包括温度、湿度、光照、光周期规律、土壤特性等，生物因子包括该生境中的其他所有动植物和微生物。不同生境中各种因子综合发挥作用，造成了对节肢动物种群适应性的选择压力。

1. 地理和气候条件

物种在其进化的历程中，地理和气候条件起着非常重要的作用，尤其对那些迁移能力较弱的生物，如农业害螨（Jin et al.，2019）。在田间，害螨在距离越冬寄主较近的夏寄主作物上常暴发危害。同时，受地形地貌和气流的作用，可使春夏寄主作物上害螨形成核心区域式的大发生。若节肢动物长期受这种环境的影响，便会形成特定条件下的节肢动物种群，从而引起种群遗传多样性的改变和种群结构出现分化。地理和气候因素对节肢动物的影响是相互联系、共同作用的。同种节肢动物可能由于所处地理气候条件不同表现出不同的遗传分化程度，甚至分化为不同的种或型，成为适应性种群（Hill et al.，2012；Chen et al.，2016b）。

2. 寄主植物

寄主植物与节肢动物之间是被取食和取食者的关系，除此之外，它们之间还相互抵御、相互利用、相互保护。植物和节肢动物都是地球上起源很早的生物类群，它们之间因环境与物候的一致性而产生了密切的关系。二者以同种个体或种群为单位，将对方作为强有力的进化选择因素，持续而有步骤地相互调节、适应和制约，最终达到协同进化。大多植食性节肢动物的寄主范围较广，如柑橘全爪螨在我国各柑橘产区都有发生，除危害柑橘类寄主外，还可危害苹果、桃、木瓜、菠萝、桑、桂花、花椒等多种寄主植物。节肢动物在从植物体获取营养完成自身生长发育的同时，也对寄主植物形成了较强的寄主适应性，而这种改变具有遗传性，会影响害虫或害螨的种群遗传多样性。例如，不同寄主植物的差异性会作用于节肢动物的生长发育、生殖及一系列的生命进程，进而影响其种群发展动态。此外，寄主植物自身的物理和化学等因素可影响节肢动物的生物学习性和遗传特性，促进节肢动物的种下阶元分化。首先，寄主植物是节肢动物生长繁殖的重要场所，其对节肢动物产生很大的生态隔离作用。其次，由于节肢动物的化学感受器对植物次生代谢物质的识别和感受的敏感性起着重要作用，节肢动物在植物的次生代谢物质和化学成分的选择下产生生理或行为的分化，从而增加了对寄主选择的遗传趋异性。再者，由于植物的生长情况受季节的影响，植物本身的物候变化可对节肢动物产生强烈的信号刺激，从而改变节肢动物与寄主植物的同步性，影响其生长发育，造成节肢动物不同种群的生态隔离，这些均有助于节肢动物种群遗传多样性发生变化并趋异，造成种下阶元分化的现象。近年来，诸多不同寄主植物对节肢动物种群遗传多样性影响的研究结果显示，节肢动物不同遗传谱系的形成可能与植物寄主的选择压力密切相关。如通过研究不同植物寄主上瘿螨（*Aceria parapopuli*）的生殖隔离情况，利用 ITS1 序列解析不同寄主品系瘿螨的遗传关系发现，不同寄主植物会导致害螨不同遗传谱系的产生（Evans et al.，2013）。

3. 生物入侵

遗传变异与种群持续性及其进化潜力密切相关，而生物入侵导致种群遗传变异或遗传多样性的改变为研究自然界中的各种生态和进化问题提供了理想模式。当节肢动物作为一种入侵物种时，入侵的种群往往是由少数个体成功定殖并建立种群，其往往会遭遇种群瓶颈效应（population bottlenecks effect）或奠基者效应（founder effect）的影响，从而降低其种群遗传多样性（小型的奠基种群会发生近缘交配并导致遗传多样性进一步下降）。这些缺乏遗传多样性种群的建立似乎"违背"了生物适应的原则（Boubou et al.，2012）。虽然较低的遗传多样性往往不利于种群的发展，但这种负面影响并没有在一些外来入侵种群中表现出来，因此入侵种群成功入侵的机制一直是科学家关心的问题。此外，当节肢动物所在的生境受到入侵物种影响时，入侵物种与节肢动物可能会存在种间的竞争关系，进而导致本地种群的遗传多样性发生变化。

4. 共生菌

节肢动物体内广泛分布着各种胞质遗传的细胞内共生细菌，它们可以分为两类，一类是初生共生菌，另一类是次生共生菌。我们这里所要提及的次生共生菌 *Wolbachia*，便是最有名的一类通过操纵寄主的生殖来促进其自身在种群中传播的内共生菌。*Wolbachia* 是一类呈母性遗传的细胞内寄生细菌，能感染昆虫、螨等多种节肢动物宿主。*Wolbachia* 能够引发宿主的多种生殖异常行为。研究表明，*Wolbachia* 的感染会对螨的遗传多样性产生影响，往往是降低寄主种群的线粒体 DNA 的多样性水平（Yu et al.，2011）。一般而言，两性生殖的种群原则上比单性生殖（如孤雌生殖）的种群具有更高的遗传多样性，因为通过重组交换可以产生新的基因型。但是，某些单性生殖的种群可通过高的突变率维持着高水平的遗传多样性（Wei et al.，2012）。

5. 遗传漂变

遗传漂变是指导致种群等位基因频率在世代间随机变化的一种过程。遗传漂变之所以存在是因为种群中不同个体具有不同的繁殖成功率，即有些个体会比其他个体产生更多的后代，从而造成不同等位基因按照不同比例被复制保留至下一代，这使等位基因频率在种群不同世代间发生波动。通过等位基因的随机固定，遗传漂变能快速降低小种群的遗传多样性。遗传漂变相对于较大的种群而言，其作用需要相当漫长的时间累积才能表现出来。可见，遗传漂变总体效应是降低种群遗传多样性，其与自然选择互相竞争，最终对物种遗传多样性产生决定性的作用和影响。值得一提的是，遗传漂变构成了有效种群大小（N_e），而 N_e 是衡量种群遗传结构的重要指标，也是群体遗传学中重要的理论指标。

6.2 种群遗传分析中的分子标记技术

6.2.1 微卫星分子标记的获得与分析

微卫星具有多态性、杂合度高、共显性遗传、检测快速方便等优点，是目前分子种群遗传学研究中应用最广泛的分子标记技术之一。在基因组中，因每个 SSR 的基本单元重复次数在不同基因型间差异很大，从而形成其位点的多态性。每个 SSR 核心重复序列的两侧往往是相对保守的单拷贝序列，据此设计引物，便可扩增获得 SSR。然后，将扩增产物在高分辨率的聚丙烯酰胺凝胶上进行电泳加以分离，从而检测出 DNA 的多态性，即检测出不同个体在每个微卫星座位上遗传结构的差别。可见，SSR 的应用关键是首先要了解 SSR 位点的两侧翼序列，寻找其中的特异保守区，设计出稳定性好的扩增引物序列。

1. 微卫星分子标记的获得

1）查找已存在的微卫星位点

当利用某一物种的微卫星标记时，首先查找该物种或其相近物种微卫星位点筛选的文献。目前，有许多期刊专门接受开发物种微卫星位点的研究论文，此类文章一般都筛选出了可供利用的微卫星引物。例如，绝大多数的微卫星位点都发表在 *Molecular Ecology Resources* 期刊上，并且该期刊提供了一个数据库可供查阅其上所发表的微卫星引物。此外，也有一些专门的微卫星数据库可供研究者使用，常见的有昆虫微卫星数据库（InSatDb，http://cdfd.org.in/INSATDB/home.php）。一般而言，微卫星位点侧翼序列在属内种间甚至在科内属间都是较为保守的，因此可以从相近的物种数据库中查找微卫星位点，进行跨物种扩增（Zhang et al.，2016）。

此外，还可以从一些公共的数据库（如 GenBank、EMBL 或 DDBJ）中直接查找目标物种的微卫星序列，可自行设计微卫星引物并进行多态性评估后再使用。随着第二代高通量测序技术的出现和测序价格的降低，大量物种已经建立了 EST 数据库或完成了转录组测序工作，甚至有 500 余种真核生物完成了全基因组测序。这些从公共数据库中下载和整理后的序列可经过专门发掘微卫星位点的软件查找微卫星序列，然后设计微卫星引物即可快速、有效、廉价地筛选出所需的微卫星位点（图 6.1）（魏丹丹等，2014）。研究者可以根据自己的需求，选择相应的 SSR 查找软件。我们推荐 msatcommander、MISA 及 QDD 等软件（表 6.1），这些软件还内置了引物设计软件，可批量设计 SSR 引物。另外，还可以利用一些在线软件进行查找，如 Repeatmasker（www.repeatmasker.org/）、SSRIT（http://www.gramene.org/db/markers/ssrtool）等。

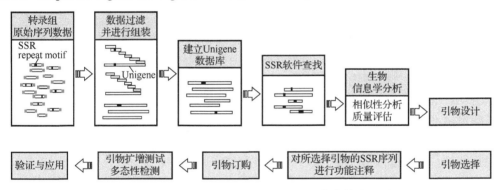

图 6.1 基于昆虫转录组数据发掘微卫星位点的流程图

2）筛选新的微卫星位点

对于大多数物种来说，从已有的数据库或文献中筛选微卫星序列，或利用相近物种的微卫星位点仍是相当有限的（特别是一些非模式物种或野生物种）。因此，有时必须通过实验的方法，构建一个富含该生物微卫星基因组的文库，通过筛选、测序和鉴定得到微卫星位点。关于微卫星位点筛选策略的综述文章（Zane et al.，2002；孙波等，2009）和害螨 SSR 筛选详细的操作流程的研究（Sauné et al.，2015；魏丹丹等，2016）有很多，研究人员可根据自身实验室的硬件设施和经费条件，本着经济、快捷、高效的原则，合理选择使用开发微卫星位点的方法。

表 6.1　转录组数据中发掘微卫星位点的主要搜索软件

软件名称	主要特征	参考文献
msatcommander	本地软件，可批量查找，可发掘完美型和复合型 SSR，内置引物设计软件	Faircloth，2008
MIcroSAtellite（MISA）	本地软件，可大批量查找，可发掘完美型和复合型 SSR，可进行统计分析，内置引物设计软件	Beier et al.，2017
QDD	本地软件，可批量查找，可发掘完美型、不完美型和复合型 SSR，内置多种软件，可用于去冗余和引物设计	Meglécz et al.，2010
BatchPrimer3	在线软件，可批量查找，可发掘完美型和复合型 SSR，内置引物设计软件	You et al.，2008
GDR	在线软件，界面友好，可批量查找，可发掘完美型 SSR，内置引物设计软件	Jung et al.，2019

　　筛选新的微卫星引物的方法主要有经典方法、微卫星富集法及省略库选法等。传统经典的方法是分离生物基因组 DNA，建立基因组文库，然后用含有微卫星的探针与之杂交（一般是用带放射性同位素的微卫星探针进行 DNA 印迹），筛选阳性克隆并进行测序，再根据微卫星核心序列两侧的 DNA 序列设计引物。这种方法虽然简单易行，但工作量大，需要接触具有放射性的微卫星探针（也有非放射性标记的微卫星探针，但价格比较昂贵）。此外，该方法的微卫星阳性克隆比例也不高，在节肢动物中仅为 0.04%～12%。自 20 世纪 90 年代初起，研究者提出先用微卫星探针杂交富集微卫星片段后，构建微卫星富集文库以除去不含微卫星的序列片段，这种杂交富集法主要包括尼龙膜法和磁珠富集法（Kandpal et al.，1994）。标准的方法是先分离生物基因组 DNA，利用限制性内切酶酶切后，选择小的片段（一般为 300～700 bp）；通过与微卫星探针序列杂交，选择富含微卫星的 DNA 片段，连接到质粒上，再转移到感受态细胞中构建微卫星富集文库；测序前为了确定微卫星的存在，可将相应的重复序列作为引物来筛选阳性克隆；对测序后的序列进行微卫星位点的鉴定，并可在两侧翼序列区域设计引物，再对引物的可靠性和多态性进行评估，即可成为可使用的微卫星标记引物（图 6.2）。

　　相比于尼龙膜富集法，磁珠富集法应用得更加广泛。基于磁珠富集法的微卫星位点筛选策略，可以大幅提高微卫星阳性克隆比例，通常为 20%～90%。特别是在一些微卫星丰度不高或微小个体的物种中，该方法可以作为微卫星筛选的首选策略，但微卫星阳性克隆率会因物种的不同、探针的不同及实验条件的不同而有所差异。此外，一些省略库的筛选方法也有所应用，如 ISSR-PCR 技术，其中包括：①5′锚定 PCR 技术，即利用 5′锚定简并微卫星引物对基因组 DNA 进行扩增，然后对扩增产物克隆测序得到微卫星位点一侧的特异序列；②在 5′锚定 PCR 技术基础上发展起来的序列标签微卫星（sequence-tagged microsatellite profiling，STMP）和选择扩增微卫星（selectively amplified microsatellite，SAM）均可以很大程度地提高有用微卫星序列的获得率。螨类微卫星研究始于 1997 年从疥螨（*Sarcoptes scabiei*）中筛选得到的 13 个微卫星位点（Walton et al.，1997）。迄今为止，已在 9 种农业害螨中筛选到 220 多个微卫星位点（表 6.2）。

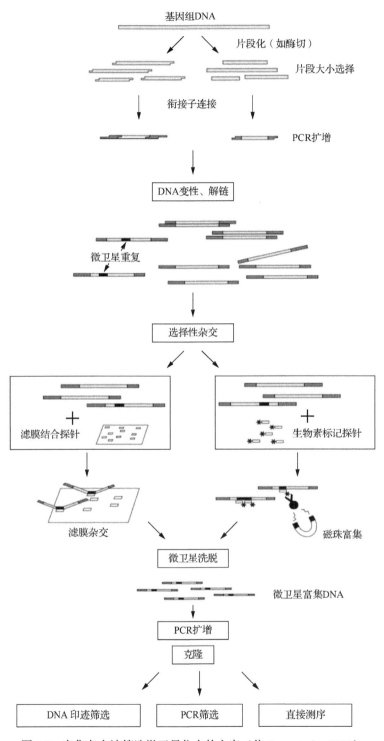

图 6.2　富集杂交法筛选微卫星位点的方案（仿 Zane et al.，2002）

表 6.2　已分离获得的螨类微卫星位点及 GenBank 登录号

物种名称	位点数	GenBank 登录号
柑橘全爪螨 *Panonychus citri*	96	AB030297-98、KT261306-40、JF776418-61、KM507079-93
桑树全爪螨 *Panonychus mori*	2	AB030299-300
桂花全爪螨 *Panonychus osmanthi*	1	AB030301
苹果全爪螨 *Panonychus ulmi*	1	AB030302
二斑叶螨 *Tetranychus urticae*	74	AB263077-92、AJ419828-32、LC090064-67、GU339354-86、KJ545959-72、GU068508-09
神泽氏叶螨 *Tetranychus kanzawai*	7	AB107759-65
截形叶螨 *Tetranychus truncates*	36	—
苹果苜蓿苔螨 *Bryobia praetiosa*	3	AY044829-31
紫红短须螨 *Brevipalpus phoenicis*	9	AF335574-AF335582

2. 微卫星分子标记的分析

当利用 SSR 引物进行 PCR 扩增后，一般用 2% 的琼脂糖电泳检测 PCR 产物扩增的有无，然后将扩增较好的 PCR 产物进行聚丙烯酰胺凝胶电泳，用凝胶成像系统照相后生成的图像经由 Quantity One 等软件进行条带的识别和等位基因大小的计算。若先前对扩增引物进行了荧光标记，扩增后，较好的产物也可直接测序进行基因分型（毛细管电泳）。对获得的微卫星数据，利用一系列种群遗传学分析软件可以得到包括群体分化程度、有效种群大小、基因流、种群历史发展动态等方面的具体参数指标。下面就使用微卫星分析时的相关参数和软件做简单介绍（表 6.3）。

表 6.3　基于微卫星标记技术的种群遗传结构研究中的代表性分析软件

软件名称	主要功能
POPGENE 1.31	用于显性或共显性遗传数据的分析。可计算多态位点比例、等位基因观测值、等位基因频率、有效等位基因数量、表观杂合度和预期杂合度、Shannon 多样性指数、遗传距离、基因流、遗传分化系数及检验各基因座位哈迪-温伯格平衡等（Yeh and Boyle，1997）
GENEPOP 4.2	可以检测哈迪-温伯格平衡、连锁不平衡，计算遗传分化系数、基因流、期望和观测杂合度等（Raymond and Rousset，1995）
GenAlEx 6.5	用于分析 *F*-statistic、Nei's 遗传距离、主成分分析、哈迪-温伯格平衡检验、分子方差分析（analysis of molecular variance，AMOVA）和 Mantel 检验等（Peakall and Smouse，2006）
STRUCTURE 2.3	通过对非连锁标记显性标记的基因型进行的聚类分析方法。主要功能是通过基因型信息推断种群遗传结构（Pritchard et al.，2000）
FSTAT 2.9.3.2	由 Goudet 于 2002 年开发，主要功能是计算基因多样性，也可以计算 *F*-statistic
BOTTLENECK	在突变-漂变平衡的假设下，采用无限等位基因模型、逐步突变模型或双相突变模型检测种群近期是否经历瓶颈效应，即通过等位基因频率来检测入侵种群有效含量的降低（Piry et al.，1999）

在分析微卫星数据时，可以使用表 6.3 中的软件进行相关种群遗传学参数的分析，如对各种群在多基因座位上的 HWE 检测，计算多态位点比例（P）、观测等位基因数（N_a）、有效等位基因（N_e）、基因多样性 H_E、Shannon 信息指数（I）、表观杂合度（H_o）、预期杂合度（H_e）、基因流（N_m）、种群内近交系数（F_{is}）、总近交系数（F_{it}）、种群间遗传分化系数（F_{ST}）及 Nei's 标准遗传距离（D）等。上述软件多是基于无限等位基因模型（infinite allele model）或逐步突变模型（stepwise mutation model），前者主要考察基因多样度或者杂合度；后者主要考察等位基因的长度，即重复数的变化。

利用微卫星评估群体分化程度可用 Wright 的 F-statistics 来计算（Wright，1951）。计算种群间的分化程度是分子标记技术的经典之处，特别是种群间遗传分化指数 F_{ST}，是表征种群之间遗传分化程度的重要参数。一般认为，当 $F_{ST}<0.05$ 时，种群之间分化较小或无分化；当 $0.05 < F_{ST} < 0.15$ 时，为中度分化；当 $0.15 < F_{ST} < 0.25$ 时，为中高强度分化；当 $F_{ST} > 0.25$ 时，为高度分化。但是，所用微卫星标记的位点具有等位基因个数的不同会导致统计结果的不一致。多态性较高或者多态性较低的位点都会导致统计的误差，一般 10～15 个等位基因的 SSR 位点在研究中应用得较多。近年来，基于哈迪-温伯格平衡原理的贝叶斯聚类方法的出现，加强了微卫星对种群遗传结构和分化程度检测能力，与以往的基于等位基因频率相似性的系统发育树不同的是，它通过计算最大满足哈迪温-伯格平衡为原则，来揭示种群的遗传结构。

基因流（N_m）是种群间遗传分化重要的决定因素，是衡量不同种群的个体迁移和基因交流程度的指标。种群之间基因交流越顺畅，种群遗传分化的程度越低。基因流可直接作用于种群结构，保持种群遗传多样性的延续，并且可阻止随机遗传漂变的发生。基因流是种群遗传结构均质化的主要因素之一，具有高水平基因流的物种往往比具有有限基因流的物种遗传分化程度低。基因流可以通过 F_{ST} 进行直接估算，也可以通过各个种群所具有的私有等位基因来估算。根据 F_{ST} 计算基因流的公式为 $N_m=0.25×（1-F_{ST}）/F_{ST}$。该公式被应用于分析二倍体生物核基因得出的数据，只要简单修改即可用于线粒体 DNA（mtDNA）单亲遗传的单倍型基因组中。当 $N_m<1$ 时，表示种群之间的基因流传受到部分阻碍，亚族群间蕴藏了遗传分化的潜能；当 $N_m<0.5$ 时，遗传漂变是群体间遗传分化的主要因素；当 $N_m>0.5$ 时，基因流成为决定性因素；当 $N_m>4$ 时，种群间的基因交流比较充分，匀质化作用足以抵制遗传漂变的作用，防止种群间遗传分化的产生。

此外，微卫星在研究亚种群遗传结构时具有明显的优势，因为当一个种群中包含许多个自然的亚种群时，复等位的微卫星等能够准确估计每个亚种群的分化程度。但是，当使用微卫星数据推断距今时间较远的进化事件时，其结果并不可靠。这是因为微卫星的高突变率和重复的增加或缺失，意味着在微卫星中经常出现长度趋同现象，而长度趋同说明祖先与后代的关系很难用微卫星去解读（Coates et al.，2009）。微卫星的高突变率意味着同一个位点经常有多个等位基因，如此高的多态性使微卫星成为揭示距今时间较短的种群遗传进化事件的合适手段。

6.2.2 线粒体 DNA 的获得与分析

动物线粒体 DNA（mtDNA）通常为一闭合双链环状 DNA 分子。在节肢动物的种群遗传变异分析中，mtDNA 因具有遵循母系遗传、不发生重组、进化速率快、便于分析等特点，常被用于分析种间进化关系，特别是种群的遗传多样性和分化程度的研究。常用的线粒体基因标记有 *cox1*、*cox2*、*cytb*、*nad1*、*nad4*、*nad5* 及 AT 富集区等（Simon et al.，1994；Caterino et al.，2000）。其中，*cox1* 是最常用于检测节肢动物种下变异的工具，*cox1* 序列中部分区域相对保守，易于 PCR 扩增。同时，其进化速率也很快，*cox1* 的进化速率是其他线粒体蛋白编码基因的 3 倍，是较为理想的分子标记。例如，柑橘全爪螨线粒体 *cox1* 基因片段扩增引物为

PcCO I -F：AAGAGGAGGAGGAGACCCAA
PcCO I -R：AAACCTCTAAAAATAGCGAATACAGC

1. 线粒体 DNA 的获得

1）从基因组总 DNA 中获取

由于动物细胞中含有大量线粒体，在提取某一物种基因组 DNA 时，mtDNA 也会被同时分离出来。节肢动物的线粒体基因组中不含间隔区和内含子，因此可直接利用节肢动物的总 DNA 为模板进行 PCR 扩增，以获得目的片段。这里以柑橘全爪螨为例，简单描述群体或单头试虫的基因组 DNA 提取方法。

（1）群体 DNA 提取方法。由于害螨个体很小，要获取优质的基因组 DNA，必须使用多头害螨为样本进行提取。CTAB 法和 STE+PCI 法是目前能高质量提取叶螨基因组 DNA 的两种方法（袁明龙，2011）。这两种方法均是用人工配制试剂进行提取，抽提过程中 DNA 有一定的损失量，通常需要 500 头以上的螨体。这两种方法提取的害螨基因组 DNA，均可满足文库构建等分子生物学实验的要求，且提取的总基因组 DNA 的质量比一般的 DNA 分离试剂盒提取得效果要好。

（2）单头 DNA 提取方法。采用 Chelex-100 法和 CTAB 法提取叶螨单头试虫基因组 DNA 的成功率在 50%以上。Chelex-100 法已广泛应用于叶螨和植绥螨基因组 DNA 的提取（Navajas et al.，1996；Soller et al.，2001；Jeyaprakash and Hoy，2002；Yuan et al.，2010a）。然而，由于 Chelex-100 法提取的基因组 DNA 未经纯化，其中含有较多杂质，加之残留的 Chelex 树脂，均会影响 PCR 的扩增效果。因此，基于 Chelex-100 法的基因组 DNA 提取，具有快速、简单的优点，但同时也有 PCR 扩增成功率较低的缺点。CTAB 法也广泛应用于叶螨和植绥螨基因组 DNA 的提取（Navajas et al.，1998；Ros and Breeuwer，2007），虽然该法提取的 DNA 纯度较高，但经过抽提步骤而导致提取的浓度较低，有时甚至根本无法得到 DNA，故 PCR 扩增的成功率也欠佳。

2）线粒体 DNA 的直接提取

用差速离心法可以将线粒体、真核细胞及其碎片、蛋白质沉淀物分离开来。差速离

心法又称分级离心法，是当非均一粒子（大小、密度各不相同）的悬浮液被离心时，各种粒子将以各自的沉降速率移至离心管底部并逐步在管底形成沉淀。为了分离出特定的组分，需要进行一系列离心。通常用相对离心力（relative centrifugal force，RCF）将粒子沉淀下来。一般去除细胞碎片及杂质的离心力为 $500\sim2000\ g$，离心时间为 $5\sim15\ \text{min}$，而沉淀线粒体的离心力为 $12\ 000\sim20\ 000\ g$，离心时间为 $20\sim40\ \text{min}$。此外，还有一些其他常用的提取线粒体 DNA 方法，包括商用的线粒体 DNA 提取试剂盒。线粒体 DNA 提取方法的优缺点见表 6.4。

表 6.4　线粒体 DNA 提取方法的优缺点

方法	优点	缺点
氯化铯密度梯度离心法	具有很好的分辨能力，可以同时使样品中几个或全部组分分离	需要高昂的设备，实验时间较长
柱层析法	操作简单，效果好，重复性高，应用广泛	需要高昂的设备，分辨率较低，实验时间较长
DNase 法	获取线粒体方法简单，能有效去除核 DNA 污染	药品较贵，实验时间较长
碱裂解法	所需费用最少，时间最短，基本上能去除核 DNA 污染	提取的 mtDNA 可能有环状和开环状两种结构
改良的碱变性法	方法简单，核 DNA 的污染最小	所用药品和试剂较多，药品较贵，实验时间较长

总之，线粒体 DNA 片段的获取可利用已发表或通用的螨类线粒体基因引物，通过 PCR 技术进行目的片段的放大，将 PCR 产物直接测序或分子克隆测序，便可获得预期的基因片段序列。用于螨类线粒体基因扩增所使用的 DNA 模板，可通过上文所述的方法获取。

2. 基于线粒体 DNA 的数据分析

线粒体基因序列获得以后，经比对整理，利用表 6.5 中的相关软件分析，便可得到遗传变异和种群遗传多样性的各项指标，如多态性位点（polymorphic sites）、简约信息位点数（parsimony informative sites）、自裔位点数（singleton variable sites）、单倍型数量、单倍型多样性（HD）、核苷酸多样性（π）、成对种群间遗传分化指数（F_{ST}）、基因流（N_m）等。我们常用 DnaSP 软件计算上述列举的各项种群遗传多样性指标。在研究群体遗传分化时，F-statistic 是广泛采用的模型，但该模型在应用中也有一些问题，如该模型是由共显性双等位基因位点推导而来的，等级结构较少，而且没有考虑等位基因（单倍型）之间的差异程度。因此，Excoffier 和 Lischer 提出了 AMOVA 方法，通过估计单倍体（含等位基因）或基因型之间的进化距离，进行遗传变异的等级剖分，并提出了与 F-statistic 类似的方法来度量亚群体的分化。由于 AMOVA 方法适用于所有类型的遗传学数据，充分考虑单倍型之间的趋异程度，且可以在不需要假设的情况下直接对显性标记数据进行群体遗传学分析，使各种单倍型和显性标记数据在群体遗传结构研究中得到了广泛应用。AMOVA 可采用 Arlequin 3.1 软件进行计算与分析。此外，利用 AMOVA 软件进行节肢动物各采样点间的分子空间变异方差分析以检测种群间的最大遗传障碍，并根据地理信息和遗传信息鉴定具有最大遗传障碍的组群和可能存在遗传结构的种群组合。

表 6.5　基于 mtDNA 序列分析技术的种群遗传结构研究常用分析软件

软件名称	主要功能
Clustal X	一款在线和本地的多重序列比对软件，它通过计算成对距离进行粗略的成对比对，进而成对距离被用来构建邻接（NJ）树，然后以 NJ 树作为引导进行多重序列比对（Larkin et al.，2007）
MEGA	一款分子遗传与进化分析软件，主要用来分析和检验蛋白质及 DNA 的分子进化，包括距离计算、系统发育重建、中性检验等，可满足一般的分子遗传与进化分析需要（Tamura et al.，2011）
DAMBE	由香港大学的夏旭华教授编写的一款分子进化分析软件，基于 Windows 界面对原始序列数据进行不同的操作和处理，如蛋白质编码基因的第一位点等，分析的内容包括核苷酸和氨基酸的频率、密码子使用、基于各种模型的系统发育重建等（Xia and Xie，2001）
MrBayes	采用贝叶斯算法构建系统发育树，近年来应用广泛。系统发育树的贝叶斯推断通过计算树的后验概率分布获得。MrBayes 采用马尔可夫链蒙特卡罗（Markov Chain Monte Carlo）的模拟算法，来计算树的后验概率。分析数据的类型包括核苷酸、蛋白质、限制性酶切位点及形态数据，且可对混合数据进行联合分析。此外，该软件可对数据的不同位点设置不同的分析参数，这对于联合多个基因进行系统发育分析显得非常重要（Ronquist and Huelsenbeck，2003）
TCS	采用统计简约法来构建单倍型进化网络图，其输入数据文件为 Nexus 或 Phylip 格式。根据频率判据、拓扑判据及地理判据进行断环，以解决单倍型网络进化图中出现的分支关联等不确定问题，并根据各单倍型在进化图中的位置对遗传进化趋势进行分析（Clement et al.，2000）
DnaSP	以溯祖理论为基础并结合其他方法对 DNA 序列的多态性进行分析，包括种群内的核苷酸多样性、单倍型多样性、种群间及种群内 DNA 序列的变异、连锁不平衡、重组及基因流等参数。此外，DnaSP 也可进行中性检验，并通过共祖（coalescent）途径估计置信区间（Librado and Rozas，2009）
Arlequin	种群遗传与进化分析综合软件包，可从种群内及种群间两个层次进行种群遗传分析，并可计算种群遗传多样性、哈德-温伯格平衡、误配分析、连锁不平衡、中性检验、基因流、遗传分化指数、分子变异分析等（Excoffier et al.，2010）
SAMOVA	主要用来进行分子空间变异分析，并鉴定组群间的遗传障碍。该软件基于模拟退火过程，以种群遗传数据及其相应的地理坐标作为输入格式，对物种的地理种群进行分组（Dupanloup et al.，2002）
jModelTest	一款用来选择核苷酸最佳进化模型的统计软件，具有不同的模型选择策略，包括赤池信息准则（Akaike information criterion，AIC）和贝叶斯信息标准（Bayesian information criterion，BIC）等（Posada，2008）
IBDWS	一款在线软件，可进行 Mantel 检验、压轴（reduced major axis，RMA）回归等分析，还可计算种群之间遗传分化指数 F_{ST} 等。该软件的输入文件有两个，一个是遗传数据信息，另一个是种群的经纬度信息（Jensen et al.，2005）

有时为了检验不同种群间的遗传距离与地理距离矩阵之间的相关性，会进行 Mantel 检测。Mantel 检测是检验 2 个或 3 个矩阵间的相关性。当遗传距离与地理距离间的相关系数显著时，可以认为遗传距离与地理距离之间有相关性。如果相关系数较低，虽然结果是显著的，仍可以认为遗传距离与地理距离之间无相关性。因为，此时两者存在很低的相关性，即地理距离相近的种群未必表示出遗传距离相近的关系，且遗传变异是由地理距离以外的因素引起的。事实上，当相关系数 $r>0.6$ 时，遗传距离与地理距离之间有

相关性的推论才是可靠的。Mantel 检测可以由在线软件 IBDWS 进行计算。

种群历史动态分析主要可以通过中性检验（tests of selective neutrality）和误配分布（mismatch distribution）两种途径进行分析，均可由 Arlequin 3.1 软件计算完成。中性检验运用 Tajima's D 和 Fu's Fs 统计。Tajima's D 和 Fu's Fs 均未明显偏离 0 时，说明所研究的种群处在一个中性选择状态；当 Tajima's D 和 Fu's Fs 显著大于 0 时，可用于推断瓶颈效应和平衡选择，且有一定的单倍型分化；当 Tajima's D 和 Fu's Fs 显著小于 0 时，可用于推断群体规模扩张和定向选择（Fu，1997）。此外，根据溯祖理论，若所研究的种群在较近的历史时期内没有经历过种群扩张事件，误配分布表现为双峰或多峰形式；若种群在较近的历史时期内出现过群体扩张事件或持续增长模式，误配分布表现为单峰形式（Rogers and Harpending，1992）。

6.2.3　其他常见分子标记概述

分子标记是继形态标记、细胞标记和生化标记之后发展起来的一种新的遗传标记形式。由于 DNA 分子标记是 DNA 水平上遗传多态性的直接反映，而 DNA 水平的遗传多态性表现为核苷酸序列的所有差异，包括单个核苷酸的变异。因此，DNA 标记在数量上几乎是无限的。理想的 DNA 标记应具备以下特点：①遗传多态性高；②共显性遗传，信息完整；③在基因组中大量存在且分布均匀；④选择中性；⑤稳定性、重现性好；⑥信息量大，分析效率高；⑦检测手段简单快捷，易于实现自动化；⑧开发成本和使用成本低。目前已发展出十几种 DNA 标记技术，它们各具特色，但还没有一种 DNA 标记能完全具备上述理想特性。

依据对 DNA 多态性的检测手段，DNA 标记可分为四大类。

（1）基于 DNA-DNA 杂交的 DNA 标记。该标记技术是利用限制性内切酶酶切及凝胶电泳分离不同生物体的 DNA 分子，然后用经标记的特异 DNA 探针与之进行杂交，通过放射自显影或非同位素显色技术来揭示 DNA 的多态性。其中，最具代表性的是发现最早和应用广泛的 RFLP 标记。

（2）基于 PCR 的 DNA 标记。PCR 技术的问世，对 DNA 标记技术的发展起到了巨大的推动作用。根据所用引物的特点，这类 DNA 标记可分为随机引物 PCR 标记和特异引物 PCR 标记。随机引物 PCR 标记包括 RAPD 标记、ISSR 标记等，其中 RAPD 标记使用得较为广泛。随机引物 PCR 所扩增的 DNA 区段是事先未知的，具有随机性和任意性，因此随机引物 PCR 标记技术可用于对任何未知基因组的研究。特异引物 PCR 标记包括 SSR 标记、STS 标记等，其中 SSR 标记已广泛地应用于种群遗传多样性和遗传结构解析、遗传图谱构建、基因定位等领域。特异引物 PCR 所扩增的 DNA 区段是事先已知的，具有特异性。因此，特异引物 PCR 标记技术依赖于对各个物种基因信息的预先了解。

（3）基于 PCR 与限制性酶切技术结合的 DNA 标记。这类 DNA 标记可分为两种类型，一种是通过对限制性酶切片段的选择性扩增来显示限制性片段长度的多态性，如 AFLP 标记；另一种是通过对 PCR 扩增片段的限制性酶切来揭示被扩增区段的多态性，如 CAPS 标记。

（4）基于单核苷酸多态性的 DNA 标记，如 SNP 标记。它是由 DNA 序列中因单个碱基的变异而引起的遗传多态性。目前，SNP 标记一般通过 DNA 直接测序或 DNA 芯片技术进行分析。

在种群遗传变异分析选择分子标记时应有较多的问题需要注意。首先，要考虑预期的变异水平。在分子水平上的种群遗传学研究取决于能否得到足够的 DNA 多态性。在条件允许的情况下，可增加分子标记的数量和种类，以真实反映所研究对象的种群遗传变异水平。其次，标记的选择要考虑实际操作的问题。有些节肢动物的体形微小，样本量或核酸提取质量是限制分子种群遗传分析的重要因素。因此，要对时间、费用及专业技术等因素综合考虑，要在标记的准确性和操作的方便及可行性之间进行权衡。此外，分子标记可分为显性（dominant）和共显性（codominant）两大类型。显性标记仅显示单个显性的等位基因，而共显性标记可以鉴别某一特定位点上出现的所有等位基因。因此，共显性标记数据要比显性标记数据更加精确，可以区分纯合子和杂合子并计算等位基因频率。但是，与共显性标记相比，显性标记的前期开发要更加容易一些。常用的共显性标记有等位酶、RFLP、DNA 序列、SNP、微卫星等。这里应注意，实际研究中，尽可能选择等位基因频率呈均匀分布的标记，尽量使用 10 个以上的位点，每个采样地最好能够采集 20～50 个个体。显性标记有 RAPD 和 AFLP 等。常用分子标记的优缺点见表 6.6。

表 6.6　常见分子标记的优缺点

标记名称	优点	缺点	多态性基础
RFLP	多态信息含量大，结果稳定，重复性好，共显性遗传	易受干扰，技术难度大，对 DNA 质量要求高，成本高，周期长	核苷酸序列
RAPD	成本低、模板 DNA 要求质量低，操作简单，检测中无须探针和放射性物质	显性标记，不能有效地鉴别出杂合子，重复性差	核苷酸序列
AFLP	结果可靠稳定，多态性高，所需 DNA 量少，不需要预先知道扩增基因组的序列	显性标记，操作技术难度大，需要用放射性物质，成本高	核苷酸序列
SNPs	分布广，数量多，共显性遗传，扩增效果稳定，结果重复性高且操作简便快速	费用昂贵，周期长，对 DNA 质量要求高	核苷酸序列
SSR	数量丰富，多态性高，重复性好，易于操作，共显性遗传	成本高，需要前期开发获得	基因座上的等位基因

6.3 种群遗传分析技术在农业害螨研究中的应用

种群遗传学研究在很大程度上依赖于特定的遗传标记，每种新的遗传标记的发现和应用都会对其发展产生重要影响。近年来，分子标记技术为农业害螨的分子种群遗传学研究提供了新的思路和技术手段，被广泛应用于物种亲缘关系鉴别、种群遗传多样性、种群遗传分化、系统发育及谱系地理学等研究领域。目前，可供害螨种群遗传学研究的分子标记数量有了极大的提高，如已在多种农业害螨中筛选到 200 多个微卫星位点。这些 SSR 位点获得的途径明显多样化，如利用磁珠富集法发掘到 44 个柑橘全爪螨微卫星位点和基于转录组数据鉴定得到的 2000 多个功能微卫星（EST-SSR）分子标记（魏丹丹等，2016）。通过跨物种扩增，葛成（2015）利用二斑叶螨微卫星位点数据成功获得 36 个截形叶螨多态性微卫星标记。农业害螨 mtDNA 也得到了极大丰富，特别是为近缘种间进化和种群发展历史关系的研究提供了强有力的支撑。目前，有多种害螨的全线粒体基因组完成了测序，极大丰富了可供选择的线粒体基因的种类（表 6.7）。目前，以线粒体相关基因（如 *cytb*）为靶标的害螨抗药性机制研究也有报道（Leeuwen et al.，2008；Leeuwen et al.，2011）。此外，核糖体 rDNA 转录内间隔区序列 1（ITS1），也被广泛应用于害螨种间和种内的遗传多样性和遗传结构的研究（Yuan et al.，2011；Wang et al.，2012）。

表 6.7　几种已测序的螨类线粒体基因组信息

物种名称	文献出处	GenBank 登录号
柑橘全爪螨 *Panonychus citri*	Yuan et al.，2010a	HM189212，NC_014347
苹果全爪螨 *Panonychus ulmi*	Chen et al.，2014	NC_012571
二斑叶螨 *Tetranychus urticae*	Chen et al.，2014	KJ729017（绿色型），KJ729018（红色型）
截形叶螨 *Tetranychus truncates*	Chen et al.，2016a	KM111296
神泽叶螨 *Tetranychus kanzawai*	Chen et al.，2014	KJ729019
卢氏叶螨 *Tetranychus ludeni*	Chen et al.，2014	KJ729020
马来叶螨 *Tetranychus malaysiensis*	Chen et al.，2014	KJ729021
豆叶螨 *Tetranychus phaselus*	Chen et al.，2014	KJ729022
红叶螨 *Tetranychus pueraricola*	Chen et al.，2014	KJ729023
龙柏瘿螨 *Epitrimerus sabinae*	Xue et al.，2016	KR604966
叶刺瘿螨 *Phyllocoptes taishanensis*	Xue et al.，2016	KR604967
粉尘螨 *Dermatophagoides farinae*	Chen et al.，2014	NC_013184

6.3.1 柑橘全爪螨

以微卫星、线粒体 DNA、ITS1 等为首的优秀分子遗传标记，被越来越多地应用于柑橘全爪螨的种群遗传结构研究。目前，该领域的研究主要集中于以下方面：一是针对地理隔离对种群遗传结构影响的研究；二是探讨取食不同寄主对其种群遗传结构的影响；三是柑橘全爪螨种群遗传多样性与抗性突变。上述研究对于理解柑橘全爪螨与环境间的相互作用及控制该害螨均具有重要的意义。

1. 地理隔离对柑橘全爪螨种群遗传结构的影响

地理隔离是物种形成的重要条件和机制之一，对物种的种群遗传结构具有重要影响。有限的迁移能力和栖息地片段化导致种群遗传分化（Osakabe et al.，2005）。地理隔离对柑橘全爪螨种群的遗传分化作用的研究多以微卫星或 mtDNA 作为分子标记，在其他害螨如二斑叶螨、土耳其斯坦叶螨、截形叶螨等中也有报道。

由于柑橘全爪螨的大多数寄主是木本植物（主要是柑橘），而这些寄主通常是以几米的距离间隔种植的，与二斑叶螨等既能取食木本植物又能取食草本植物的螨相比，其不同寄主间的基因流动更加受限，因而更加容易导致由地理隔离引起的种群遗传分化。这种遗传分化即使是同一果园不同树木上的种群也可能产生。20 世纪 90 年代以来，日本学者采用等位酶、线粒体 *cox1* 基因及微卫星对柑橘全爪螨日本种群的遗传多样性及基因流动方式进行了初步研究，发现尽管地理距离上相距远的种群，其遗传多样性随着种群间距离的减小而呈降低趋势。但同一果园内不同柑橘树木上的种群比果园间的种群具有更高水平的遗传多样性，这与该螨的扩散迁移能力有关（袁明龙，2011）。Sun 等（2014）研究了来自柑橘全爪螨表达序列标签（expressed sequence tag，EST）的 15 个新的多态性微卫星，发现其中 12 个微卫星位点显著偏离哈迪–温伯格平衡，造成这种现象的原因很可能是地理隔离引起的近亲交配和等位基因遗传漂变。Osakabe 和 Gotoh 等采用 α-Est1 和α-Est3 对柑橘全爪螨日本不同地理种群间的遗传变异分析表明，这两个等位基因的基因频率表现出很强的地理差异性（Osakabe and Sakagami，1993；Gotoh et al.，2004）。Yuan 等（2010b）以线粒体 *cox1* 基因和核糖体内转录间隔区 ITS1 分别作为分子标记，对采自我国 3 个主要柑橘种植区（长江中上游、云贵高原和华南）的 15 个柑橘全爪螨地理种群的遗传结构进行了分析（图 6.3）。结果表明，地理隔离是柑橘全爪螨种群遗传分化的重要原因之一，柑橘全爪螨所有种群均表现出高的遗传多样性，且历史上经历了种群增长事件，大多数种群之间的遗传分化不显著，存在高水平的基因流（Yuan et al.，2011）。

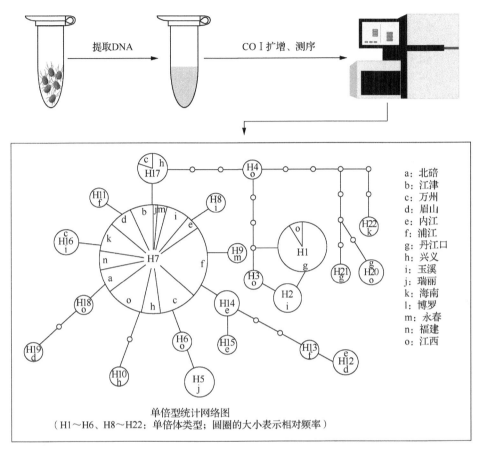

图 6.3　柑橘全爪螨线粒体 CO I 测序标记流程图（结果引自 Yuan et al.，2010b）

2. 寄主对柑橘全爪螨种群遗传结构的影响

　　寄主专化型是指由于寄主不同而导致同种生物产生的部分生殖隔离现象，这在植食性昆虫中已有较多的研究报道。农业害螨分布广、生物多样性复杂、种类多，是研究寄主专化型进化的理想类群（Magalhães et al.，2007）。害螨对寄主植物的利用具有较强的选择效应，且对寄主适应性的改变具有遗传性。不同寄主植物对柑橘全爪螨生长、发育及繁殖具有明显影响，也会影响其种群动态。以线粒体 *cox1* 基因和核糖体内转录间隔区 ITS1 作为分子标记，对采自 8 个不同寄主种群柑橘全爪螨的种群遗传多样性的分析结果表明，柑橘全爪螨桂花种群已经产生了分化且达到了显著水平，但种群间的遗传分化不存在寄主相关性（Wang et al.，2012）。此外，关于寄主转换对柑橘全爪螨遗传多样性的影响也有所报道。例如，基于 ITS1 和 *cox1* 基因分子标记，对柑橘全爪螨甜橙和大豆寄主种群遗传多样性分析研究表明，两个寄主种群具有较高的遗传多样性，且甜橙种群整体上略高于寄主转换后的大豆种群。可见，柑橘全爪螨具有较强的应对寄主转换的遗传适应能力。

3. 抗性突变对柑橘全爪螨种群遗传结构的影响

目前橘园中对害螨的防治手段主要以化学防治为主,这种人为干扰也会对害螨种群遗传多样性产生影响。从生物进化的角度来看,害螨对化学农药的抗性强弱很大程度上取决于害螨种群的遗传结构特征。从分子遗传学层面进行研究,能够很好地帮助我们了解害螨的遗传多样性,为实际生产中害螨的抗性监测和治理提供新的思路。目前,已有报道显示,害螨以线粒体相关基因为靶标从而产生抗药性(Van Leeuwen et al.,2008)。近年来,研究害螨对联苯肼酯的抗性机制发现,联苯肼酯的作用靶标之一为线粒体细胞色素复合体Ⅲ的Q_O点,可直接作用于线粒体 *cytb* 基因。Van Leeuwen 等研究发现,线粒体 *cytb* 基因上的 G126S、I136T、S141F、P262T 氨基酸突变会引起螨类对联苯肼酯的抗药性增强(图 6.4),并证实柑橘全爪螨和二斑叶螨中线粒体基因组编码的 *cytb* 基因的突变与其对新型杀螨剂联苯肼酯的抗性产生密切相关(Van Leeuwen et al.,2008;2011)。通过对柑橘全爪螨西南地区 4 个种群(重庆北碚、云南玉溪、广西桂林及四川安岳)的线粒体 *cytb* 基因片段序列进行测序与分析发现,4 个种群中并没有非同义突变,这与所选种群对联苯肼酯具有很高的敏感性的测定结果相符合。

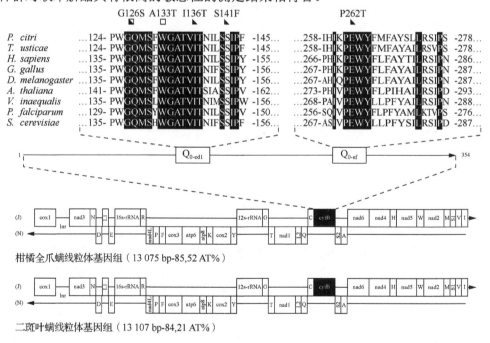

图 6.4 柑橘全爪螨和二斑叶螨线粒体基因组的 *cytb* 基因抗性突变
(引自 Van Leeuwen et al.,2011)

6.3.2 二斑叶螨

二斑叶螨是一种世界性的多食性农业害螨,寄主范围非常广泛。二斑叶螨基因组的测序与公布，使其成为农业害螨研究中的模式生物。近年来，对二斑叶螨种群遗传与进化的研究也比较多。在这些研究中，涉及的分子标记包括等位酶、微卫星、线粒体 *cox1* 基因、线粒体 16S 基因及核糖体内转录间隔区（ITS）等。南京农业大学洪晓月教授研究组针对二斑叶螨和朱砂叶螨是否是同一物种这一科学问题，采用微卫星、线粒体 *cox1* 基因及 ITS2 序列等分子标记，系统解析了我国两种叶螨十多个地理种群的遗传多样性、种群分化及基因流现状（Li et al.，2009）。

1. 地理隔离对二斑叶螨种群遗传结构的影响

众所周知，岛屿大小和隔离度会影响适应所需遗传变异的形成。Alzate 等（2019）采用分子标记的方法，研究海岛大小和隔离度对二斑叶螨在新海岛的定殖、灭绝和适应的影响。结果表明，只有当种群足够大时，通过扩散的进化拯救才可能实现。Carbonnelle 等（2007）采用 5 个多态性微卫星位点对法国、比利时和荷兰 3 个国家 6 个地区同一寄主植物异株荨麻（*Urtica dioica*）上的二斑叶螨种群遗传结构进行了分析。结果表明，在所研究的 18 个种群中，不仅在地理位置上（不同地区）较远的种群间发生了遗传分化，即使采自同一地区的种群间也发生遗传分化。Navajas 等（1998）为了分析二斑叶螨的谱系地理式样，在世界范围内选择了 15 个地区分别进行采样，将这些种群线粒体 *cox1* 基因的中央序列进行 PCR 扩增和测序，发现这 15 个种群可以分为两个主要的世系。Weeks 等（2000）首次将 AFLP 技术应用于分类学的研究，他们对采自两种寄主植物上的 10 个二斑叶螨种群进行 AFLP 分析，发现各种群间存在明显的寄主分化，采用聚类分析方法可以将这 10 个种群分成两个分支，证明了寄主植物对种群遗传结构的影响，且 AFLP 技术可用于螨类不同种群间遗传多样性的研究。

孙荆涛（2012）运用 8 个微卫星位点对 18 个红色型种群和 7 个绿色型种群共计 1055 头叶螨样本进行种群遗传多样性和种群遗传结构解析，结果发现 25 个叶螨种群呈现出非常显著的遗传分化，并且每个种群的遗传多样性较低，其中红色型的多样性随着地理纬度的升高逐渐降低。李婷（2008）基于 3 个微卫星分子标记对我国 7 个二斑叶螨地理种群进行检测，结果发现我国二斑叶螨各个地理种群之间发生明显的遗传分化，二斑叶螨种群的等位基因丰富度都比较低，且种群之间遗传分化与地理距离呈现一定的相关性。同时，二斑叶螨不同种群之间多态性显著，但各个种群内部的遗传多样性普遍偏低。

除研究地理距离对害螨种群遗传结构的影响外，从更小的地理尺度（如温室内）上分析其对遗传多样性的影响机制，有助于理解害螨的扩散。例如，Uesugi 等（2009）利用 7 个多态性微卫星位点，对同一温室内取食玫瑰的二斑叶螨种群遗传结构的分析发现，低种群密度和频繁的近亲繁殖使基因流受限，从而导致不同繁育群之间的遗传分化。Navajas 等（2002）对温室内取食农作物的二斑叶螨种群的微卫星分析表明，二斑叶螨种群之间没有显著发生遗传分化。二者研究结果的差异可能更多与各自选取的微卫星位点及数量多少有关，而与二斑叶螨的寄主植物关系不大。因为，Ros 和 Breeuwer（2007）对寄生于卫矛、金银花等 9 种寄主植物上的二斑叶螨 *cox1* 序列分析发现，不同寄主并未引起二斑叶螨产生分化，二斑叶螨不存在寄主相关性。

2. 基于分子标记的二斑叶螨抗性分子检测技术

二斑叶螨的抗药性一直是世界性难题，也是研究的重点和热点。在对二斑叶螨分子机制了解的基础上，有不少研究建立了抗药性分子检测技术。例如，利用介导二斑叶螨中对菊酯类和阿维菌素杀虫剂产生抗性的 F1538I 和 G314D 两个突变位点，可以建立等位基因特异性 PCR 技术（allele specific PCR AS-PCR），以实现快速、准确的叶螨抗联苯菊酯和阿维菌素种群的高通量检测体系（王玲，2016）。Ilias 等（2017）通过 TaqMan 分子检测技术检测了希腊和塞浦路斯两个二斑叶螨地理种群中 G314D（GluCl1）、G326E（GluCl3）和 F1538I（VGSC）突变位点的突变频率，结果发现，与高通量测序方法相比，TaqMan 分子检测技术在等位基因低频时分辨率更高。通过筛选合适的微卫星引物可将不同程度的抗性品系区分开来，如采用微卫星标记法，对二斑叶螨敏感品系（S）和室内筛选的 4 个抗性品系（抗甲氰菊酯品系、抗四螨嗪品系、抗螺虫乙酯品系、抗哒螨灵品系）进行多态性分析，结果表明二斑叶螨 4 个抗性品系显示出更为丰富的微卫星 DNA 多态性。利用引物相似系数的不同可将 5 个二斑叶螨品系区进行区分。微卫星 DNA 多态性虽不能定位抗性基因，但可结合聚类分析软件，为二斑叶螨对甲氰菊酯、四螨嗪、螺虫乙酯、哒螨灵抗性快速分子检测技术提供依据，指导二斑叶螨田间抗药性监测（张亚男和沈慧敏，2013）。同时，利用上述这些分子标记，结合种群遗传学分析方法，对于监测抗性基因流动方向和指导抗性治理等方面有着重要的理论和现实意义。

3. 内共生菌对二斑叶螨种群遗传结构的影响

常见的螨类内共生菌有 *Wolbachia* 和 *Cardinium* 等，但在节肢动物中 *Wolbachia* 分布更为广泛。*Wolbachia* 是细胞质内呈母系遗传的细菌，在与寄主共同的连锁遗传过程中会对寄主种群的遗传多样性产生影响。种群感染 *Wolbachia* 等共生菌后，由于受到共生菌的选择作用，其线粒体 DNA 单倍型往往会发生改变。由于受到共生菌入侵的时间、种类和数量的不同，其线粒体 DNA 变化可能有所不同，其多样性可能上升，也可能下降。总的来看，*Wolbachia* 的感染会造成害螨类种群遗传多样性的降低，因为共生菌可能会改变寄主的生殖模式。

于明志（2011）选取已知感染 *Wolbachia* 情况的 11 个二斑叶螨自然种群，通过比较感染 *Wolbachia* 个体与不感染 *Wolbachia* 个体的线粒体 *cox1* 基因数据发现，感染 *Wolbachia* 个体的种群遗传结构与未感染 *Wolbachia* 个体的种群遗传结构差异显著；感染 *Wolbachia* 的种群与未被感染的种群相比，其 mtDNA 多样性显著下降。事实上，*Wolbachia* 能造成二斑叶螨种群间的单向生殖隔离，其对二斑叶螨适合度的影响既有利又有弊。

6.3.3 其他螨类

1. 叶螨科（Tetranychidae）

针叶小爪螨（*Oligonychus ununguis*）在我国北方是板栗的重要害螨，严重影响板栗的产量及品质，而在浙江、安徽、江西等地，其对杉木危害较重。利用线粒体基因 *cox1* 和核糖体基因 ITS2 对针叶小爪螨山东板栗种群和浙江杉木种群的遗传分化程度进行研究发现，地理隔离是导致针叶小爪螨种群遗传分化的重要原因之一，并导致了种群间的生殖隔离（尹淑艳等，2010）。在对山东和河南的 8 个针叶小爪螨种群的线粒体基因 *cox1* 进行测序分析，结果共发现 5 个单倍型，进一步评估寄主、施药情况和地理分布区域对种群遗传结构的影响，发现寄主对针叶小爪螨遗传分化的影响很小，而地理隔离和施药情况可能是导致种群间遗传分化的主要原因（尹淑艳等，2012）。然而，利用酯酶同工酶技术对不同地区和不同寄主的针叶小爪螨种群的比对分析却发现，阔叶树种群与针叶树种群间的酶谱差异很大，说明不同寄主差异对针叶小爪螨的遗传分化有影响（尹淑艳等，2013）。两种分子标记的分析结果明显不同，可能与分子标记的敏感性有关，相比 DNA 序列分析技术，酯酶同工酶分析更适用于种上阶元的系统发育研究。

在其他叶螨中，关于寄主专性化和遗传分化产生的原因存在分歧，如利用二斑叶螨的 5 个微卫星引物，分析了采自法国 4 个地区取食农作物和杂草的土耳其斯坦叶螨的 15 个种群的遗传多样性。结果表明，地理距离影响土耳其斯坦叶螨的种群遗传结构，但尚无证据表明取食不同寄主植物会影响其遗传结构（Bailly et al.，2004）。Nishimura 等（2005）利用 6 个微卫星位点分析同一地域取食不同寄主植物的神泽氏叶螨种群间的基因流及时空遗传变异发现，取食绣球（*Hydrangea macrophylla*）的种群与取食其他寄主的种群之间的基因流受到限制，而取食木通（*Akebia quinata*）和海州常山（*Clerodendrum trichotomum*）的两个种群之间几乎呈随机交配状态。由于种群间频繁的基因流动，神泽叶螨种群间的遗传分化程度趋向降低。然而在不同季节，瓶颈效应可能导致种群遗传分化程度有所增大。可见，寄主植物是神泽叶螨种群遗传分化的原因之一，而非地理距离。因此，神泽叶螨可能会因取食不同寄主植物而进化成为不同的寄主专化型。

截形叶螨主要危害玉米、棉花、大豆、蔬菜和果树等作物，是我国北方玉米和蔬菜田的优势危害种群。基于线粒体基因 *cox1* 序列对截形叶螨种群变异和遗传分化分析发现，位于我国甘肃省 2 个生态区内的不同种群间的遗传距离与地理距离无显著性关系。截形叶螨的遗传变异主要来源于种群内部，种群间未发生明显的遗传分化现象，而微弱的遗传分化产生的原因可能是甘肃省复杂的气候环境（杨顺义等，2017；2018）。此外，对叶螨科的 65 个截形叶螨、柑橘全爪螨和红叶螨种群的线粒体基因组测序和多样性分析发现，同义突变率和非同义突变率有显著差异，暗示线粒体的进化模式可能受到气候环境的选择。同时，基于密码子模型的选择压力分析发现，线粒体基因 *cox1*、*cox2*、*cox3* 受到强烈的负选择作用，而 *nad1*、*nad4*、*nad6* 基因受到了正选择作用（孔里微，2016）。

另外，相比单一标记而言，结合使用 mtDNA 和 SSR 标记进行近缘种种群多样性的比较分析结果有时更加可靠。红叶螨（*Tetranychus pueraricola*）存在鉴定难的问题，很多学者可能把其错误地认定为是二斑叶螨的同形种。利用线粒体基因 *cox1* 和 SSR 位点对 14 个红叶螨种群和 5 个二斑叶螨种群进行遗传变异的比较分析发现，红叶螨的遗传多样性很高，其中，线粒体单倍型多达 16 个；相反，二斑叶螨（红色型）仅有 1 种线粒体单倍型并且遗传多样性很低（Jin et al.，2019）。上述数据从侧面证明，红叶螨并非红色型二斑叶螨的姊妹种或同形种，其不是入侵害虫，而是在中国已经长期存在的一种害螨。

樟小爪螨（*Oligonychus punicae*）和酪梨小爪螨（*Oligonychus perseae*）作为同域种可在墨西哥鳄梨园中共同发生危害。研究者使用核糖体内部转录间隔区 ITS 和线粒体 *cox1* 基因作为分子标记来评估两个物种之间的系统发育关系及种群遗传多样性（Guzman-Valencia et al.，2014）。系统发育分析结果表明，两个物种明显聚为两支；种群遗传多样性分析发现在樟小爪螨 24 个样本中仅有 3 个单倍型，而在酪梨小爪螨 22 个样本中拥有 15 个单倍型。上述结果表明，酪梨小爪螨种群具有更高的遗传多样性。事实上，上述两种害螨具有更多的共生寄主植物。通过采集不同寄主上的两种害螨，利用线粒体基因 *cox1* 检测种群遗传多样性的变化发现，酪梨小爪螨种群在种和属水平上表现出与寄主植物密切相关的种群遗传结构。相比之下，寄主植物并不能解释樟小爪螨种群间的遗传变异的原因（Guzman-Valencia et al.，2017）。

2. 细须螨科（Tenuipalpidae）

细须螨科害螨可危害各种果树和绿化观赏植物，是棕榈科植物上的主要害螨之一。目前，在本科害螨的分子种群遗传学研究中，多是解析寄主对害螨种群遗传结构的影响。正如许多其他节肢动物一样，细须螨种群在其嗜食的寄主植物上比在其他寄主植物上表现出更高的存活率及繁殖力，如紫红短须螨（*Brevipalpus phoenicis*）。利用微卫星分析发现，取食不同寄主植物的紫红短须螨种群发生了遗传分化（Groot et al.，2005）。联合使用 RAPD 技术和 *cox1* 基因对来自佛罗里达州（美国）和圣保罗（巴西）柑橘上的紫红短须螨种群进行多态性分析，结果证实紫红短须螨佛罗里达州种群和圣保罗种群具有较为相似的遗传变异模式，两种群形成一个单系群；通过线粒体 DNA 分析，可以对这些种群在地域上进一步划分，证实地理隔离对其种群有一定的分化作用（Rodrigues et al.，2004）。在墨西哥危害柑橘类植物的两种短须螨 *Brevipalpus yothersi* 和 *B. californicus*，其遗传多样性存在一定的差异，利用 *cox1* 序列检测遗传多样性，在 *B. yothersi* 的种群中共发现了 11 个单倍型，而在 *B. californicus* 的种群中仅发现 3 个单倍型。通过 AMOVA 分析表明，*B. yothersi* 种群的遗传结构与采集地或寄主植物种类之间没有相关性。之前的研究表明该害螨在巴西地区的种群遗传多样性要比采自墨西哥地区的种群丰富很多。因此，可以推断墨西哥地区的 *B. yothersi* 种群有可能起源于南美洲地区（Salinas-Vargas et al.，2016）。

3. 瘿螨总科（Eriophyoidea）

瘿螨总科通称瘿螨，因常在植物上作瘿而得名，是仅次于叶螨的重要农业害螨，能传播植物病毒病。目前，研究者已利用分子标记方法解析了3种危害葡萄的害螨：芽瘿螨（*Eriophyes vitis*）、葡萄瘿螨（*Colomerus vitis*）和葡萄叶绣螨（*Calepitrimerus vitis*）的种群遗传结构。对芽瘿螨和葡萄瘿螨种群SSR分析显示，芽瘿螨和葡萄瘿螨不同地理种群之间具有明显的遗传差异，表明两种瘿螨种群的迁移率极低，不同地理种群之间极少有基因交流（Carew et al., 2004）。

6.4　展　　望

从20世纪80年代开始，种群遗传分析技术尤其是分子标记技术发展迅猛且日趋成熟。分子标记技术突破了表达型标记技术的局限性，其变异来源于基因DNA序列的差异，具有稳定性高、受环境条件的影响较小、信息含量高、不同层次和可广泛比较不同类群等优点，因而成为遗传标记中强有力的工具。然而，不同的分子标记具有不同的优缺点，适合于不同类型的研究，且每一类分子标记几乎都有适合于自身的分析软件与分析方法，在使用的过程中要采用正确的分析方法以保证结果的准确性。同时，由于害螨体形小，在采样时应充分考虑样点的代表性和样本数量的合理性。当前，种群遗传分析技术已广泛地应用于农业害螨各个阶元的研究中，在揭示螨类种群的遗传变异性研究中发挥着独特的优势，极大地推进了害螨种群生态学的发展。

在研究节肢动物种群时，需要将宏观的种群生态学与遗传学相融合，遗传约束潜在地影响昆虫（螨）种群生态学动态，种群动态也影响遗传变异和生活史性状进化模式。因此，将生态学观察和遗传学研究相结合，即将直接观察和遗传标记分析相结合，分析自然种群的结构和动态，是种群生态学研究的长期目标。从总体上说，分子标记技术的发展加速了昆虫（螨）种群生态学在微观领域的研究，改变了传统的由宏观到微观、由有机体水平到细胞水平、由遗传表现到基因型的研究方法，分子标记直接从基因水平去阐明复杂的生命现象，简便快捷的研究方法大大加速了生命科学研究的进程，使一些利用传统方法和理论无法解释的生命现象得以从其遗传机理方面得到解释。

由于田间各种化学农药大量、持续及不科学地使用导致害螨的抗药性迅速发展，农业害螨的抗药性或耐药性是目前农业害螨研究的主要问题之一。然而，从生物进化的角度来看害虫抗药性产生机制，有害生物对化学农药的抗性强弱很大程度上取决于害虫种群的遗传结构特征。近年来，快速发展的种群抗性遗传基础的研究对田间实施抗性检测和制定防治策略等方面有极大的协助作用。对农业害螨的遗传多样性的深入研究，加强了对害螨内在遗传学机制的了解，促进了种群遗传分析技术的进步，为新技术的出现提供新的思路。

农业害螨的危害范围大，种类多，分布范围广，对农产品造成的损失巨大，在我国农业经济发展中占据十分重要的地位，全面掌握农业害螨种群遗传学基础数据对害螨的物种识别、群体遗传多样性与分化、抗性检测和基因流动等有着重要的意义。未来在利用分子种群遗传分析技术对农业害螨种群遗传结构进行研究时，应采用不同分子标记联合的方式，加强种群遗传规律的研究，以明确种群来源、扩散趋势和扩散路线等，做到防患于未然，为农业害螨的动态监测和防治提供理论依据，要进一步提升螨类 DNA 提取技术水平，为各种害螨的分子标记的应用提供保障。此外，随着节肢动物基因组计划的逐步深入，高密度基因芯片、DNA 微阵列技术等 SNPs 高通量分型技术的不断完善，检测成本不断下降，SNPs 分子标记技术与其他生物技术的有机结合，对非模式节肢动物的种类的快速鉴定、抗药性的分子遗传机制、种群历史演化和地理分布格局、昆虫遗传图谱的构建及关联分析、害螨亲缘地理学等研究将发挥巨大的作用。

参 考 文 献

葛成，2015. 基于微卫星和线粒体 DNA 分子标记的截形叶螨种群遗传结构研究[D]. 南京：南京农业大学.

孔亚微，2016. 三种叶螨的线粒体基因组进化机制研究[D]. 南京：南京农业大学.

李婷，2008. 基于微卫星分子标记的二斑叶螨和朱砂叶螨种群遗传结构研究[D]. 南京：南京农业大学.

孙波，鲍毅新，赵庆洋，等，2009. 微卫星位点获取方法的研究进展[J]. 生态学杂志，28(10)：2130-2137.

孙荆涛，2012. 二斑叶螨与灰飞虱的微卫星开发及种群遗传结构研究[D]. 南京：南京农业大学.

王保军，袁明龙，魏丹丹，等，2010. 分子遗传标记在螨类研究中的应用[C]//中国植物保护学会. 中国植物保护学会 2010 年学术年会论文集：374-378.

王玲，2016. 二斑叶螨抗药性监测及分子检测技术研究[D]. 北京：中国农业科学院.

魏丹丹，刘燕，杜洋，等，2016. 柑橘全爪螨微卫星位点鉴定与信息分析[J]. 中国农业科学，49(2)：282-293.

魏丹丹，石俊霞，张夏瑄，等，2014. 基于转录组数据的桔小实蝇微卫星位点信息分析[J]. 应用生态学报，25(6)：1799-1805.

魏丹丹，2012. 书虱种群遗传多样性及线粒体基因组进化研究[D]. 重庆：西南大学.

杨顺义，周兴隆，宋丽雯，等，2017. 基于 mtDNA CO I 基因的甘肃截形叶螨不同地理种群遗传分化分析[J]. 昆虫学报，60(9)：1083-1092.

杨顺义，周兴隆，陈露露，等，2018. 甘肃省二斑叶螨地理种群的遗传分析[J]. 植物保护学报，45(6)：1328-1334.

尹淑艳，李波，孙绪艮，2013. 针叶小爪螨不同种群的酯酶同工酶比较[J]. 山东农业大学学报，44(1)：46-50.

尹淑艳，李波，郭慧玲，等，2012. 基于 mtDNA-CO I 基因序列的针叶小爪螨种群遗传结构影响因素分析[J]. 林业科学，48(2)：162-168.

尹淑艳，于新社，郭慧玲，等，2010. 针叶小爪螨板栗和杉木种群间的遗传分化和杂交试验[J]. 昆虫学报，53(5)：555-563.

于明志，2011. 内共生菌 Wolbachia 对中国二斑叶螨自然种群线粒体 DNA 多样性及其进化的影响[D]. 南京：南京农业大学.

袁明龙，2011. 柑橘全爪螨种群遗传结构及全线粒体基因组序列分析[D]. 重庆：西南大学.

张亚男，沈慧敏，2013. 二斑叶螨抗甲氰菊酯、四螨嗪、螺虫乙酯、哒螨灵品系的微卫星 DNA 分析[J]. 植物保护，39(6)：60-63，68.

ALZATE A, ETIENNE R S, BONTE D, 2019. Experimental island biogeography demonstrates the importance of island size and dispersal for the adaptation to novel habitats[J]. Global Ecology and Biogeography, 28(2): 238-247.

AMOS W, HARWOOD J, 1998. Factors affecting levels of genetic diversity in natural populations[J]. Philosophical Transactions of the Royal Society B: Biological Science, 353(1366): 177-186.

BAILLY X, MIGEON A, NAVAJAS M, 2004. Analysis of microsatellite variation in the spider mite pest Tetranychus turkestani (Acari: Tetranychidae) reveals population genetic structure and raises questions about related ecological factors[J]. Biological Journal of the Linnean Society, 82: 69-78.

BEIER S, THIEL T, MÜNCH T, et al., 2017. MISA-web: a web server for microsatellite prediction[J]. Bioinformatics, 33: 2583-2585.

BOUBOU A, MIGEON A, RODERICK G K, et al., 2012. Test of colonisation scenarios reveals complex invasion history of the red tomato spider mite *Tetranychus evansi*[J]. PloS ONE, 7(4): e35601-e35601.

CARBONNELLE S, HANCE T, MIGEON A, et al., 2007. Microsatellite markers reveal spatial genetic structure of *Tetranychus urticae* (Acari: Tetranychidae) populations along a latitudinal gradient in Europe[J]. Experimental and Applied Acarology, 41(4): 225-241.

CAREW M E, GOODISMAN M A D, HOFFMANN A A, 2004. Species status and population genetic structure of grapevine eriophyoid mites[J]. Entomologia Experimentalis et Applicata, 111(2): 87-96.

CATERINO M S, CHO S, SPERLING F A H, 2000. The current state of insect molecular systematics: a thriving tower of babel[J]. Annual Review of Entomology, 45: 1-54.

CHEN D S, JIN P Y, HONG X Y, 2016a. The complete mitochondrial genome of *Tetranychus truncatus* Ehara (Acari: Tetranychidae)[J]. Mitochondrial DNA Part A, 27: 1480-1481.

CHEN D S, JIN P Y, ZHANG K J, et al., 2014. The complete mitochondrial genomes of six species of *Tetranychus* provide insights into the phylogeny and evolution of spider mites[J]. PloS OEN, 9(10): e110625-e110625.

CHEN Y, ZHANG Y, DU W, et al., 2016b. Geography has a greater effect than *Wolbachia* infection on population genetic structure in the spider mite, *Tetranychus puerraricola*[J]. Bulletin of Entomological Research, 106(5): 685-694.

CLEMENT M, POSADA D, CRANDALL K A, 2000. TCS: a computer program to estimate gene genealogies[J]. Molecular Ecology, 9: 1657-1659.

COATES B S, SUMERFORD D V, MILLER N J, et al., 2009. Comparative performance of single nucleotide polymorphism and microsatellite markers for population genetic analysis[J]. Journal of Heredity, 100(5): 556-564.

DAVID J, HUBER K, FAILLOUX A, et al., 2003. The role of environment in shaping the genetic diversity of the subalpine mosquito, *Aedes rusticus* (Diptera, Culicidae)[J]. Molecular Ecology, 12(7): 1951-1961.

DUPANLOUP I, SCHNEIDER S, EXCOFFIER L, 2002. A simulated annealing approach to define the genetic structure of populations[J]. Molecular Ecology, 11(12): 2571-2581.

EVANS L M, ALLAN G J, MENESES N, et al., 2013. Herbivore host-associated genetic differentiation depends on the scale of plant genetic variation examined[J]. Evolutionary Ecology, 27: 65-81.

EXCOFFIER L, LISCHER H E L, 2010. Arlequin suite ver 3.5: a new series of programs to perform population genetics analyses under Linux and Windows[J]. Molecular Ecology Resources, 10: 564-567.

FAIRCLOTH B C, 2008. MSATCOMMANDER: detection of microsatellite repeat arrays and automated, locus-specific primer design[J]. Molecular Ecology Resources, 8(1): 92-94.

FU Y X, 1997. Statistical tests of neutrality of mutations against population growth, hitchhiking and background selection[J]. Genetics, 147: 915-925.

GOTOH T, KITASHIMA Y, ADACHI I, 2004. Geographic variation of esterase and malate dehydrogenase in two spider mite species, *Panonychus osmanthi* and *P. citri* (Acari: Tetranychidae) in Japan[J]. International Journal of Acarology, 30(1): 45-54.

GROOT T V M, JANSSEN A, PALLINI A, et al., 2005. Adaptation in the asexual false spider mite *brevipalpus phoenicis*: evidence for frozen niche variation[J]. Experimental and Applied Acarology, 36(3): 165-176.

GUZMAN-VALENCIA S, SANTILLAN-GALICIA M T, GUZMAN-FRANCO A W, et al., 2017. Differential host plant-associated genetic variation between sympatric mite species of the genus *Oligonychus* (Acari: Tetranychidae)[J]. Environmental Entomology, 46(2): 274-283.

GUZMAN-VALENCIA S, SANTILLÁN-GALICIA M T, GUZMAN-FRANCO A W, et al., 2014. Contrasting effects of geographical separation on the genetic population structure of sympatric species of mites in avocado orchards[J]. Bulletin of Entomological Research, 104(5): 610-621.

HILL M P, HOFFMANN A A, MCCOLL S A, et al., 2012. Distribution of cryptic blue oat mite species in Australia: current and future climate conditions[J]. Agricultural and Forest Entomology, 14(2): 127-137.

ILIAS A, VASSILIOU V A, VONTAS J, TSAGKARAKOU A, 2017. Molecular diagnostics for detecting pyrethroid and abamectin resistance mutations in *Tetranychus urticae*[J]. Pesticide Biochemistry and Physiology, 135: 9-14.

JENSEN J L, BOHONAK A J, KELLEY S T, 2005. Isolation by distance, web service[J]. BMC Genetics, 6: 13.

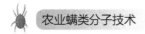

JEYAPRAKASH A, HOY M A, 2002. Mitochondrial 12S rRNA sequences used to design a molecular ladder assay to identify six commercially available phytoseiids (Acari: Phytoseiidae)[J]. Biological Control, 25: 136-142.

JIN P, TIAN L, CHEN L, et al., 2019. High genetic diversity in a 'recent outbreak' spider mite, *Tetranychus pueraricola*, in China[J]. Experimental and Applied Acarology, 78: 15-27.

JUNG S, LEE T, CHENG C H, et al., 2019. 15 years of GDR: new data and functionality in the Genome Database for Rosaceae[J]. Nucleic Acids Research, 47(D1): D1137-D1145.

KANDPAL R P, KANDPAL G, WEISSMAN S M, 1994. Construction of libraries enriched for sequence repeats and jumping clones, and hybridization selection for region-specific markers[J]. Proceedings of the National Academy of Sciences of the United States of America, 91(1): 88-92.

LARKIN M A, BLACKSHIELDS G, BROWN N P, et al., 2007 Clustal W and Clustal X version 2.0[J]. Bioinformatics, 23(21): 2947-2948.

LEEUWEN T V, NIEUWENHUYSE P V, VANHOLME B, et al., 2011. Parallel evolution of cytochrome b mediated bifenazate resistance in the citrus red mite *Panonychus citri*[J]. Insect Molecular Biology, 20: 135-140.

LEEUWEN T V, VANHOLME B, POTTELBERGE S V, et al., 2008. Mitochondrial heteroplasmy and the evolution of insecticide resistance: non-mendelian inheritance in action[J]. Proceedings of the National Academy of Sciences of the United States America, 105(16): 5980-5985.

LEI F M, WEI G A, ZHAO H F, et al., 2007. China subregional avian endemism and biodiversity conservation[J]. Biodoversity Conservation, 16: 1119-1130.

LI T, CHEN X L, HONG X Y, 2009. Population genetic structure of *Tetranychus urticae* and its sibling species *Tetranychus cinnabarinus* (Acari: Tetranychidae) in China as inferred from microsatellite data[J]. Annals of the Entomological Society of America, 102(4): 674-683.

LIBRADO P, ROZAS J, 2009. DnaSP v5: a software for comprehensive analysis of DNA polymorphism data[J]. Bioinformatics, 25(11): 1451-1452.

MAGALHÃES S, FORBES M R, SKORACKA A, et al., 2007. Host race formation in the Acari[J]. Experimental and Applied Acarology, 42(4): 225-238.

MARKERT J A, CHAMPLIN D M, GUTJAHR-GOBELL R, et al., 2010. Population genetic diversity and fitness in multiple environments[J]. BMC Evolutionary Biology, 10(1): 205.

MEGLÉCZ E, COSTEDOAT C, DUBUT V, et al., 2010. QDD: a user-friendly program to select microsatellite markers and design primers from large sequencing projects[J]. Bioinformatics, 26(3): 403-404.

NAVAJAS M, FOURNIER D, LAGNEL J, et al., 1996. Mitochondrial CO I sequences in mites: evidence for variations in base composition[J]. Insect Molecular Biology, 5(4): 281-285.

NAVAJAS M, LAGNEL J, GUTIERREZ J, et al., 1998. Species-wide homogeneity of nuclear ribosomal ITS2 sequences in the spider mite *Tetranychus urticae* contrasts with extensive mitochondrial CO I polymorphism[J]. Heredity, 80: 742-752.

NAVAJAS M, PERROT-MINNOT M J, LAGNEL J, et al., 2002. Genetic structure of a greenhouse population of the spider mite *Tetranychus urticae*: spatio-temporal analysis with microsatellite markers[J]. Insect Molecular Biology, 11(2): 157-165.

NISHIMURA S, HINOMOTO N, TAKAFUJI A, 2005. Gene flow and spatio-temporal genetic variation among sympatric populations of *Tetranychus kanzawai* (Acari: Tetranychidae) occurring on different host plants, as estimated by microsatellite gene diversity[J]. Experimental and Applied Acarology, 35(1): 59-71.

OSAKABE M, GOKA K, TODA S, et al., 2005. Significance of habitat type for the genetic population structure of *Panonychus citri* (Acari: Tetranychidae) [J]. Experimental and Applied Acarology, 36(1): 25-40.

OSAKABE M, SAKAGAMI Y, 1993. Estimation of genetic variation in Japanese populations of the citrus red mite, *Panonychus citri* (McGregor) (Acari: Tetranychidae) on the basis of esterase allele frequencies[J]. Experimental and Applied Acarology, 17(10): 749-755.

PEAKALL R, SMOUSE P E, 2006. GenAlEX 6: genetic analysis in Excel. Population genetic software for teaching and research[J]. Molecular Ecology Notes, 6: 288-295.

PIRY S, LUIKART G, CORNUET J M, 1999. BOTTLENECK: a computer program for detecting recent reductions in the effective population size using allele frequency data[J]. Journal of Heredity, 90: 502-503.

POSADA D, 2008. jModelTest: phylogenetic model averaging[J]. Molecular Biology and Evolution, 25(7): 1253-1256.

PRITCHARD J K, STEPHENS M, DONNELLY P, 2000. Inference of population structure using multilocus genotype data[J]. Genetics, 155: 945-959.

RAYMOND M, ROUSSET F, 1995. GENEPOP version 1.1: population genetics software for exact tests and ecumenicism[J]. Journal of Heredity, 86: 248-249.

RODRIGUES J C V, GALLO-MEAGHER M, OCHOA R, et al., 2004. Mitochondrial DNA and RAPD polymorphisms in the haploid mite *Brevipalpus phoenicis* (Acari: Tenuipalpidae) [J]. Experimental and Applied Acarology, 34(3): 275-290.

ROGERS A R, HARPENDING H, 1992. Population growth makes waves in the distribution of pairwise genetic differences[J]. Molecular Biology and Evolution, 9(3): 552-569.

RONQUIST F, HUELSENBECK J P. 2003. MrBayes 3: bayesian phylogenetic inference under mixed models[J]. Bioinformatics, 19(12): 1572-1574.

ROS V I D, BREEUWER J A J, 2007. Spider mite (Acari: Tetranychidae) mitochondrial CO I phylogeny reviewed: host plant relationships, phylogeography, reproductive parasites and barcoding[J]. Experimental and Applied Acarology, 42: 239-262.

SALINAS-VARGAS D, SANTILLÁN-GALICIA M T, GUZMÁN-FRANCO A W, et al., 2016. Analysis of genetic variation in *Brevipalpus yothersi* (Acari: Tenuipalpidae) populations from four species of citrus host plants[J]. PLoS ONE, 11(10): e0164552.

SAUNÉ L, AUGER P, MIGEON A, et al., 2015. Isolation, characterization and PCR multiplexing of microsatellite loci for a mite crop pest, *Tetranychus urticae* (Acari: Tetranychidae) [J]. BMC Research Notes, 8: 247.

SIMON C, FRATI F, BECKENBACH A, et al., 1994. Evolution, weighting, and phylogenetic utility of mitochondrial gene sequences and a compilation of conserved polymerase chain reaction primers[J]. Annals of the Entomological Society of America, 87(6): 651-701.

SOLLER R, WOHLTMANN A, WITTE H, et al., 2001. Phylogenetic relationships within terrestrial mites (Acari: Prostigmata, Parasitengona) inferred from comparative DNA sequence analysis of the mitochondrial cytochrome oxidase subunit I gene[J]. Molecular Phylogenetics and Evolution, 18: 47-53.

SUN J T, KONG L W, WANG M M, et al., 2014. Development and characterization of novel EST-microsatellites for the citrus red mite, *Panonychus citri* (Acari: Tetranychidae) [J]. Systematic and Applied Acarology, 19(4): 499-505.

TAMURA K, PETERSON D, PETERSON N, et al., 2011. MEGA5: molecular evolutionary genetics analysis using maximum likelihood, evolutionary distance, and maximum parsimony methods[J]. Molecular Biology and Evolution, 28(10): 2731-2739.

UESUGI R, KUNIMOTO Y, OSAKABE M, 2009. The fine-scale genetic structure of the two-spotted spider mite in a commercial greenhouse[J]. Experimental and Applied Acarology, 47(2): 99-109.

WALTON S F, CURRIE B J, KEMP DJ, 1997. A DNA fingerprinting system for the ectoparasite *Sarcoptes scabiei*[J]. Molecular and Biochemical Parasitology, 85(2): 187-196.

WANG B J, YUAN M, WEI D, et al., 2012. High divergence levels of *Panonychus citri* populations on Rutaceae and Oleaceae as indicated by internal transcribed spacer 1 (ITS1) sequences[J]. International Journal of Acarology, 38: 66-73.

WEEKS A R, OPIJNEN T V, BREEUWER J A J, 2000. AFLP fingerprinting for assessing intraspecific variation and genome mapping in mites[J]. Experimental and Applied Acarology, 24(10): 775-793.

WEI D D, YUAN M L, WANG B J, et al., 2012. Population genetics of two asexually and sexually reproducing psocids species inferred by the analysis of mitochondrial and nuclear DNA sequences[J]. PLoS ONE, 7(3): e33883.

WRIGHT S, 1951. The genetical structure of populations[J]. Nature, 15(4): 323-354.

XIA X, XIE Z, 2001. DAMBE: software package for data analysis in molecular biology and evolution[J]. Journal of Heredity, 92(4): 371-373.

XUE X F, GUO J F, DONG Y, et al., 2016. Mitochondrial genome evolution and tRNA truncation in Acariformes mites: new evidence from eriophyoid mites[J]. Scientific Reports, 6: 18920.

YEH F C, BOYLE T J B, 1997. Population genetic analysis of codominant and dominant markers and quantitative traits[J]. Belgian Journal of Botany, 129: 157.

YOU F M, HUO N, GU YQ, et al., 2008. BatchPrimer3: a high throughput web application for PCR and sequencing primer designi[J]. BMC Bioinformatics, 9: 253.

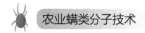

YU M, ZHANG K, XUE X, et al., 2011. Effects of *Wolbachia* on mtDNA variation and evolution in natural populations of *Tetranychus urticae* Koch[J]. Insect Molecular Biology, 20(3): 311-321.

YUAN M L, WANG B J, LU F, et al., 2011. Evaluation of genetic diversity and population structure of *Panonychus citri* (Acari: Tetranychidae) in China using ribosomal internal transcribed spacer 1 sequences[J]. Annals of the Entomological Society of America, 104(4): 800-807.

YUAN M L, WEI D D, WANG B J, et al., 2010a. The complete mitochondrial genome of the citrus red mite *Panonychus citri* (Acari: Tetranychidae): high genome rearrangement and extremely truncated tRNAs[J]. BMC Genomics, 11(1): 597.

YUAN M L, WEI D D, ZHANG K, et al., 2010b. Genetic diversity and population structure of *Panonychus citri* (Acari: Tetranychidae), in China based on mitochondrial CO I gene sequences[J]. Journal of Economic Entomology, 103(6): 2204-2213.

ZANE L, BARGELLONI L, PATARNELLO T, 2002. Strategies for microsatellite isolation: a review[J]. Molecular Ecology, 11(1): 1-16.

ZHANG J, SUN J, JIN P Y, et al., 2016. Development of microsatellite markers for six *Tetranychus* species by transfer from *Tetranychus urticae* genome[J]. Experimental and Applied Acarology, 70: 17-34.

第 7 章　农业害螨 RNA 表达分析技术

7.1　概　述

生物的功能基因通过转录 mRNA 编码合成相应蛋白质行使其功能，因此根据特定环境下生物体内 mRNA 表达量的变化可以预测相关基因的功能。常用的基因表达检测技术有 RNA 印迹（Northern blot）、实时荧光定量 PCR（quantitative real-time PCR，qPCR）、半定量 PCR（semi-quantitative RT-PCR）、基因芯片检测、数字基因表达谱（digital gene expression profiling，DGE）分析，以及原位杂交（in situ hybridization，ISH）等。RNA 印迹是检测基因表达的经典方法，能够直观地根据杂交条带的深浅判断基因表达的丰度；qPCR 具有便捷、迅速、成本相对较低的特点，是目前应用最广泛的基因表达分析技术；基因芯片检测和数字表达谱测序技术是基于转录组或基因组数据的高通量检测方法，可以在转录组或基因组背景下对生物体内基因表达情况进行宏观分析和注释；原位杂交技术能够直接对待测基因在生物组织、细胞中的表达及表达部位进行定性及定量分析。这些技术在农业害螨的研究中均有应用，并建立了成熟的技术体系，研究者可以根据实验目的、实验平台条件、技术基础等因素选择适合的方法来开展基因表达研究，也可以综合利用多种表达检测方法来对实验结果进行分析、验证，确保研究数据的客观性和准确性。本章将着重对以上技术的原理、操作流程、要点及其在农业害螨研究中的应用进行介绍。

7.2　常用的 RNA 表达分析技术

7.2.1　RNA 印迹

RNA 印迹技术通过检测待测样品中 RNA 的含量从而对特定基因的表达情况进行分析，是分子生物学研究中应用较早的一种经典基因表达研究方法，通过凝胶电泳分离样品中大小不同的 RNA 片段，然后利用核酸互补配对的特点，以及同位素或荧光标记的探针和待测 RNA 进行杂交，检测杂交后探针信号的强度来分析待测 RNA 中目的基因的表达丰度，同时可以根据目的基因电泳条带的位置判断其大小。利用 RNA 印迹可以较为直观地对研究对象整体、组织或细胞在生长发育特定阶段或者特定实验条件下待测基因的表达进行定性及定量的分析。

RNA 印迹首先通过琼脂糖凝胶电泳将待测样品中的 RNA 按分子量的大小分离开来，然后将其原位转移至固相支持物（如尼龙膜、硝酸纤维膜等）上。合成与待测基因互补的 DNA 或 RNA 探针，同时对制备的探针进行放射性（同位素）或非放射性（地高辛和生物素）标记，利用核酸互补配对的特性将待测样品与探针杂交，杂交后进行显色检测，以待测 RNA 条带的位置判断其序列长度，根据显色的强弱判断样品中 RNA 含量高低（基因的表达丰度）。根据制备样品的来源，RNA 印迹可用于检测研究对象整体、特定组织或细胞中的基因表达情况。由于害螨体形小的特点，其组织和细胞分离难度较大，因此一般检测的是特定实验条件（如不同温度、药剂处理、发育阶段等）对螨群体中目的基因表达量的影响。

近年来随着 qPCR、基因芯片检测及数字基因表达谱测序技术的推广和普及，RNA 印迹在基因表达研究中的使用频率逐渐降低，更多的是与其他检测方法联合使用，起到对检测结果进行验证和补充的作用。RNA 印迹的优点在于特异性高，可用于检测目的片段的大小、目的基因是否存在选择性剪切等实验，能够减少结果中的假阳性。但其缺点在于实验过程烦琐，涉及的试剂较多且部分毒性较大，不具有 qPCR 的灵敏性与便捷性，也不如基因芯片或表达谱测序一样能够进行高通量的大规模检测。

1. RNA 印迹的基本操作步骤

1）RNA 提取

根据实验目的对研究对象进行处理，分别提取处理组和对照组总 RNA，并对所提取 RNA 的浓度和完整性进行检测。

2）RNA 变性电泳

制备电泳胶，通过在琼脂糖电泳胶中加入甲醛可减少 RNA 高级结构，使其迁移速率与分子量呈线性关系，在保证 RNA 完整性的同时达到分离不同大小 RNA 的目的（Bryant and Manning, 1998）。配置方法：称取 0.36 mg 琼脂糖，将其加入锥形瓶中，加入 32.4 mL 焦碳酸二乙酯（DEPC）水，微波炉加热至琼脂糖完全熔解。60℃空气浴平衡溶液（需要加 DEPC 水补充蒸发的水分）。在通风橱中加入 3.6 mL 的 10×Denaturing Gel buffer，轻轻振荡混匀，注意尽量避免产生气泡。将熔胶倒入制胶板中，插上梳子，如果胶溶液上存在气泡，可以用热的玻璃棒或其他方法去除，或将气泡推到胶的边缘，胶的厚度不能超过 0.5 cm。胶在室温下完全凝固后，将其转移到电泳槽中，加入 1×MOPS Gel Running buffer 盖过胶面约 1 cm，小心拔出梳子。检查点样孔。在制胶时可以加入 4 μL 核酸染料（可在各大生物公司购买）以减少常规 EB 染色对操作人员健康的威胁。将 RNA 样品小心加入点样孔中，在 5 V/cm 下跑胶（5×14 cm）。在电泳过程中，每隔 30 min 短暂停止电泳，取出胶，混匀两极的电泳液后继续电泳。当胶中的溴酚蓝（500 bp）接近胶的边缘时终止电泳。电泳完毕后，在紫外灯下检验电泳情况，注意不要让胶在紫外灯下曝光太长时间。

3）转膜

将电泳分离的 RNA 条带从电泳胶转移到硝酸纤维素膜或尼龙膜上，有条件的可采用真空转印仪转膜，或者通过毛细管洗脱法转膜。

真空转印的操作方法：用 3%过氧化氢浸泡真空转移仪后，用 DEPC 水冲洗。用 RNAZap 擦洗多孔渗水屏和塑胶屏，再用 DEPC 水冲洗二次。连接真空泵和真空转移仪，剪取一块适当大小的膜（膜的四边缘应大于塑胶屏孔口 5 mm），膜在 transfer buffer 浸湿 5 min 后，放置在多孔渗水屏的适当位置。盖上塑胶屏和外框，扣上锁。将胶的多余部分切除，切后的胶四边缘要能盖过塑胶屏孔，并至少盖过边缘约 2 mm，以防止漏气。将胶小心放置在膜的上面，膜与胶之间不能有气泡。打开真空泵，使压强维持在 50～58 mbar，立即将 transfer buffer 加到胶面和四周。每隔 10 min 在胶面加上 1 mL transfer buffer，真空转移 2 h。转膜后，用镊子夹住膜，于 1×MOPS Gel Running buffer 中轻轻泡洗 10 s，去除残余的胶和盐。用吸水纸吸取膜上多余的液体后，将膜置于 UV 交联仪中自动交联。将胶和紫外交联后的膜，在紫外灯下检测转移效率。（避免太长的紫外曝光时间）将膜在-20℃保存。

毛细管洗脱法的操作步骤：将凝胶移至一个玻璃皿内，用解剖刀片修整凝胶的无用部分，在凝胶左上角（加样孔一端为上）切去一角，以作为下列操作过程中凝胶方位的标记。用长和宽均大于凝胶的一块有机玻璃或一叠玻璃板作为平台，将其放入干烤皿内，上面放一张 Whatman 3 mm 滤纸，倒入 20×SSC 使液面略低于平台表面，当平台上方的 3 mm 滤纸湿透后，用玻璃棒赶出所有的气泡。用剪刀裁一张硝酸纤维素滤膜（Schleicher and Schuell BA85 或与之相当的产品）。滤膜的长度和宽度应分别比凝胶大 1 mm，接触滤膜时须戴手套或用平头镊子（如 Millipore 镊子）。将硝酸纤维素滤膜浮在去离子水表面，直至滤膜湿透为止，随后用 20×SSC 浸泡滤膜至少 5 min，用干净的解剖刀片切去滤膜一角，使其与凝胶的切角相对应。不同批号的硝酸纤维膜，其浸湿速率相差悬殊。若滤膜浮在水面上几分钟后仍未湿透，应另换一张新滤膜，因为用未均匀浸湿的滤膜进行 RNA 转移是不可行的。这种滤膜也不必丢弃，可将其夹在用 2×SSC 浸湿的 3 mm 滤纸中间，高压 5 min。通常上述处理足以使硝酸纤维素滤膜湿透。高压处理的滤膜应夹在经过高压处理并用 20×SSC 浸湿的 3 mm 滤纸中间，装入塑料袋，密封后于 4℃保存备用。将凝胶翻转后置于平台上湿润的 3 mm 滤纸中央，3 mm 滤纸和凝胶之间不能滞留气泡。用 Saran 包装膜或 Parafilm 膜围绕凝胶周边，但不是覆盖凝胶，以此作为屏障，阻止液体自液池直接流至凝胶上方的纸巾层中。纸巾堆放得不整齐，易于从凝胶的边缘垂下并与平台接触，这种液流的短路是导致凝胶中的 RNA 转移效率下降的主要原因。在凝胶上方放置湿润的硝酸纤维素滤膜，并使两者的切角相重叠。滤膜的一条边缘应刚好超过凝胶上部加样孔一线的边缘。当滤膜置于凝胶表面适当位置后，不应轻易移动，滤膜与凝胶之间不应留有气泡。用 20×SSC 溶液浸湿两张与凝胶同样大小的 3 mm 滤纸，放置在湿润的硝酸纤维滤膜上方。用玻璃棒赶出其间滞留的气泡。切一叠（5～8 cm 高）

略小于 3 mm 滤纸的纸巾，将其放置在 3 mm 滤纸的上方，并在纸巾上方放一块玻璃板，然后用 500 g 的重物压实。其目的是建立液体自液池经凝胶向硝酸纤维素滤膜的上行流路，以洗脱凝胶中的 RNA，并使其聚集在硝酸纤维素滤膜上。使上述 RNA 转移持续进行 6～18 h，每当纸巾浸湿后，应换新的纸巾。转移结束后，揭去凝胶上方的纸巾和 3 mm 滤纸，翻转凝胶和硝酸纤维素滤膜，以凝胶的一面在上，置于一张干的 3 mm 滤纸上，用一支极软铅笔或圆珠笔，在滤膜上标记凝胶加样孔的位置。从硝酸纤维素滤膜上剥离凝胶弃之。以 6×SSC 溶液于室温浸泡滤膜 5 min，这一步可以除去黏着在滤膜上的琼脂糖碎片。从 6×SSC 溶液中取出滤膜，将滤膜上的溶液滴尽后平放在一张纸巾上，室温晾干 30 min 以上。为估计 RNA 的转移效率，可将胶置于溴化乙啶溶液（0.5 μg/mL，用 0.1 mol/L 乙酸铵配制）中染色 45 min，于紫外灯下观察。将晾干的滤膜放在两张 3 mm 滤纸中间，用真空炉于 80℃ 干烤 0.5～2 h。如干烤时间过长，滤膜极易脆裂并可能发黄。如果滤膜不立即用于杂交实验，可用铝箔宽松地包裹起来，在真空下贮存于室温。转膜结束后将凝胶置于紫外灯下，观察胶块上有无残留的 RNA，确认转膜完成后对膜进行漂洗，置于室温晾干，晾干的膜置于 80℃，真空干烤 1～2 h。烤干后的膜用塑料袋密封，于-20℃ 保存备用。

4）预杂交

将预杂交液在杂交炉中 68℃ 预热，并漩涡使未溶解的物质溶解。加入适当的预杂交液到杂交管中（100 cm^2 膜面积加入 10 mL 杂交液），42℃ 预杂交 4 h。

5）探针变性

用 10 mmol/L EDTA 将探针稀释 10 倍，然后 90℃ 热处理稀释后探针 10 min，立即放置于冰上 5 min，短暂离心，将溶液收集到管底。

6）杂交

先将 0.5 mL 预杂交液和变性的探针混匀，然后将其全部加入预杂交液中，于 42℃ 杂交过夜（14～24 h）。杂交完成后，将杂交液收集起来于-20℃ 保存。

7）洗膜

低严谨性洗膜：加入 Low Stringency Wash Solution（100 cm^2 膜面积加入 20 mL 洗膜溶液），室温摇动洗膜 5 min，重复一次。

高严谨性洗膜：加入 High Stringency Wash Solution（100 cm^2 膜面积加入 20 mL 洗膜溶液），42℃ 摇动洗膜 20 min，重复一次。

8）压片曝光

将膜用 DEPC 水漂洗片刻，用滤纸吸去膜上水分。用薄型塑料纸将膜包好，置于暗盒中，在暗室中压上 X 光片。暗盒置于-70℃ 放射自显影 3～7 d。

9）回收探针

将 200 mL 0.1% SDS（由 DEPC 水配制）煮沸后，将膜放入，让 SDS 冷却到室温，取出膜，去除多余的液体，干燥后，可以保存几个月。

2. RNA 印迹操作的注意事项

（1）操作过程中应当小心细致，避免沾染有毒试剂或物质，特别是使用带放射性同位素标记探针时应做好防护措施。

（2）实验过程中所有的器皿、耗材、水等均需要去除核酸酶以防止待测 RNA 降解。

（3）结合了待测 RNA 的膜与探针杂交后，可经碱或热变性方法将探针洗脱，膜可反复使用与其他探针杂交。方法如下：杂交的膜（注意：杂交过的膜在保存过程中不能干燥，否则探针将会与膜形成不可逆的结合）置于 100℃、0.5%SDS 中煮沸 3 min，自然冷却至室温后，将膜放入双蒸水中漂洗 2～3 遍。取出膜，用滤纸吸去膜表面的水分。将膜直接进行另一种探针的杂交或用保鲜膜包好，于室温下真空保存。

7.2.2　实时荧光定量 PCR

PCR 技术的发明提高了生物核酸序列的定性分析效率，迅速促进了生物基因信息的分析和解读工作。qPCR 通过在 PCR 反应体系中添加荧光基团，并利用成像设备监测 PCR 反应过程中荧光强度来对基因表达进行定量分析，具有操作流程简单、灵敏度较高及成本低的特点，在分子生物学研究领域起到更为基础且重要的作用，目前已成为螨类分子生物学研究中必备的一环。

qPCR 的类型一般根据反应过程中荧光发光的方式分为以 SYBR Green 检测为代表的非特异性荧光检测法和以 TaqMan 探针检测为代表的荧光探针法。非特异性荧光检测法在 PCR 体系中添加了特殊的荧光染料（SYBR Green 等），在游离状态下，SYBR Green 仅发出微弱的荧光，一旦与双链 DNA 结合，其荧光强度增加 1000 倍，可通过检测荧光强度的变化来计算 PCR 反应过程中对应双链 DNA 的含量。若 PCR 扩增过程中存在引物二聚体或非特异的双链 DNA 结构，也能够检测到荧光的变化，会对分析结果造成一定的干扰，一般可通过引物试扩、做熔解曲线等方法来减少类似的非特异性误差。非特异性荧光检测法的优点是便于操作，成本相对较低，是目前基因表达检测的主流方法。荧光探针法通过在引物两端携带发光基团和猝灭基团，当引物没有结合时，二者处于平衡态不发光，而当引物结合上特异序列后则释放出荧光基团，此时荧光基团发出可被检测到的荧光。与非特异性荧光检测法相比，荧光探针法只有探针结合时才能发出荧光，因此特异性更高，但需要合成探针，成本相对较高。以下主要介绍目前在基因定量表达分析中使用最广泛的基于非特异性荧光检测的 qPCR 方法。

1. qPCR 检测系统及数据采集

常用的 qPCR 仪具有普通 PCR 仪的循环控温系统，可以迅速对样品进行加热和冷却，并在此功能基础上增加了能够实时检测每个反应孔中被激活的特异荧光基团发光强度的荧光监测设备，同时将记录的数据传输到计算机软件中进行保存和分析。

1）扩增曲线

qPCR仪通过收集PCR反应过程中荧光强度的变化并转换成相应参数来评估基因的表达量。根据各个循环收集到的荧光强度绘制的曲线被称为qPCR的扩增曲线（图7.1）。从扩增曲线可以看出反应初期的十余个循环荧光值较低，但随着循环数的增加，大规模复制的开始，曲线开始进入指数增长期，后期因为DNA聚合酶活性较低、dNTP含量减少等原因，扩增产物逐渐达到饱和状态，曲线最终进入平台期。

2）荧光阈值与Ct值

在PCR反应过程中，进入指数增长前的3～15个循环的荧光强度称为本底信号，荧光阈值则是在本底信号基础上人为设定的一条基线（如图7.1中白线所示），一般为本底信号标准偏差的10倍。Ct值即为反应过程中荧光信号强度达到阈值线时所对应的循环数。由于PCR末期的产物量基本达到饱和状态，通过终点产物量来计算基因的表达情况并不准确，而Ct值与初始模板数的对数值呈反比例关系，且具有极强的重复性，因此qPCR分析基于Ct值来计算特定基因的表达量。

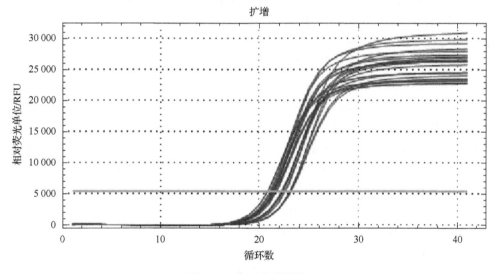

图7.1　qPCR扩增曲线

3）溶解曲线

当PCR反应完成后，对扩增产物进行升温加热（一般为60～95℃），并监测该过程中荧光值的变化情况。溶解曲线是对随着温度变化的荧光值的负导数作图[−d（RFU）/dT][图7.2（a）]。该曲线表示当PCR扩增完成后，随着温度的不断升高，PCR扩增产物的双链解离，荧光信号随之产生变化。溶解曲线达到峰值时对应的是PCR扩增产物的退火温度，如该温度与预测的产物温度大致相同，说明引物扩增效果较好；如果二者存在较大偏差，说明可能发生了非特异性扩增。此外，如果溶解曲线非单峰，说明产物不单一，需要更换引物或调整qPCR体系［图7.2（b）］。因此，溶解曲线是评价qPCR反应质量的一个重要参照。

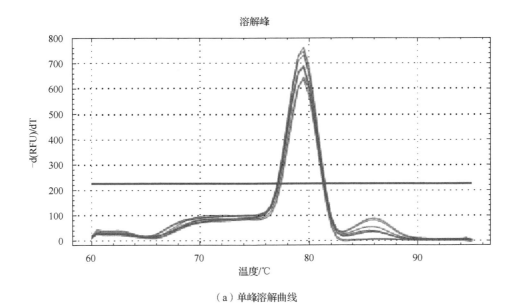

（a）单峰溶解曲线

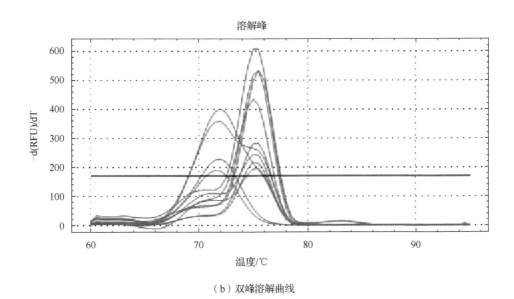

（b）双峰溶解曲线

图 7.2　qPCR 溶解曲线

2. qPCR 实验的要素

1）模板制备

在进行 qPCR 检测之前，需要依据实验目的设置各种条件对螨进行处理，如不同温度、光照长短、药剂胁迫等，处理后进行 RNA 提取。RNA 提取方法与做基因扩增时类似，但一般提取 RNA 时会残留基因组 DNA，而基因组 DNA 的存在可能会在 qPCR 扩增过程中导致荧光基团与 DNA 结合从而对收集到的数据产生干扰，因此需要保证提取到的 RNA 中不含有基因组 DNA 以避免其对分析结果产生影响。常用的去除基因组 DNA 方法有两种：一种是在提取 RNA 时使用带有 DNA 吸附柱的试剂盒操作，目前市面上存在各种品牌和规格的 RNA 提取试剂盒，在选择前务必预读说明书以确定其操作流程中是否含有去除基因组 DNA 的步骤；另一种是选用 Trizol 等试剂或者不含基因组 DNA 去除步骤的试剂盒提取 RNA，需要额外使用 RNase-Free DNase 处理 RNA 样品，操作方法按选购的产品说明书进行。去除基因组 DNA 的 RNA 样品即可进一步反转录成 cDNA 进行 qPCR 检测，反转录可选用专门的定量反转录试剂盒，操作方法按选购的产品说明书进行。制备好的模板于-20℃冰箱保存，避免反复冻融，若需要长期保存则置于-80℃冰箱。

2）引物设计

通过专业的引物设计软件来设计目的基因的 qPCR 引物，常用的软件有 Primer、Beacon Designer，以及 NCBI 提供的 Primer-Blast 等，这些软件在进行引物设计时均可设置一系列的参数对结果进行优化。现以 NCBI 网站提供的在线 Primer-Blast（http://www.ncbi.nlm.nih.gov/tools/primer-blast/）为例，介绍一些常用的参数设置。

（1）"PCR Product Size"，即产物长度，qPCR 产物长度一般为 80~200 bp，最好不超过 300 bp。

（2）"Primer Size"，即引物长度，qPCR 引物长度一般为 18~23 bp，上下游引物之间长度差距不可过大。

（3）"Primer Tm"，即引物退火温度，qPCR 引物退火温度一般设置为 60℃，或 57~62℃。

（4）"Primer GC%"，即引物的 GC 含量，qPCR 引物的 GC 含量以尽量接近 50%为宜。

（5）"Intron inclusion"，即是否包含内含子区域，若 NCBI 数据库中存在所研究物种的基因组信息，则可通过该设置来设计 qPCR 引物是否跨过内含子区域。如果 qPCR 引物间包含了内含子区域即可根据产物长度来判断样品中是否有未除尽的基因组 DNA 污染。

qPCR 的引物质量要求与常规 PCR 引物相近，尽量避免引物自身或者上游引物之间存在"Hairpin"、"Dimer"、"False Priming"及"Cross Dimer"的情况。同时，如果目的基因来自多基因家族，其引物设计要求更高，在使用设计软件对引物质量进行评估的基础上，还需要对引物在序列上的位置进行深入分析，尽可能使上下游引物位于目的基因的特异性区域，并避开某一类基因的保守序列。这样做的目的是保证 qPCR 产物的单一性，避免用一对引物同时扩增了同一家族的多个基因，导致结果分析的不准确。以朱砂叶螨 GST mu 家族的两个基因为例，这两个基因的序列比对结果如图 7.3 所示，在设计引物时应避开图中画框标记的连续一致区域，尽量选择不连续的非保守区域，避免出现同时扩增两个基因的情况。根据所研究物种的基因信息，在设计引物前通过各种数据库收集较为完整的类似基因序列进行比对，规避多基因保守区域，这种情况下往往无法通过引物设计软件直接获得理想的 qPCR 引物，一般只能通过自己截取较为合适的非保守区域序列作为引物，通过引物试扩来保证引物的质量。

```
m2       ATGGTACCAATTCTTGGCTATTGGGATCTTCGTGGTTTTGTTGATCCCATTCGGATGTTG      60
m8       ATGGCACCAATTCATCGTTTATTTTAGAGTTCGAGGTGTTGGTGAACCTATTATACTGACT      60
Conseatgg acca t  t  gg tatt       ttcg ggt ttg tga cc att     tg

m2       TTGGCTCAAGCTGGAGTTGATTATGAATTTAAAGCTTATAAAATTGGTCCAGCTCCTGAG     120
m8       TTGAAACAAGCTAAAGCGGCGTATAATTTGCGTATCTACAAGCTTGGTGATGCTCCTGAT     120
Consettgs caagct  ag  g  tat att      ta aa  ttggt  gctcctga

m2       TATTCCAAGGATGAATTTCGTTCAATAAAAGATGGTTTAGGACTTGATTTTCCCAATTGC     180
m8       TACGACAAATCGAGTGGCTCAATGAGAAGTACAAATTAGGCCTTGATTTTCCTAATGTA     180
Consetaus caa    ga t  c      aa  a   ttagg cttgattttcc aat

m2       CCGTACTACATCGATGATGATGTTAAACTGTCTCAGACAGTAGCTATACTCAGATACTTG     240
m8       CCATATTACATCAATCGACATCAAGATTACTCAGAGTTTGGCAATTCTTCGACATGTG     240
Conseccuta tacatc atg  ga  t  aa  t  ctcaga  t gc at ct  ga a  tg

m2       GGAAGGAAACATGGATTCAACGGTACTTCTGATTCCGAAATAACTCGATGTGATTTGGCT     300
m8       GGTCCTGTAAATGATTTGGCACCAAGGACAGAACTGGAAACAATAAGATCAGATATCTTT     300
Conseggusg  a atg  tt      a  c ga   gaaa aa  gat gat t   t

m2       GAACAGGCTACTGCTGAACTTAAGTTATTCTTGTTCTCTGTATGGCGTACTCATGATGAT     360
m8       GAACAGGCTGCTTTTGAAATATTGGATTCATGCTGGCCAACCTGGTATGCTAAAAGTGAC     360
Consegaaca g t ct  tgaa t  g  t  t  c   tgg  t ct a   tga

m2       GAGG..CCAAAAAA....CAAATTG..CTGAAGTTGTACCAGC....AAAATTGGCTCAA     408
m8       CAAGAATTTGAGGATCGTCGACCTCGGTTTGGTGTCGTATCTGGTTGAGAAGTTGAGTCAC     420
Consenaug       a  a  c a tg  tg gt gta c g     aa ttg  tca

m2       TACGAGAAATTTCTTGGTTCTGGTCCTTTTGTTTTGGGTGAAAAGTTGAGTTATCCTGAT     468
m8       ACTTCAAATGCTCTTGGTCCAAACAAGTTCGTCCTCGGTGATCGAGTTACTTACGTTGAC     480
Consensus  aa  tcttgg tc    tt gt  t ggtga   t atta  tga

m2       TTCCTCAATTATTCAATTTTTGATTACATCAGACTTTACGATGCTTCTTTGATTGAAAAC     528
m8       TTTTTACTCTACTCACACTCGATTACATCAGACTGTTCAAACCTTCCTTGCTGGATTCA     540
Consettust    ta tc a  t gattacatcagact t c a  cttc ttg t ga

m2       CATACTGCGATCAGGAATTTTCTGGCCAAGTTTGAAGCTCTCCCAAATATTGACACTTAC     588
m8       CACACAAACCTGAAACAATTTCTTGACCGAATTGAAGCCTTGCCTGAAATCAATAAATAT     600
Consecauac     ta   a tttct g c    ttgaagc tcc  a at  a a  ta

m2       ATCAAAAGCGAGAAATTCAGTCGAATGCCCGTAACCGGTCCAATGTATGGCTGGGGAGGA     648
m8       CTGAAAGGCGAGATTACTACCGATTCCAATTACAGGTACAATGTCCAAATGGGGAAAT     660
Consentuaaa gcgag a t c   cga t cc  t ac ggt caatgt    tgggga

m2       AGTGCATAA...............                                      657
m8       GCCAAAAGCCACGAGCCATACTGA                                      684
Consensus a
```

图 7.3　朱砂叶螨两个 GST 基因序列比对结果

3）引物试扩

通过软件设计的引物质量仅仅是一个理论值，实际使用效果需要通过引物试扩来进行评估。首先通过扩增产物的熔解曲线判断引物是否会引起非特异性扩增，如果熔解曲线的产物退火温度和预测值之间差异较大或者熔解曲线不为单峰，说明需要重新设计引物。此外，除了保证扩增产物的特异性，qPCR 引物的扩增效率也是一个重要的评估参数，扩增效率需要通过做标准曲线来进行计算。标准曲线是通过将高浓度模板依次稀释成一定的倍数梯度（3～10 倍）进行扩增后，按照各浓度对应的 Ct 值进行回归分析后计算出引物的扩增效率（图 7.4）。

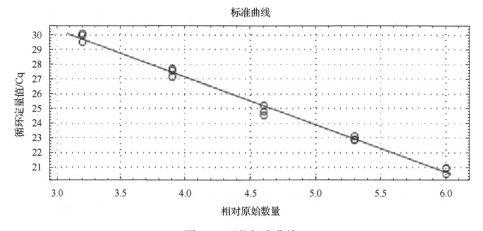

图 7.4　引物标准曲线

评价标准曲线有两个重要指标，一个是决定系数 r^2，用来反映各点之间的线性关系，理想值大于 0.98，越接近 1 越好；另一个是通过标准曲线计算得到的扩增效率，其理论值为 100%，但是实际使用中 80%～120%均可使用，能够控制在 90%～110%最佳。如果引物的扩增效率过高或过低，则需要更换引物并调整 PCR 反应体系。

4）内参基因的选择

当前 qPCR 分析中，相对定量是使用最广泛的检测方法，相对定量通过内参基因（reference gene）的表达量对目的基因在两个或多个样本的表达情况进行校正，比较相对含量来判断目的基因在不同样本中表达量的高低。相对定量的优点在于不需要知道它们在每个样本中具体的拷贝数即可对基因表达量进行比较。绝对定量则需要通过使用已知拷贝数的标准品预先建立标准曲线，再根据样品的 Ct 值换算得出目的基因在样品中的拷贝数。因此，绝大多数的定量分析都采用的是相对定量的方法。

相对定量分析的关键是内参基因的使用。内参基因是指理论上其表达不受任何实验条件影响的基因，因此可以用内参基因的表达量来校正不同样品中目的基因的表达量，得出其相对值。此前通常将生物体内的细胞骨架蛋白的肌动蛋白（actin）、微管蛋白（tubulin）、核糖体 RNA 18s 等作为持家基因（house keeping gene），这些基因是维持细胞最低限度功能必不可少的基因，其表达受环境因素影响极小，能够在个体各生长阶段的大多数或几乎全部组织中持续表达。持家基因在很长一段时间内被认为是作为内参基因的最佳选择，早期的定量研究中广泛地使用该类基因对结果进行校正和分析。然而，随着 qPCR 分析的逐渐普及，越来越多的研究发现这些持家基因并没有在所有实验条件下都体现出理想的稳定性，其中一些基因的表达在某些环境下还会出现较大的变化。学界开始逐渐认为理想中的"内参基因"，即在所有实验条件下都能稳定表达的基因其实并不存在，在开展 qPCR 分析之前应针对所研究的实验条件预先开展内参基因的筛选工作，找出在相应条件下相对稳定的持家基因作为内参对结果进行校正，以保证 qPCR 结果的准确性（Radonic et al.，2004）。内参筛选的流程如下。

（1）尽可能多地收集所研究物种的持家基因序列设计引物，但同时避免参考过多的同一类基因（如大量选用 α-Actin、β-Actin 或者 α-Tubulin、β-Tubulin 等）。

（2）按预设的实验条件准备样品（不同发育历期、温度、光照、药剂、寄主等），制备 cDNA 模板。

（3）检测所有备选基因在实验样品中的表达情况，将 Ct 值导入内参评价软件计算其稳定性，选择稳定性最好的基因作为该实验条件下的内参基因。

目前常用的内参基因稳定性评价软件有 geNorm、Normfinder、Bestkeeper 及 qBase 等，这些软件除了会计算出相应条件下最稳定的备选基因外，往往还会建议在 qPCR 分析中使用多内参以提高结果的准确性（Vandesompele et al.，2002）。目前，在 qPCR 分析中涉及内参基因筛选和用到多内参基因的情况越来越多，逐渐成为 qPCR 分析中的共识。需要强调的是，内参基因筛选应针对所有预设实验条件开展而不能"借用"其他实验条件下筛选出来的内参基因，如 Actin 在螨受到 30℃处理 2 h 的实验条件下可以稳定表达，但当实验条件更改为 36℃处理 2 h 时，该基因未必能够持续保持稳定，此时应该重新进行筛选。

5）目的基因相对表达量的计算

目的基因相对表达量通常采用 $2^{-\Delta\Delta Ct}$ 法进行计算（Schmittgen and Livak，2008），即目的基因在两个样品中相对表达量的变化倍数为

$$\text{Fold change}=2^{-[(\text{Ct target gene in sample A}-\text{Ct target gene in sample B})-(\text{Ct reference gene in sample A}-\text{Ct reference gene in sample B})]}$$

例如，分析朱砂叶螨在甲氰菊酯处理下体内某 GST1 基因的表达情况，以 Actin 作为内参基因，得到的数据如表 7.1 所示。

表 7.1　朱砂叶螨在甲氰菊酯处理下体内某 GST1 基因的表达情况

基因	处理组 Ct 值	对照组 Ct 值
GST1	22	24
Actin	18	17

GST1 基因在甲氰菊酯处理下表达的倍数为 $2^{-[(22-24)-(18-17)]}=8$，即经甲氰菊酯处理后，朱砂叶螨体内 GST1 基因的表达量上升了 8 倍。

此外，对 $2^{-\Delta\Delta Ct}$ 法进行变形，可以得到目的基因相对表达量的另一种计算方法：

$$\text{Fold change}=2^{-[(Ct\ target\ gene-Ct\ reference\ gene\ in\ sample\ A)-(Ct\ target\ gene-Ct\ reference\ gene\ in\ sample\ B)]}$$

即 GST1 基因在甲氰菊酯处理下表达的倍数为 $2^{-[(22-18)-(24-17)]}=8$，与方法 1 的计算结果相同。同时，此计算方法还可以得到 GST1 基因在处理组中相对内参基因的表达量为 $2^{-(22-18)}=0.0625$；在对照组中相对内参基因的表达量为 $2^{-(24-17)}=0.0078$。根据这两种方法分别处理数据后对目的基因的表达量进行作图，如图 7.5 所示，从图中可以看出，方法 1 能够直接体现出目的基因在处理影响下表达量的倍数变化，结果比较直观；方法 2 则可以展现出目的基因在各个样品中的相对表达量，比较性更强（图 7.5）。实际分析中可根据实验需求选择合适的分析方法。

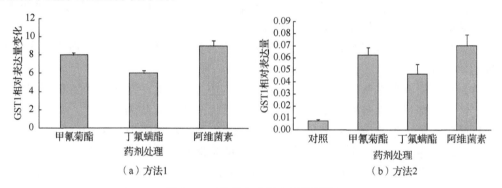

图 7.5　两种数据分析方法效果图

3. qPCR 检测流程

（1）根据实验设置对螨进行处理。

（2）提取 RNA，去除基因组 DNA 后反转录成 cDNA 模板。

（3）设计合成引物并进行引物试扩；qPCR 反应的程序参照所选用的试剂说明书进行，一般为 95℃、2 min，95℃、15 s，60℃、30 s，72℃、30 s，60℃持续升温至 95℃。第 2～4 步循环 40 次，在第 3 步结束时和第 5 步全程进行荧光信号的采集。随着 DNA 聚合酶效率的提高，现在市场上很多试剂可以省略第 4 步的延伸过程，从而提高实验效率。在进行 qPCR 分析时除实验处理所设置的空白对照外，还需要设置不加模板的阴性对照以确定 qPCR 反应体系中的各组成分没有被污染。

（4）计算引物的扩增效率，确保目的基因和候选内参基因的扩增效率大致相同。

（5）进行相应实验条件下的内参基因筛选，评价出能够稳定表达的候选基因作为内参基因。

（6）检测目的基因与内参基因在实验样品中的表达情况（Ct 值）。

（7）选择合适的计算方法计算目的基因的相对表达量。

7.2.3　半定量 PCR

半定量 PCR 技术同样是基于 PCR 技术建立的一种相对简单快捷的基因表达丰度检测技术（Liang and Pardee，1992）。其基本原理与 qPCR 类似，即待测基因在 PCR 反应中产物增长速率与 RNA 样品中对应 mRNA 的起始量相关，只是 qPCR 通过在 PCR 反应过程中添加荧光染料来监测 PCR 产物量的变化，而半定量 PCR 则在扩增完成后对扩增产物进行电泳，在内参基因的校正下，通过电泳条带的差异来分析不同样品中 mRNA 起始量的大小。半定量 PCR 结果的精度和灵敏度与 qPCR 相比存在较大差距，但因其成本更低，且结果较为直观，在基因表达研究中常作为 qPCR 结果的补充或验证。例如，Xia 等（2014）利用 qPCR 和半定量 PCR 结合的方法研究了除虫脲对柑橘全爪螨几丁质合成酶基因表达的影响。

1. 半定量 PCR 基本流程

利用半定量 PCR 方法检测基因表达的基本流程与普通 PCR 类似，其模板制备、引物设计、内参基因的选择均可按照 qPCR 的标准执行。具体流程如下。

（1）根据实验设置对螨进行处理。

（2）提取 RNA，去除基因组 DNA 后反转录成 cDNA 模板。

（3）设计合成引物并进行引物试扩，不能出现引物二聚体；PCR 反应的条件参照所选用的 *Taq* 酶而定，一般为 95℃、5 min，95℃、30 s，72℃、30 s，第 2～4 步循环 *X* 次，循环次数根据预实验结果而定。在进行半定量 PCR 分析时除实验处理所设置的空白对照外，还需要设置不加模板的阴性对照以确定反应体系中的各组成分没有被污染。

（4）对 PCR 产物进行凝胶电泳，参照内参基因的表达情况，分析待测基因在不同样品中的表达差异。

2. 半定量 PCR 操作的注意事项

因为 PCR 扩增后期往往进入产物增长的平台期，所以如果进行基因表达半定量检测时循环数设置得过高，会导致所有待测样品的扩增均达到饱和状态，从而无法从最终产物的电泳条带上体现出可观测的差异。因此，需要通过设置循环数梯度的预实验来确定最适的反应循环数，一般以 2～3 个循环为一个梯度，设置 4～5 个梯度为宜，通过反应后电泳条带的差异选出反应结束时仍处于指数扩增期的循环数作为检测条件。

7.2.4　基因芯片检测

qPCR 作为一种经典的基因表达分析技术在分子生物学研究中被广泛应用，但随着基因组测序的快速发展，基于基因组数据的物种基因功能分析逐渐成为研究的主流，面对庞大的基因信息，qPCR 的检测效率已无法满足大规模分析的需求。基因芯片检测技术又称 DNA 微阵列（Microarray）技术，可用于同时分析生物体内数十万基因的表达情况，具有高通量、快速、灵敏等特点。虽然一般的实验室不具备基因芯片检测设备，或对数量有限的样品进行检测成本较高，但现在多家生物技术公司均可提供成熟的基因芯片检测服务，根据研究目的合理设计实验，制备样品送检，有针对性地对返回的结果进行分析、总结，并通过 qPCR 进行重要基因表达情况的验证，是开展基因芯片检测研究经济有效的途径。

1. 基因芯片检测的原理及分类

DNA 微阵列技术的基本原理是将已知序列信息的 cDNA 作为探针，以点的形式在固相支持物上密集排列成微阵列，此时微阵列上的每一个点只包含一种 cDNA 分子，然后将待测样品的 mRNA 反转录成 cDNA 并使用荧光素标记，制成待测模板，利用两条互补 DNA 链可借助氢键形成互补配对成双链结构的特点，将模板与微阵列芯片进行杂交。杂交结束后，由于只有高度互补的两条 DNA 链才能形成稳定的结合体，对微阵列芯片进行清洗可去除没有形成稳定配对的 cDNA 链，最后在激光显微镜下扫描微阵列芯片的荧光图像，通过分析各点的荧光强度从而计算模板中 mRNA 的表达丰度。

基因芯片是现代分子生物技术和微加工技术结合的产物。利用基因芯片分析生物基因表达量的检测体系是荧光（放射性同位素）标记技术、质谱分析技术及化学发光检测等技术的综合使用。现代分子生物技术的迅速发展，如 PCR 技术的建立，使便捷快速地实现体外基因扩增成为可能，核酸样品得以快速制备和放大，并通过基因测序技术明确目的核酸的碱基排列，而基因探针技术使基因测序的检测自动化成为可能，极大地促进了生物芯片的发展；随着高通量测序技术的日益普及，越来越多物种的基因组信息被逐一揭示，并建立了各个物种庞大的基因数据库供研究者分析使用。这些技术体系的建立都为通过基因芯片大规模检测基因表达情况奠定了基础。同时，微电子工业技术的进步使在玻璃、塑料、硅片等基底材料上加工出用于生物样品分离、反应的各种微细结构，然后在微结构上施加表面化学处理和检测成为可能。高速发展的现代生物技术和微电子工业技术之间的结合将数以万计的生物探针（DNA 片段、抗原和抗体）以微米甚至纳米级的微观结构排列在很小的芯片载体上，实现了生物芯片检测的集成化、微型化和高通量化。利用基因芯片检测 mRNA 表达情况具有以下 3 个方面的优点：①成本相对较低，效率高。与利用传统的检测方法来进行大规模的 mRNA 表达检测相比，其所需成本和检测效率都具有明显的优势，并且可以预见的是，随着分析技术的不断发展，基因芯片分析的成本会不断降低，其效率和精度会不断提高。②应用具有普遍性。基因芯片技术可通用于各个物种的表达分析中。目前基因组测序逐渐普及，可供分析的物种资料越来越多，基因芯片的应用具有广阔的前景。③易操作。基因芯片使用方便、所用试剂无辐射、无毒、检测量低、数据分析易读。

2. 基因芯片检测流程

1）制备基因芯片

（1）探针的制备。检测表达谱，需要从待检测样品 mRNA 或者总 RNA 中制备 cDNA 探针。

（2）片基处理。目前制备芯片主要采用表面化学的方法或组合分类化学的方法来处理片基，然后使 DNA 片段按顺序排列在芯片上。经特殊处理过的玻璃片、硅片、聚丙烯膜、硅胶晶等都可作为载体材料。探针的固定化方法目前常用两种：寡聚赖氨酸法、醛基-氨基法。其他方法（如巯基—双硫键法）也在研究中。使用不同的方法，固定化的效率也不同。

（3）点样。因芯片种类较多，点样方法也不尽相同，但基本上可分为原位合成与微矩阵点样两大类。原位合成是目前制造高密度寡核苷酸最成功的方法，具体又可分为光引导原位合成、喷墨打印和分子印迹原位合成 3 种方法。这 3 种方法所依据的固相合成原理相似，只是在合成前体试剂定位方面采取了不同的解决办法。由于原位合成的短核酸探针阵列具有密度高、杂交速度快、效率高等优点，而且杂交效率受错配碱基的影响很明显，原位合成的 DNA 微点阵适合于进行突变检测、多态性分析、表达谱检测、杂交测序等需要大量探针和杂交严谨性高的实验。微矩阵点样法是通过 PCR 等方法得到的，DNA 或生物分子用针点或喷射的方法直接排列到载体上。该方法在多聚物的设计方面与原位合成法相似，合成工作用传统的 DNA 合成仪完成，只是合成后用特殊的自动化微量点样装置将其以比较高的密度涂布于芯片载体上。

2）待测样品制备

根据研究目的，首先对实验对象进行处理（特定发育历期、环境胁迫条件等），提取处理组和对照组总 RNA，通过 PCR 对样品总 RNA 中的 mRNA 进行放大和标记，并纯化标记后的 cRNA。

3）杂交反应

将待测 cRNA 与制备好的芯片杂交是进行基因表达芯片检测的重要步骤，需要根据芯片中基因片段的长短和芯片本身特性调整杂交条件（反应温度、时间、杂交液成分等）。基因表达检测一般需要在高盐浓度、低温和长时间的条件下进行。杂交完成后需要对芯片进行清洗，除去非特异性结合的片段。

4）信号检测分析

将荧光标记的待测 cRNA 与基因芯片杂交后，必须用激光扫描共聚焦显微镜扫描芯片上各点的荧光强度，并将结果转换成可供分析处理的图像数据。可通过专业的基因芯片数据处理系统处理芯片数据，完整的芯片数据处理系统包括芯片图像分析、数据提取，以及芯片数据的统计学分析和生物学分析。

5）数据分析

通过荧光信号检测获得原始数据后，利用数据分析软件评估数据的可信度，并对数

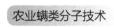

据进行修正（如修正实验操作误差，移除重复出现的探针数据，以中位数对荧光强度的数据进行标准化的校正等），计算重复样品的相关系数（pearson correlation coefficient，r），比较重复间的相似性，r 值越高表示两芯片结果越近似，最好达到 0.99 以上，说明多次测试间的重复性较好。保证数据的重复性后，将各重复的数据进行平均，将实验组和对照组的荧光强度数据的比值取对数值进行计算。

6）差异基因筛选

基因芯片检测的最终目的是获得相应试验条件下差异表达的基因信息，基因的表达量在样品间是否存在显著性差异一般通过以下标准进行判断：①荧光强度差异达 2 倍变化的基因，即 $\log_2$ ratio $\geqslant 1$ 或 $\leqslant -1$ 的差异表达基因；②差异性小于显著水平 0.05（$p<0.05$）的基因。筛选出同时满足这两个条件的基因，才是显著性高且稳定的差异表现基因。

7.2.5 数字表达谱测序

基因表达谱（gene expression profile），是指通过构建生物整体、特定部位、组织或细胞的非偏向性 cDNA 文库，对 cDNA 序列片段进行检测，定性、定量地分析其 mRNA 表达情况，以此反映生物处于特定状态下（发育历期、环境胁迫等）体内完整的差异表达基因的种类和丰度，由此获得的基因表达信息库就称为基因表达谱。数字基因表达谱技术是基于物种转录组或基因组信息，通过直接对该物种在特定发育时期或特定环境条件下产生的 mRNA 进行高通量测序，比较基因表达差异的分析方法。通过高通量测序一次可产生 1000 万个以上 mRNA 标签，与基因芯片相比可避免交叉杂交的影响，同时可准确检测低丰度或高丰度基因的转录本；与转录组测序相比，数字表达谱测序技术用于检测基因表达量需要分析序列的读长更短，可重复性高，成本更低。此项技术已被广泛应用于农业害螨的基因网络分析。

表达谱测序实验流程如下。

1）构建待测样品文库及测序

根据研究目的，首先对实验对象进行处理（特定发育历期、环境胁迫条件等），提取处理组和对照组总 RNA，RNA 质量要求为浓度 $\geqslant 200$ ng/μL，总量 $\geqslant 5$ μg，OD$_{260/280}$ $\geqslant 1.8$，OD$_{260/230}$ $\geqslant 1.8$，28S：18S $\geqslant 1.0$，RIN $\geqslant 7$（昆虫或螨类 RNA 的 RIN 值一般小于 7，也可满足实验需求），用带有 Oligo（dT）的磁珠富集 mRNA 后用六碱基随机引物（random hexamers）合成 cDNA 第一链，并加入缓冲液、dNTPs、RNase H 和 DNA polymerase I 合成 cDNA 第二链，经过 QiaQuick PCR 试剂盒纯化并加 EB 缓冲液洗脱，经末端修复、加碱基 A，加测序衔接子，再经琼脂糖凝胶电泳回收目的大小片段，并进行 PCR 扩增，完成整个文库制备工作，构建好的文库通过高通量测序平台进行测序。

2）基因表达量分析

CASAVA 碱基识别（base calling）分析为序列数据，即原始数据（raw data），按照去除含衔接子的 reads、去除 N 的比例大于 10%的 reads、去除低质量 reads（质量值 $Q \leqslant 5$

的碱基数占整个 reads 的 50%以上）的步骤去除原始数据中的杂质数据。处理后的数据称为过滤后的有效数据量（clean reads），并用软件将 clean reads 分别比对到参考基因组或参考基因序列（转录组数据）上进行序列注释。通过测序总数据量（获得的总 reads 数）、clean reads 的含量、测序饱和度、reads 在参考基因组上的分布情况等指标来判断测序质量。在质量合格的前提下通过计算 RPKM（reads per kilobase of exon model per million mapped reads）值而不是单纯以比对到参考基因组（转录组）上的 reads 数来体现基因的表达丰度。由于表达谱测序是对构建的 cDNA 文库进行随机检测，而在随机抽样的情况下，序列较长的基因被抽到的概率比序列较短的基因高，因此如果在计算基因表达量时，仅仅通过成功比对到参考基因组（转录组）上的 reads 数来计算的话，某些基因会因为序列长度较长而被认为是表现丰度高，从而错估基因真正的表现量，于是 Mortazavi 等在 2008 年提出以 RPKM 在估计基因的表现量。

$$RPKM = \frac{total\ exton\ reads}{mapped\ reads\ (millions) \times exton\ length\ (kb)}$$

7.2.6 原位杂交技术

原位杂交技术和用于检测 DNA 的 DNA 印迹或用于检测 RNA 的 RNA 印迹，以及用于基因表达高通量检测的基因芯片等技术同属于固相核酸分子杂交技术，但其目的和应用与以上方法均存在明显区别。DNA 印迹和 RNA 印迹是利用探针杂交的方法对生物整体、组织、细胞中的待测 DNA 或 RNA 进行定性及定量的分析，通过杂交条带的大小和位置来分析样品中是否含有待测 DNA 或 RNA 及其含量的高低，基因芯片则是结合微加工技术对基因在生物整体、组织、细胞中的表达进行高通量检测和分析，这些方法均能明确待测基因的表达情况，但无法对基因表达的具体位置进行准确定位。原位杂交技术则既可以对生物整体、组织、细胞中 DNA 或 RNA 序列进行定性及定量分析，又可以直观地定位目的核酸在生物组织细胞中存在的具体位置。

与 DNA 印迹和 RNA 印迹类似，早期原位杂交技术在标记探针时使用的仍是具有放射性的同位素，其探针的重复使用受同位素半衰期的限制，并且具有放射性，对环境和人员健康均造成一定威胁。因此，使用更安全的物质来进行探针标记成为原位杂交技术改进过程中的一个重点问题。近年来，地高辛和生物荧光素标记技术由于具有安全，方便、省时且便于检测的特点，在实际应用中逐步取代了较为原始的同位素标记法。在此基础上发展起来的荧光原位杂交（fluorescence in situ hybridization，FISH）技术的原理与基因芯片类似，利用荧光标记与靶标核酸序列互补的 DNA、RNA 探针，通过杂交与靶标核酸序列特异性结合，镜检荧光强度来标识靶标序列在生物具体部位、组织或者细胞表达的具体位置。荧光原位杂交技术的研究进展详见本书 10.2.2 节。

原位杂交组织化学技术在近 20 年取得飞跃式发展，其突出的特点是由分子遗传学研究提供的探针大量增加，探针生产的可靠性和速率大大提高，更重要的是非放射性标记物的发展使原位杂交组织化学技术和免疫细胞化学技术成为实验室的常规技术和临

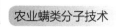

床日常应用的诊断技术。原位杂交组织化学技术在生命科学领域的研究中可视为一项革命性的技术，使科学研究从器官、组织和细胞水平走向分子水平，为各个学科的研究带来突破性的进展，其中特别突出的是细胞或组织的基因表达、染色体分析、病毒诊断和发育生物学。

1. 基本步骤

1）制备探针

检测 mRNA 表达情况需要合成对应的探针，探针引物的设计根据靶标核酸序列，长度为 20 bp 左右，一般要带上 T7、T3 或 Sp6 启动子，以靶标核酸序列为模板，通过 RNA 聚合酶利用经荧光素、生物素、地高辛等非放射性物质标记的碱基合成检测探针，合成的探针长度为 50～300 bp 为宜，浓度一般为 0.5～5.0 ng/μL，需要根据实际实验条件进行调整。与 qPCR 类似，选择的探针区域应避开基因的保守序列，以免探针可同时检测到多个基因的表达而对结果产生干扰。

根据不同的杂交实验要求，应选择不同的核酸探针。在大多数情况下，可以选择克隆的 DNA 或 cDNA 双链探针。长的双链 DNA 探针特异性较强，适宜检测复杂的靶标核苷酸序列和病原体，但不适宜于组织原位杂交，因为它不易透过细胞膜进入胞内或核内。在这种情况下，寡核苷酸探针和短的 PCR 标记探针（80～150 bp）具有较大的优越性。在选用探针时经常会受到可利用探针种类的限制，如在建立 DNA 文库时，没有筛选到特定基因的克隆探针，就可用寡核苷酸探针来代替。但必须首先纯化该基因的编码蛋白，并测定 6 个以上的末端氨基酸序列，通过反推的核苷酸序列合成一套寡核苷酸探针。如果已有其他近似物种的同种基因克隆，近缘物种间在同一基因的核苷酸顺序上存在较高的同源性，因此可利用已鉴定的基因作为探针来筛选研究物种的基因表达。对于基因核苷酸序列背景清楚而无法获得克隆探针时，可采用 PCR 方法扩增某段基因序列。这种方法十分简便，无论是基因组 DNA 探针还是 cDNA 探针都可以容易地获得，而且可以建立 PCR 的基因检测方法，与探针杂交方法可作对比，可谓一举两得。

在选择探针类型的同时，还需要选择标记方法。探针的标记方法很多，选择的标记方法主要视个人的习惯和可利用条件而定。但在选择标记方法时，还应考虑实验的要求，如灵敏度和显示方法等。在检测单拷贝基因序列时，应选用标记效率高、显示灵敏的探针标记方法。在对灵敏要求不高时，可采用保存时间长的探针标记技术和比较稳定的碱性磷酸酶显示系统。

此外，随着探针浓度增加，杂交率也增加。另外，在较窄的范围内，随着探针浓度的增加，敏感性也增加。探针的任何内在物理特性均不影响其使用浓度，但受不同类型标记物的固相支持物的非特异结合特性的影响。

2）样品准备（固定）

原位杂交组织化学技术在固定剂的应用和选择上应兼顾到 3 个方面：①保持细胞结构；②最大限度地保持细胞内 DNA 或 RNA 的水平；③使探针易于进入细胞或组织。

DNA 是比较稳定的，RNA 却非常容易被降解。因此，对于 DNA 的定位来说，固定剂的种类和浓度并不十分重要。相反，在 RNA 的定位上，如果要使 RNA 的降解减少到最低限度，那么，不仅固定剂的种类浓度和固定的时间十分重要，而且取材后应尽快予以冷冻或固定。在解释原位杂交的结果时应考虑从取材至进入固定剂或冰冻的这段时间对 RNA 保存所带来的影响，因组织中 mRNA 的降解是很快的。在固定剂中，最常用的是多聚甲醛。和其他的固定剂（如戊二醛）不同，多聚甲醛不会与蛋白质产生广泛的交叉连接，因而不会影响探针穿透入细胞或组织。其他如乙酸-乙醇的混合液和 Bouin's 固定剂也能获得较满意的效果。对于 mRNA 的定位，常采用的方法是将组织固定于 4%多聚甲醛磷酸缓冲液中 1~2 h，在冷冻前浸入 15%蔗糖溶液中，置于 4℃冰箱过夜。各种固定剂均有各自的优缺点，如沉淀性（precipitating）固定剂（乙醇/乙酸混合液、Bouin's 液、Carnoy's 液等）能为增加核酸探针的穿透性提供最佳条件，但不能最大限度地保存 RNA，而且对组织结构有损伤。戊二醛能较好地保存 RNA 和组织形态结构，但由于和蛋白质产生广泛的交叉连接，从而大大地影响了核酸探针的穿透性。至今，多聚甲醛仍被公认为是原位杂交较理想的固定剂。

3）预处理

此步骤根据应用固定剂的种类、组织的种类、切片的厚度和核酸探针的长度而定。例如，用戊二醛固定的组织由于其与蛋白质产生广泛的交叉连接需要应用较强的增强组织通透性的试剂。增强组织通透性的常用试剂有应用稀释的酸、清洗剂 Triton X-100、乙醇或某些消化酶，如胃蛋白酶、胰蛋白酶、胶原酶和淀粉酶等。这种广泛去蛋白作用无疑可增强组织的通透性和核酸探针的穿透性，提高杂交信号，但同时也会破坏 RNA 及组织形态，因此，在用量及孵育时间上应更为谨慎。蛋白酶 K（proteinase K）的消化作用在 FISH 中是应用于蛋白消化的关键步骤，其浓度及孵育时间视应用固定剂种类、组织种类、切片的厚薄而定。一般应用蛋白酶 K 1 µg/mL（于 0.1 mol/L Tris/50 mmol/L EDTA，pH 值为 8.0 缓冲液中），37℃孵育 15~20 min，以达到充分的蛋白消化作用而不致影响组织的形态为目的。蛋白酶 K 还具有消化包围着靶核酸的蛋白质的作用，从而提高杂交信号。在蛋白酶 K 消化后，应用 0.1 mol/L 的甘氨酸溶液 [在聚琥珀酸丁二酯（PBS）中] 清洗以终止蛋白酶 K 的消化作用。为保持组织结构，通常用 4%多聚甲醛再固定。

4）孵育

杂交前用不含探针和硫酸葡聚糖的杂交缓冲液在杂交温度下孵育 2~4 h，降低杂交过程中的非特异性结合。将组织切片浸入预杂交液中可达到封闭非特异性杂交点的目的，从而降低背景染色。

5）杂交

将孵育好的实验材料和探针加入杂交缓冲液中，杂交缓冲液内含有较高浓度的盐类、甲酰胺、硫酸葡聚糖、牛血清白蛋白等成分，其中较高浓度的 Na^+ 可增加杂交率，并有效降低探针与实验材料间的非特异性结合。甲酰胺可使杂交温度降低，杂交缓冲液中加入适量的甲酰胺，可避免杂交温度过高而破坏组织形态结构。由于盐和甲酰胺浓度的调节等因素，实际采用的原位杂交温度比探针退火温度低 25℃，为 30～60℃，根据探针的种类不同，温度略有差异。杂交的时间若过短会造成杂交不完全，若过长则会增加非特异性染色。理论上讲，核苷酸杂交的有效反应时间在 3 h 左右，一般将杂交反应时间定为 16～20 h，或为简便起见杂交孵育过夜也可。

6）显色

杂交完成后使用低浓度的酶处理或缓冲液对实验材料进行清洗，可降低背景染色，使用血清封闭后加地高辛抗体复合物 4℃孵育过夜，再次清洗后加入显色剂显色，在显微镜下观察颜色变化，适时加入终止剂停止反应。

2. 原位杂交操作的注意事项

1）防止 RNA 酶的污染

人体皮肤和实验器材上均可能含有 RNA 酶，为防止其污染影响实验结果，实验人员在整个操作过程中均需要戴经去酶处理的消毒手套，所有实验用玻璃器皿、镊子及配置缓冲液和试剂的水都应预先使用 DEPC 水处理，并用锡箔纸密封在灭菌锅中进行高温消毒，消毒后于烘箱中烘干备用。

2）杂交促进剂的使用

杂交促进剂属于惰性多聚体，可用来促进大于 250 个碱基的探针的杂交成功率。对单链探针可增加 3 倍，而对双链探针、随机剪切或随机引物标记的探针可增加高达 100 倍。短探针不需要用促进剂，因其复杂度低和分子量小，短探针本身的杂交率就很高。硫酸葡聚糖是一种广泛用于较长双链探针杂交的促进剂，是一种多聚胺，平均分子量为 500 000。聚乙二醇（polythylene glycol，PEG）也是常见的促进剂，它的分子量小（6000～8000）、黏度低、价格低廉，但不能完全取代硫酸葡聚糖。在某些条件下，5%～10%硫酸葡聚糖效果较好，若用 5%～10%PEG 则可产生很高的本底。另一种多聚体促进剂是聚丙烯酸，浓度为 2%～4%。与硫酸葡聚糖相比，其优点是价格低廉，黏度低（MW=90 000）。小分子化学试剂酚和硫氰酸胍也能促进杂交，它们可能是通过增加水的疏水性和降低双链和单链 DNA 间的能量差异而发挥作用。酚作为杂交促进剂，只能在低 DNA 浓度的液相杂交中观察到，该方法曾被称为酚乳化复性技术，不能用于固相杂交，因酚可引起核酸与膜的非特异吸附作用，即使在液相杂交中的应用也是有限的。硫氰酸胍可通过降低双链 DNA 的 Tm 值而起作用。此外，硫氰酸胍分子还可以促进 RNA 的杂交，有裂解细胞而抑制 RNase 的作用。总之，硫酸葡聚糖和聚乙二醇因能用于固相杂交是目前最常用的杂交促进剂。

3）杂交后处理

RNA 探针杂交时产生的背景染色特别高，但能通过杂交后的洗涤有效地降低背景染色，获得较好的反差效果。杂交后使用 RNA 酶液和缓冲液漂洗能够去除非碱基配对的 RNA 探针，降低背景染色的干扰。漂洗缓冲液成分（如盐溶液）的浓度，漂洗条件

（如温度）、洗涤次数和时间等一般按盐溶液浓度由高到低、温度由低到高的原则进行摸索。在漂洗的过程中应保持实验材料湿润，如果实验材料干燥则很难通过酶处理或缓冲液漂洗来达到减少非特异性结合的目的，导致背景染色干扰增强。

4）杂交严格度

杂交条件的严格度是指通过杂交及冲洗条件的选择对完全配对及不完全配对杂交体的鉴别程度。错配对杂交的稳定性较完全配对杂交体差，因此，通过控制杂交温度、盐浓度等，可减弱非特异性杂交体的形成，提高杂交的特异性。杂交的条件越高，特异性越强，但敏感性越低，反之亦然。一般来说，低严格度杂交及冲洗条件在 Tm=-35～-40℃，高盐或低甲酰胺浓度。在这种条件下，有 70%～90% 的同源性核苷酸序列被结合，其结果是导致非特异性杂交信号的产生。其中，严格度为 Tm=-20～-30℃。高严格度为 Tm=-10～-15℃，低盐和高甲酰胺浓度。在这种条件下，只有具有高同源性的核苷酸序列才能形成稳定的结合。研究者用地高辛标记原位杂交技术检测尖锐湿疣中人乳头瘤病毒 DNA 类别，结果发现在严格条件下（Tm=-12℃）各型病毒 DNA 的检出率和阳性率明显低于非严格条件下（Tm=-35℃），其相差非常明显（$P<0.001$）。因为，在严格条件下只有同源性很强的 DNA 才能被检出，而在非严格条件下同源性较低的 DNA 序列也可被检出。因此，建议对病毒 DNA 分型需要在高严格条件下进行，而低严格条件则可用于对病毒感染进行筛选。由于原位杂交技术多数是在 Tm=-25℃进行的，不属于高严格范围，无疑会产生非特异性结合导致信噪比减低。在这种情况下，可用加强杂交后处理洗涤的严格度使非特异性的杂交体减少。由于 RNA 杂交的稳定性，应用 cRNA 探针进行细胞或组织的原位杂交时的杂交温度比其他核酸探针要高 10～15℃。实验证明，cRNA 产生的信号比双链 cDNA 强 8 倍。

7.3　RNA 表达分析技术在农业害螨研究中的应用

7.3.1　内参基因筛选

在 qPCR 研究中利用内参基因对目的基因的表达量进行矫正的相对定量法是目前使用最普遍和便捷的 RNA 表达分析方法。此前往往将生物体内的持家基因作为 qPCR 研究中的内参基因使用，但是随着研究的深入，越来越多的报道指出随意使用持家基因作为特定实验条件下的内参基因是具有风险的，大部分持家基因的表达量也会随着实验条件的变化而变化。因此在研究特定实验条件下目的基因的表达变化时，预先进行内参基因筛选以获得稳定表达的参考基因对定量结果进行矫正逐渐成为 qPCR 研究中的共识（Radonic et al.，2004）。例如，Sun 等（2010）对朱砂叶螨不同发育阶段和各种杀螨剂的敏感、抗性品系间多个持家基因的表达稳定性进行了评价，综合 *geNorm* 和 *Normfinder* 两个内参基因评价软件的分析结果，18S rRNA 基因被认为在设置的实验条件下能够维持较为稳定的表达，而其他诸如 α-TUB，β-ACT、RPL13a、5.8S rRNA 及 GAPDH 等常见持家基因的表达量均出现不同程度的变化。Niu 等（2011）对柑橘全爪螨多个持家基因在其不同发育阶段和受到药剂胁迫时的稳定性进行了评价，综合 geNorm、Normfinder 及 Bestkeeper 3 个软件的评价结果，筛选出了相应条件下表达最稳定的持家基因，其中 *ELF1A* 在柑橘全爪螨不同发育阶段的表达稳定性最好，并且该基因和 GAPDH 在受到各种杀螨剂胁迫时也表现出了很好的稳定性，适合作为内参基因对相应实验条件下目的基因的表达量进行矫正，而参与评价的其他持家基因 ACTB、TUBA、RNAP Ⅱ、SDHA 及 5.8S rRNA 由于实验设置影响表达量存在波动，不适合作为内参基因使用。杨顺义等（2013）对二斑叶螨 6 个持家基因在其阿维菌素、螺虫乙酯抗性品系和敏感品系间的表达稳定性进行了评估，geNorm 和 Normfinder 的分析表明 *EFLn* 基因的表达量在这些品系之间最稳定，并且以此作为内参基因对二斑叶螨 P450 基因 *CYP392E* 亚家族 4 个基因的相对表达量进行了检测，发现这 4 个基因的相对表达量在阿维菌素抗性品系中均显著上调，而其中的两个在螺虫乙酯抗性品系中显著上调。以上研究显示即使是在同一实验条件下，不同害螨的持家基因表达稳定性也不尽相同，而同一种螨在不同的实验条件下，表达最稳定的持家基因也有所不同，说明通过 qPCR 进行基因表达分析前进行相应实验条件下的内参基因筛选是必不可少的一项工作。据此，在农业害螨涉及不同发育阶段和相关敏感、抗性品系间基因表达的众多研究中都使用了经稳定性评价的持家基因作为适宜的内参基因，而避开了在相应条件下存在表达差异的持家基因，表明此类文献中稳定表达的持家基因对 qPCR 分析具有较高的参考价值。

7.3.2　螨类热激蛋白的研究

农业害螨应对环境胁迫的能力与其在不同环境条件下暴发危害密切相关，在各种环境条件中，温度是研究较多的因子之一。有害生物如何适应生境不同季节的温度变化、如何在不同温区的大范围传播过程中成功定殖危害，以及在气候异常条件下的应对机制是研究的一大热点。有研究发现，在极端温度胁迫下，生物体内热激蛋白（heat shock protein，HSP）基因表达量的变化是其重要的应对机制之一。在较早的研究中，Shim 等（2006）利用 Northern Blot 的方法检测了二斑叶螨热激蛋白 *HSP70* 基因在不同温度胁迫下的表达情况，结果显示该基因对冷热胁迫均没有明显的应激反应，但是当二斑叶螨处于饥饿状态时，该基因的表达出现了显著的下调。李明等（2008）利用 RACE 克隆技术获得朱砂叶螨 *HSP70* 家族基因 *HSP70-4*，在序列分析的基础上利用 qPCR 技术检测了该基因在极端温度胁迫下（4℃、40℃，1 h）的表达量变化，结果发现朱砂叶螨在受到低温胁迫时体内 *HSP70-4* 表达量出现了显著下调，而在受到高温胁迫时体内 *HSP70-4* 表达量显著上升，说明该基因属于可诱导性热激蛋白，并且应对不同温度胁迫的响应机制存在差异。在此研究基础上，又对朱砂叶螨 3 个 *HSP70* 基因的序列信息和表达特征进行了分析，定量表达结果显示这 3 个基因在朱砂叶螨应对冷胁迫的应激机制中起重要作用（Li et al.，2009）。Yang 等（2011）分析了柑橘全爪螨 3 个 *HSP70* 基因的表达模式，结果发现在该螨受到低温胁迫时（0℃、5℃、10℃），这些基因的表达均没有出现显著

性变化，说明它们没有参与柑橘全爪螨对低温的抵御机制；在受到极端高温胁迫时
（41℃），*PcHsp70-2* 基因的相对表达量出现了显著升高，但另外两个基因的表达仍没有
显著性变化，该研究结果表明并不是所有的热激蛋白基因均参与生物对温度胁迫的响
应。事实上，热激蛋白不仅与害虫害螨的温度适应性有关，大量研究发现多个热激蛋白
基因还可能参与害虫害螨对杀虫杀螨剂的抗性机制。Tian 等（2015）克隆获得了柑橘全
爪螨 *HSP90* 基因，通过 qPCR 检测了该基因在柑橘全爪螨受到低温和高温胁迫时，具有
应激相应的表达特性，并在不同温度下进行不同剂量阿维菌素处理，发现该基因的表达
量均出现了显著的上升，且表达量具有明显的时间梯度效应，说明柑橘全爪螨热激蛋白
基因的表达对温度和环境胁迫（药剂刺激）具有响应机制。

7.3.3 螨类抗性机制的研究

由于田间杀螨剂的大量施用，农业害螨的抗药性迅速增长，导致其危害逐渐加重，
防治难度提高。世界各地田间抗性监测发现农业害螨对多种常用杀螨剂已产生了明显的
抗药性（Van Leeuwen et al.，2010；陈秋双等，2012）。为开展有效的抗性治理，农业害
螨抗性机制的研究备受关注。大量的研究发现靶标基因点突变和解毒代谢酶活性提高是
农业害螨对杀螨剂产生抗药性的主要途径，靶标基因点突变主要通过基因多态性检测进
行分析，而解毒酶活性提高则通过检测酶活和基因表达量的变化进行分析。由于生物的
解毒代谢体系是一个庞大复杂的系统，涉及多种代谢酶的共同作用，而同一类的代谢酶
往往又来自多基因家族，在鉴定参与某一杀螨剂代谢的相关基因时，分析这些基因在敏
感、抗性品系之间和受到药剂胁迫时的表达模式是必不可少的步骤，同时也是展开后续
功能研究的基础。Liao 等（2013）分析了柑橘全爪螨 GSTs 4 个 mu 家族基因、2 个 delta
家族基因及 1 个 zeta 家族基因的序列特征，以及其在柑橘全爪螨不同螨态的表达差异，
并着重检测了这些基因在受到 LC$_{10}$ 剂量哒螨灵胁迫时的应激表达情况，发现除 1 个 delta
家族基因外，其余 6 个 GSTs 基因的表达量均显著上升，且具有明显的时间效应，揭示
了柑橘全爪螨 GSTs 基因表达与药剂胁迫的联系（Liao et al.，2013）。Luo 等（2014）在
对朱砂叶螨克螨特抗性机制的研究中发现，经过抗性筛选得到朱砂叶螨对克螨特的抗性
品系后，酶活检测发现其 GSTs 活性出现了明显提高，于是在克隆 8 个 GSTs 基因全长
序列的基础上，利用 qPCR 技术检测了这些基因在朱砂叶螨两个品系不同螨态间的表达
差异，结果发现 delta 家族的 2 个基因和 mu 家族的 1 个基因在抗性品系各个螨态的表达
量均较敏感品系出现了显著的上升，说明这 3 个基因可能与朱砂叶螨对克螨特的抗性有
关（Luo et al.，2014）。Shen 等（2014）进一步扩增克隆了朱砂叶螨 13 个 GSTs 基因，
利用 qPCR 技术分析了它们在朱砂叶螨发育过程中的表达变化，对可能参与发育过程中
激素代谢的 GSTs 基因进行了预测，同时，通过比较这些基因在甲氰菊酯敏感、抗性品
系间的表达差异，以及检测朱砂叶螨经甲氰菊酯胁迫后体内 GSTs 基因的表达变化，发
现多个 mu 家族 GSTs 基因的表达可被药剂诱导。Zhang 等（2018）基于定量表达研究发
现与朱砂叶螨丁氟螨酯抗性相关的 GST 基因表达是受特定 miRNA 调控，进一步阐述了
基因表达调控的机制。

羧酸酯酶（carboxylesterase，CarE）是生物体内另一主要的解毒代谢酶系，广泛参与害虫害螨对拟除虫菊酯类、有机磷等常用杀虫（杀螨）剂的代谢过程。Sun 等（2010）扩增了朱砂叶螨两个 CarE 基因（*TCE1*、*TCE2*）的全长序列，并利用 qPCR 技术对它们在不同螨态的相对表达量进行了检测，发现 *TCE2* 在若螨和成螨期的表达量显著高于其他螨态。Feng 等（2011a）在此基础上对这两个 CarE 基因在朱砂叶螨敏感、抗性品系间的表达差异进行了分析，结果发现 *TCE1* 在两个品系间没有明显的表达差异，并且该基因的表达不具有药剂诱导性；而 *TCE2* 的相对表达量则在阿维菌素、甲氰菊酯及氧化乐果抗性品系中显著升高，且能够被阿维菌素所诱导，说明 *TCE2* 在朱砂叶螨对杀螨剂的抗性机制中起重要作用。在此研究基础上，Shi 等（2015a）和 Wei 等（2019a，b）进一步利用 RNAi 沉默了 *TCE2* 的表达，通过生物测定证实了该酶在朱砂叶螨、二斑叶螨的阿维菌素、甲氰菊酯及丁氟螨酯抗性品系中对相应杀螨剂的敏感性均有显著提高，表明该基因在朱砂叶螨对多种杀螨剂的抗性机制中起着至关重要的作用。

细胞色素 P450 是生物体内最庞大的一个多基因代谢酶，其活性的升高介导了害虫害螨对多种杀虫杀螨剂的抗性，包括拟除虫菊酯类、有机磷、有机氯及氨基甲酸酯类等。尽管 P450 是一个庞大的解毒代谢酶系，但是该类代谢酶必须在 P450 还原酶的作用下才具有活性。Shi 等（2015b）对朱砂叶螨 P450 还原酶基因的特性进行了研究，发现该基因在若螨和成螨期均有较高的表达丰度，且在甲氰菊酯抗性品系中的表达量显著高于敏感品系，在甲氰菊酯胁迫下，朱砂叶螨 P450 基因的表达具有明显的可诱导性，在克隆获得朱砂叶螨两个 P450 基因 *CYP389B1* 和 *CYP392A26* 的基础上对它们的表达模式进行了分析，结果发现这两个基因在若螨和成螨期均有较高的表达量，并且在甲氰菊酯抗性品系中的相对表达量显著高于敏感品系。经甲氰菊酯胁迫后，朱砂叶螨抗性品系体内的这两个基因在这 3 个时间段均出现了显著升高（Shi et al.，2015c）。Demaeght 等（2013）借助二斑叶螨基因组数据库通过 DNA 微阵列技术的检测方法分析了二斑叶螨对螺螨酯敏感、抗性品系间功能基因的表达差异，同时使用 qPCR 的方法对 DNA 微阵列技术结果进行了验证，在对大量数据进行分析的基础上，筛选出多个存在表达差异的 P450 基因并测定了它们在二斑叶螨发育阶段的药剂诱导性，最终通过异源表达的方法验证了 *CYP392E10* 具有代谢螺螨酯（Spirodiclofen）的功能。Ding 等（2013）在柑橘全爪螨的研究中发现该螨的两个 P450 基因 *CYP4CF1* 和 *CYP4CL2* 在抗性品系中的相对表达量高于敏感品系，并且在受到哒螨灵（pyridaben）胁迫时，柑橘全爪螨体内 *CYP4CF1* 的相对表达量出现了显著上调，而 *CYP4CL2* 的相对表达量在受到阿维菌素、三唑锡、哒螨灵和螺螨酯等药剂胁迫时均出现了显著上调的现象，结果表明这两个 P450 基因特别是 *CYP4CL2* 可能参与了柑橘全爪螨对多种杀螨剂的代谢过程。除了常见的解毒代谢酶系外，随着二斑叶螨基因组测序和多种农业害螨转录组分析的完成，通过生物信息学分析，从基因组和转录组数据库中挖掘出了大量的抗性相关基因信息，众多的研究开始利用基因表达差异研究的方法对这些基因的功能进行预测和验证。基于高通量测序结果，Liu

等（2020）发现一个酰胺酶的表达与朱砂叶螨丁氟螨酯抗性相关。Bu 等（2015）借助 RNA-seq 技术对朱砂叶螨的转录组信息进行了分析，在此基础上通过数字表达谱对朱砂叶螨应对 β-谷甾醇胁迫时的响应基因进行了深入分析，筛选出了大量的差异表达基因。Ahn 等（2014）利用 RNA-seq 的方法对二斑叶螨糖基转移酶基因家族进行了高通量测序，结合基因芯片的分析结果，发现这类基因在二斑叶螨的不同发育阶段均具有表达特异性，其表达量与该螨寄主适应性有关，并且部分基因在多种杀螨剂的抗性品系中还存在过表达的现象，表明糖基转移酶基因家族在二斑叶螨对不同寄主的适应和对多种杀螨剂的抗性机制中起作用。Bajda 等（2015）对苹果全爪螨的转录组信息进行了检测，通过数字表达谱分析了苹果全爪螨功能基因在其对螺螨酯敏感、抗性品系间的表达差异，注释了其中解毒代谢酶基因、靶标基因及寄主互作相关基因的信息，筛选出了可能参与了苹果全爪螨对螺螨酯抗性机制的 CarE 和 P450 基因，并使用 qPCR 验证了这些基因的表达差异。Niu 等（2012）结合转录组测序和数字表达谱分析检测柑橘全爪螨应对杀螨剂胁迫时体内基因的表达差异，统计了在药剂胁迫下表达显著上调或下调的基因，并对这些基因进行了功能注释，筛选出 120 余个与柑橘全爪螨药剂代谢相关的转录本信息。Liu 等（2011）用类似的方法分析了柑橘全爪螨对噻螨酮敏感、抗性品系间功能基因的表达差异，鉴定出了 211 个杀螨剂靶标基因和与解毒代谢相关的代谢酶基因。

与代谢酶广泛存在的基因过表达机制不同，靶标基因通常通过药剂结合位点的点突变降低药剂敏感性介导害虫害螨的抗药性，其基因的表达分析更加侧重于明确靶标基因在不同发育阶段或组织部位的表达特异性。Feng 等（2011b）检测了 DDT、拟除虫菊酯的作用靶标钠离子通道基因（voltage-gated sodium channels，VGSCs）在朱砂叶螨对甲氰菊酯和阿维菌素敏感、抗性品系间的序列和表达差异，发现朱砂叶螨甲氰菊酯抗性品系的钠离子通道基因存在 F1538I 的点突变，且该突变介导了朱砂叶螨对甲氰菊酯的击倒抗性。Ding 等（2015）同样克隆获得了柑橘全爪螨钠离子通道基因的全长序列，检测到了其甲氰菊酯抗性品系中存在靶标位点的突变 F1538I，对该基因在发育阶段的表达量进行了分析，发现柑橘全爪螨钠离子通道基因在不同螨态中的表达存在差异。

在明确农业害螨对杀螨剂产生抗性机制的同时，通过研究与其生命活动密切相关的基因功能，为杀螨剂研发提供新的防治靶标是开展抗性治理的另一条途径。Xia 等（2014）借助 qPCR 技术对柑橘全爪螨几丁质合成酶基因的功能进行了研究，定量及半定量结果显示该基因在柑橘全爪螨卵期具有高表达，并且在幼螨期和若螨期的表达量显著高于成螨期，说明其在柑橘全爪螨的发育过程中起着重要作用；经不同剂量的除虫脲胁迫后，柑橘全爪螨幼螨体内几丁质合成酶基因的表达量出现了显著的提高，表明该基因参与了柑橘全爪螨的蜕皮过程，将其作为靶标开发杀螨剂可导致柑橘全爪螨无法顺利蜕皮从而达到防治的目的。Kawakami 等（2009）利用 RNA 印迹的方法检测发现当二斑叶螨处于滞育期时，其体内的卵巢发育和卵黄原蛋白基因的表达会受到显著的抑制，表明卵黄原蛋白基因与二斑叶螨的繁殖力密切相关。Zhong 等（2015）克隆获得了柑橘全爪螨卵黄

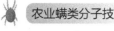

原蛋白及其受体基因的全长序列，qPCR 结果显示当柑橘全爪螨进入产卵期时其体内卵黄原蛋白及其受体基因的表达显著提高，表明它们与该螨的生殖行为密切相关，作为药剂靶标可影响柑橘全爪螨的种群繁殖，减轻其对寄主的危害。

7.3.4 其他方面的研究

Li 等（2021）利用 RNA-seq、qRT-PCR 及原位杂交等技术，解析了柑橘全爪螨的蜕皮激素受体（ecdysone receptor，EcR）和多个类视黄醇 X 受体（retinoid X receptor，RXR）的表达模式。结果表明 *PcEcR* 表达模式类似于 *PcRXR2* 的模式（图 7.6）；而当 *PcEcR* 和 *PcRXR2* 均下降时，*PcRXR1* 的表达保持在较高水平。同时，原位杂交结果显示蜕皮激素合成基因 *PcSpo* 和 *PcRXR2* 可能在中枢神经团高表达（图 7.7）。该研究有助于人们进一步研究叶螨蜕皮激素信号通路机制。

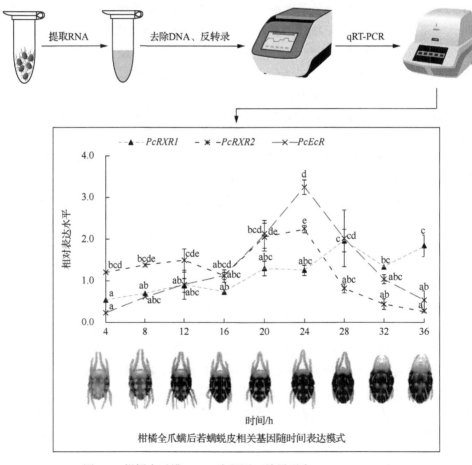

图 7.6　柑橘全爪螨 qPCR 流程图（结果引自 Li et al.，2021）

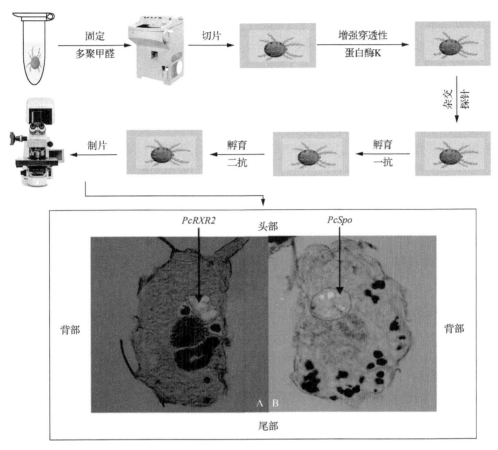

图 7.7　柑橘全爪螨原位杂交流程图（结果引自 Li et al.，2021）

Bryon 等（2013）基于基因组数据库利用基因芯片技术对二斑叶螨在滞育过程中差异表达的基因进行了宏观分析，结果发现 11%的预测基因均有差异表达，并且这些基因的功能注释显示它们所参与的代谢通路与滞育密切相关，其消化、解毒代谢、抗凝保护、类胡萝卜素的合成及细胞骨架的重组等生命活动均受到滞育过程的影响。Rong 等（2014）通过构建 small RNA 文库的方法对二斑叶螨共生菌 *Wolbachia* 相关功能的 miRNA 进行了测序，在获得 miRNA 序列信息的基础上预测了其可能调控的靶基因，并利用 qPCR 对 miRNA 及其靶基因在雌雄螨体内响应 *Wolbachia* 的表达趋势进行了验证，最终鉴定出二斑叶螨感染 *Wolbachia* 后体内鞘脂代谢、溶酶体功能、细胞凋亡和脂质转运等多项生命活动中起重要作用的 miRNA 及其对应的靶基因。

由于农业害螨具有体形小的特点，使其组织解剖存在很大的难度，因此针对特异组织的原位杂交实验难以开展，但仍有研究成功地通过荧光标记的方法对目的基因在其胚胎和螨体的表达部位进行了标记。Dearden（2002）利用地高辛标记的原位杂交方法对二斑叶螨的胚胎发育过程调控相关基因的表达进行了研究，获得了这些基因在胚胎不同发育时期的准确表达定位。Khila 和 Grbić（2007）在二斑叶螨 RNAi 的相关研究中体外合成了针对 *Distal-less*（*Dll*）基因的 dsRNA 和 siRNA，通过注射雌螨腹部的方式将其导入了螨体，观察沉默该基因对二斑叶螨胚胎发育的影响，并利用地高辛标记的探针对胚胎发育过程中 *Dll* 基因的表达量进行检测，发现该基因在胚胎的不同发育阶段分别在胚胎的不同部位表达，表明该基因参与了胚胎发育中的多个生物过程。Yang 等（2014）利用 qPCR 的方法明确了二斑叶螨（*T. urticae de novo* methyltransferase 3，*Tudnmt* 3）基因在其不同发育阶段的表达特征，并发现该基因在成螨期的表达与性别相关，同时通过原位杂交技术对 *Tudnmt* 3 基因在雌成螨体内的表达进行了定位分析，发现该基因在卵巢中大量表达。

7.4 展　　望

7.4.1　基因表达检测技术的发展

　　基因表达检测技术是研究螨类生命活动的重要方法，随着现代生物学技术的不断发展，基因表达检测技术也在不断进步，涌现出越来越多的检测方法，并且不同方法之间的用途和分工也越来越明确。随着现代生物学技术向着高通量、便捷、快速、安全的方向发展，DNA 印迹、RNA 印迹等经典的核酸检测技术在分子生物学研究中的地位逐渐被新的技术所取代。由于 qPCR 技术具有检测精度高、操作便捷、成本相对较低、结果分析容易、仪器价格适中等优点，在基因表达检测中占据着重要地位，然而随着高通量测序技术的发展和商业化，qPCR 技术的重要性有所削弱，但其仍在分子生物学研究中承担着不可或缺的任务。目前，基因芯片和表达谱测序日渐成为分子生物学研究中分析基因表达的核心技术。由于越来越多的物种基因组信息被成功测序，通过 qPCR 的方法分析生物在实验条件下仅仅一个或数十个基因的表达已不能满足研究的需求，而研究者通过立足于基因组背景的高通量测序结合差异表达基因功能分析能够从更宏观的角度来分析研究对象适应实验条件的分子机制。此外，科研需求的发展促使测序技术的持续更新和测序成本的不断降低使这两项技术的应用迅速普及。目前这两项技术不仅可应用于完成基因组测序的物种，对于没有基因组数据库但完成了转录组测序的物种也可开展高通量的基因表达分析，并已成为分子生物学研究中的常规手段。在这样的背景下，qPCR 技术逐渐成为基因表达研究中的一种主要验证手段，开始扮演更基础的角色。与之类似，Northern Blot 和半定量 PCR 等方法作为 qPCR、基因芯片或表达谱测序技术的补充在近年来的研究中仍有少量使用，但已很少再独立作为基因表达检测的方法来分析生物基因的表达动态。原位杂交技术虽然同为基因表达检测技术之一，但其研究目的和上述方法存在明显的不同，因此在分子生物学研究中往往独立使用。该技术可直观地显示目的基因在生物整体、组织及细胞的具体表达部位，但由于农业害螨具有体形小的特点，特定组织器官难以分离收集，在没有建立成熟细胞系的情况下，基于害螨整体通过原位杂交技术可以观察到部分基因的表达部位，而其他技术暂时还无法达到这个目的。

也正是由于螨类体形小，对原位杂交技术要求较高，目前成功建立技术体系的实验团队并不多，该方法在螨类的研究中实际应用还较少，存在很大的发展潜力。

7.4.2　基因表达检测技术在农业螨类基因功能研究中的应用

目前农业螨类的研究方向主要集中于其生长发育中的生理机制、应对环境胁迫的应激机制及抗性机制等方面，这些方向与其防控均存在密切的关系，为农业螨类防控提供重要参考和依据，有助于制定对应的害螨防控方案。具体防控措施可从具体的生物学现象入手，如螨类某发育时期的特点、对某地区温度变化的耐受性、对杀螨剂抗药性的形成过程、对寄主的选择性等，设置合适的处理和对照，通过高通量测序分析处理与对照间基因表达的差异，利用 qPCR 的方法对存在显著差异的基因进行验证，确认结果后利用基因异源表达、RNAi、CRISPER 等技术研究目的基因的具体功能。从防控措施中还可以看出基因表达检测技术在农业螨类基因功能研究中首先起着发掘未知功能基因的作用，基于基因组或转录组数据库和基因芯片或基因表达谱测序从宏观的角度对螨体内的响应基因进行了筛选，使研究的面更广，不再局限于单基因、单通路，而是拓展到多基因、多通路，以及基因、通路间的协同作用分析上；同时针对性更强，利用生物信息学的分析方法能够筛选出在不同样品中表达量存在显著差异的基因作为研究对象，可重复性好，假阳性率低，且使用 qPCR 对筛选出的基因表达情况进行验证，进一步确保结果的准确性，通过分析相应实验条件下基因差异表达的原因可为明确基因功能指明方向，为后续工作的开展奠定坚实的基础。

基因表达分析还可以作为一种检测手段在分子生物学研究中用来确定实验处理对生物所产生的影响，如通过 qPCR 检测经 dsRNA 处理后螨体内靶基因相对表达量的变化以确定所使用的 RNAi 体系是否能够有效沉默靶标基因的表达；处理过程中是否存在脱靶效应导致无关或相关基因表达量出现大的波动从而影响结果的靶向性；表型的变化是否与基因表达量差异有关等。此外，在农业害螨的抗药性研究中，经过敏感、抗性品系间的基因表达检测，筛选出大量在两个品系间差异表达的功能基因，如解毒代谢酶、抗氧化酶及部分靶标基因等，利用这些基因在品系间表达的差异可以建立基于 qPCR 或半定量 PCR 的农业害螨抗性检测技术，通过快速检测田间害螨某类基因表达丰度对其药剂抗性程度做出判断。

可以预见的是，随着生物技术的迅速发展，会涌现出越来越多的新技术对基因功能进行分析和鉴定，基因表达检测技术也会向着更高通量、更高精度、更便捷及更低成本的方向发展，并在分子生物学研究中起更基础且重要的作用。

参 考 文 献

陈秋双，赵舒，邹晶，等，2012. 朱砂叶螨抗药性监测[J]. 应用昆虫学报，49（2）：364-369.
李明，卢文才，冯弘祖，等，2008. 朱砂叶螨热激蛋白 HSP70 基因 *TCHSP70-4* 的克隆与表达研究[J]. 昆虫学报，51(12):1235-1243.

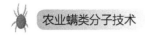

杨顺义, 岳秀利, 王进军, 等, 2013. 二斑叶螨不同抗性品系最佳内参基因的筛选及 CYP392E 亚家族基因的表达分析[J]. 昆虫学报, 56 (10): 1152-1159.

AHN S J, DERMAUW W, WYBOUW N, et al., 2014. Bacterial origin of a diverse family of UDP-glycosyltransferase genes in the *Tetranychus urticae* genome[J]. Insect Biochemistry and Molecular Biology, 50: 43-57.

BAJDA S, DERMAUW W, GREENHALGH R, et al., 2015. Transcriptome profiling of a spirodiclofen susceptible and resistant strain of the European red mite *Panonychus ulmi* using strand-specific RNA-seq[J]. BMC Genomics, 16: 974.

BRYANT S, MANNING D L, 1998. Formaldehyde gel electrophoresis of total RNA[J]. Methods in Molecular Biology, 86: 69-72.

BRYON A, WYBOUW N, DERMAUW W, et al., 2013. Genome wide gene-expression analysis of facultative reproductive diapause in the two-spotted spider mite *Tetranychus urticae*[J]. BMC Genomics, 14: 815.

BU C, LI J, WANG X Q, et al., 2015. Transcriptome analysis of the carmine spider mite, *Tetranychus cinnabarinus* (Boisduval, 1867) (Acari: Tetranychidae), and its response to beta-Sitosterol[J]. Biomed Research International: 794718.

DEARDEN P K, 2002. Expression of pair-rule gene homologues in a chelicerate: early patterning of the two-spotted spider mite *Tetranychus urticae*[J]. Development, 129: 5461-5472.

DEMAEGHT P, DERMAUW W, TSAKIRELI D, et al., 2013. Molecular analysis of resistance to acaricidal spirocyclic tetronic acids in *Tetranychus urticae*: CYP392E10 metabolizes spirodiclofen, but not its corresponding enol[J]. Insect Biochemistry and Molecular Biology, 43: 544-554.

DING T B, NIU J Z, ZHANG K, et al., 2013. Transcription profiling of two cytochrome P450 genes potentially involved in acaricide metabolism in citrus red mite *Panonychus citri*[J]. Pesticide Biochemistry and Physiology, 106: 28-37.

DING T B, ZHONG R, JAING X Z, et al., 2015. Molecular characterisation of a sodium channel gene and identification of a Phe1538 to Ile mutation in citrus red mite, *Panonychus citri*[J]. Pest Management Science, 71: 266-277.

FENG Y N, SHU Z, WEI S, et al., 2011b. The sodium channel gene in *Tetranychus cinnabarinus* (Boisduval): identification and expression analysis of a mutation associated with pyrethroid resistance[J]. Pest Management Science, 67: 904-912.

FENG Y N, YAN J, SUN W, et al., 2011a. Transcription and induction profiles of two esterase genes in susceptible and acaricide-resistant *Tetranychus cinnabarinus*[J]. Pesticide Biochemistry and Physiology, 100: 70-73.

KAWAKAMI Y, GOTO S G, ITO K, et al., 2009. Suppression of ovarian development and vitellogenin gene expression in the adult diapause of the two-spotted spider mite *Tetranychus urticae*[J]. Journal of Insect Physiology, 55: 70-77.

KHILA A, GRBIĆ M, 2007. Gene silencing in the spider mite *Tetranychus urticae*: dsRNA and siRNA parental silencing of the Distal-less gene[J]. Development Genes and Evolution, 217: 241-251.

LEEUWEN T V, VONTAS J, TSAGKARAKOU A, et al., 2010. Acaricide resistance mechanisms in the two-spotted spider mite *Tetranychus urticae* and other important Acari: a review[J]. Insect Biochemistry and Molecular Biology, 40: 563-572.

LI G, LIU X Y, SMAGGHE G, et al., 2021. Molting process revealed by the detailed expression profiles of RXR1/RXR2 and mining the associated genes in a spider mite, *Panonychus citri*[J]. Insect Science, 29: 430-442.

LI M, LU W C, FENG H Z, et al., 2009. Molecular characterization and expression of three heat shock protein70 genes from the carmine spider mite, *Tetranychus cinnabarinus* (Boisduval) [J]. Insect Molecular Biology, 18: 183-194.

LIANG P, PARDEE A B, 1992. Differential display of eukaryotic messenger-RNA by means of the polymerase chain-reaction[J]. Science, 257: 967-971.

LIAO C Y, ZHANG K, NIU J Z, et al., 2013. Identification and characterization of seven glutathione *S*-transferase genes from citrus red mite, *Panonychus citri* (McGregor)[J]. International Journal of Molecular Science, 14: 24255-24270.

LIU B, JIANG G F, ZHANG Y F, et al., 2011. Analysis of transcriptome differences between resistant and susceptible strains of the citrus red mite *Panonychus citri* (Acari: Tetranychidae) [J]. PLoS ONE, 6.

LIU J L, ZHANG Y C, FENG K Y, et al., 2020. Amidase, a novel detoxifying enzyme, is involved in cyflumetofen resistance in *Tetranychus cinnabarinus* (Boisduval) [J]. Pesticide Biochemistry and Physiology, 163: 31-38.

LUO Y J, YANG Z G, XIE D Y, et al., 2014. Molecular cloning and expression of glutathione *S*-transferases involved in propargite resistance of the carmine spider mite, *Tetranychus cinnabarinus* (Boisduval) [J]. Pesticide Biochemistry and Physiology, 114: 44-51.

MORTAZAVI A, WILLIAMS B A, MCCUE K, et al., 2008. Mapping and quantifying mammalian transcriptomes by RNA-Seq[J]. Nature Methods, 5: 621-628.

NIU J Z, DOU W, DING T B, et al., 2012. Transcriptome analysis of the citrus red mite, *Panonychus citri*, and its gene expression by exposure to insecticide/acaricide[J]. Insect Molecular Biology, 21: 222-436.

NIU J Z, LIU G Y, WANG J J, 2011. Susceptibility and activity of glutathione S-transferases in nine field populations of *Panonychus citri* (Acari: Tetranychidae) to pyridaben and azocyclotin[J]. Florida Entomologist, 94: 321-329.

RADONIC A, THULKE S, MACKAY I M, et al., 2004. Guideline to reference gene selection for quantitative real-time PCR[J]. Biochemical and Biophysical Research Communications, 313: 856-862.

RONG X, ZHANG Y K, ZHANG K J, et al., 2014. Identification of Wolbachia-responsive microRNAs in the two-spotted spider mite, *Tetranychus urticae*[J]. BMC Genomics, 15(1): 1122.

SCHMITTGEN T D, LIVAK K J, 2008. Analyzing real-time PCR data by the comparative CT method[J]. Nature Protocols, 3: 1101-1108.

SHEN G M, SHI L. XU Z F, et al., 2014. Inducible expression of mu-class glutathione S-transferases is associated with fenpropathrin resistance in *Tetranychus cinnabarinus*[J]. International Journal of Molecular Sciences, 15: 22626-22641.

SHI L, WEI P, WANG X Z, et al., 2015a. Functional analysis of esterase TCE2 gene from *Tetranychus cinnabarinus* (Boisduval) involved in acaricide resistance[J]. Scientific Reports, 6: 18646.

SHI L, XU Z F, SHEN G M, et al., 2015c. Expression characteristics of two novel cytochrome P450 genes involved in fenpropathrin resistance in *Tetranychus cinnabarinus* (Boisduval) [J]. Pesticide Biochemistry and Physiology, 119: 33-41.

SHI L, ZHANG J, SHEN G M, et al., 2015b. Silencing NADPH-cytochrome P450 reductase results in reduced acaricide resistance in *Tetranychus cinnabarinus* (Boisduval) [J]. Scientific Reports, 5: 15581.

SHIM J K, JUNG D O, PARK J W, et al., 2006. Molecular cloning of the heat-shock cognate 70 (Hsc70) gene from the two-spotted spider mite, *Tetranychus urticae*, and its expression in response to heat shock and starvation[J]. Comparative Biochemistry and Physiology Part B: Biochemistry and Molecular Biology, 145: 288-295.

SUN W, XUE C H, HE L, et al., 2010. Molecular characterization of two novel esterase genes from carmine spider mite, *Tetranychus cinnabarinus* (Acarina: Tetranychidae)[J]. Insect Science, 17(2): 91-100.

TIAN H X, YU S J, LIU B, et al., 2015. Molecular cloning of heat shock protein gene HSP90 and effects of abamectin and double-stranded RNA on its expression in *Panonychus citri* (Trombidiformes: Tetranychidae) [J]. Florida Entomologist, 98: 37-43.

VANDESOMPELE J, PRETER K D, PATTYN F, et al., 2002. Accurate normalization of real-time quantitative RT-PCR data by geometric averaging of multiple internal control genes[J]. Genome Biology, 3(7): research0034.1-research0034.11.

WEI P, DEMAEGHT P, SCHUTTER K D, et al., 2019a. Overexpression of an alternative allele of carboxyl/choline esterase 4 (CCE04) of *Tetranychus urticae* is associated with high levels of resistance to the keto-enol acaricide spirodiclofen[J]. Pest Management Science, 76:1142-1153.

WEI P, LI J H, LIU X Y, et al., 2019b. Functional analysis of four upregulated carboxylesterase genes associated with fenpropathrin resistance in *Tetranychus cinnabarinus* (Boisduval) [J]. Pest Management Science, 75: 252-261.

XIA W K, DING T B, NIU J Z, et al., 2014. Exposure to diflubenzuron results in an up-regulation of a chitin synthase 1 gene in citrus red mite, *Panonychus citri* (Acari: Tetranychidae) [J]. International Journal of Molecular Sciences, 15: 3711-3728.

YANG L H, JIANG H B, LIU Y H, et al., 2011. Molecular characterization of three heat shock protein 70 genes and their expression profiles under thermal stress in the citrus red mite[J]. Molecular Biology Reports, 39: 3585-3596.

YANG S X, GUO C, XU M, et al., 2014. Sex-dependent activity of *de novo* methyltransferase 3 (Tudnmt3) in the two-spotted mite, *Tetranychus urticae* Koch[J]. Insect Molecular Biology, 23: 743-753.

ZHANG Y, FENG K, HU J, et al., 2018. A microRNA-1 gene, tci-miR-1-3p, is involved in cyflumetofen resistance by targeting a glutathione S-transferase gene, TCGSTM4, in *Tetranychus cinnabarinus*[J]. Insect Molecular Biology, 27: 352-364.

ZHONG R, DING T B, NIU J Z, et al., 2015 Molecular characterization of vitellogenin and its receptor genes from citrus red mite, *Panonychus citri* (McGregor) [J]. International Journal of Molecular Sciences, 16: 4759-4773.

第 8 章　农业害螨 RNA 干扰技术

RNA 干扰（RNA interference，RNAi）是通过干扰小 RNA（small interfering RNA，siRNA）与互补的 mRNA 特异结合，造成目的 mRNA 降解，从而在细胞内发挥基因抑制作用，使特定基因表达下调的一种转录后沉默现象。这一现象广泛存在于自然界，是生物在进化过程中抵御外来基因侵害的一种机制，为稳定基因组发挥了重要作用。虽然 RNAi 是一种古老的生物学机制，但是对它的了解与研究是在近十几年才开始的。目前，RNAi 技术作为一种简单、有效的代替传统的反义核酸诱导特定基因沉默的技术，已广泛地应用到基因功能鉴定、基因表达转录后调控等热门研究领域。由于 RNAi 技术具有重要的意义和广阔的应用前景，在 2002 年和 2003 年 RNAi 研究连续两年被《科学》杂志评为年度突破技术。本章将从 RNAi 的发现与发展、作用机制与作用特点、干扰方法，以及在农业害螨中的应用等方面进行阐述，以期为农业害螨的综合治理提供新的思路。

8.1　RNA 干扰技术

8.1.1　RNA 干扰现象的发现与发展

1990 年，Napoli 等为了使矮牵牛花的颜色更加鲜艳，将与紫色相关的查尔酮基因导入矮牵牛花，结果意外地发现，矮牵牛花的颜色不但没有变得更加鲜艳，而且连内源性的查尔酮基因也被沉默，花瓣的颜色变成了杂色或白色，他们把这种现象称为同源性依赖的基因沉默（homology-dependent gene silencing，HDGS）。1992 年，Romano 和 Macino 在粗糙脉孢菌（*Mold neurospora crassa*）中导入合成胡萝卜素基因后，约 30%转化细胞的霉菌本身基因失活，他们称为基因静止。随着进一步的研究，1994 年 Blokland 等通过细胞核转录分析实验（transcription run-on assay）发现在共抑制发生时基因的转录效率并没有发生变化，证实了共抑制并不是在转录水平调节沉默基因的表达。1995 年，Guo 和 Kemphues 在秀丽隐杆线虫（*Caenorhabditis elegans*）的研究中发现正义 RNA 和反义 RNA 均能抑制靶标基因功能表达且两者机制各异。1997 年，Depicker 和 Van Montagu 发现基因共抑制发生过程中基因的转录效率保持不变，转录后 mRNA 前体的积累量也没有受到影响，但是经转录后加工并作为蛋白质翻译模板的 mRNA 产物的量却大幅减少，证实了植物的基因共抑制属于转录后基因沉默，是 mRNA 受到特异性降解造成的。此后，基因共抑制的现象改称为转录后基因沉默（post-transcriptional gene silencing，PTGS）。1998 年，Waterhouse 等首次证实双链 RNA（double-stranded RNA， dsRNA）是植物 PTGS 的主要执行者。当植物基因共抑制研究正火热的时候，Cogoni 和 Macino（1999）试图通过转染表达橙色素的 *all* 基因，提高脉孢菌的橙色素产量，结果发现有一些菌株不但外源性的 *all* 基因不表达，内源性的 *all* 基因表达也受到抑制，产生出白化菌株，但这些菌株基因的转录水平并没有受到影响，只是内源性 *all* 基因的 mRNA 在细胞质中消失，真菌中的这一现象被称为基因压抑（quelling），基因压抑的机制与植物的共抑制一样，都属于转录后水平的基因沉默。1998 年，Fire 等首次在对秀丽隐杆线虫注射 dsRNA 时发现 dsRNA 能够引起与该段 RNA 同源的 mRNA 产生特异性降解，从而高效地特异性阻断相应基因的表达，他们把这种发生在转录后的基因沉默现象命名为 RNA 干扰，同时他们发现 dsRNA 所引起的基因沉默效应要比单独使用反义 RNA 或正义 RNA 强十几倍。这是在动物细胞内首次提出 RNAi 现象并清晰地表明线虫中诱导 RNAi 现象的是双链 RNA 分子。

由于双链 RNA 抑制目标基因的效率强大，使 RNAi 的现象引起了广大科学家们的研究兴趣。在线虫中的 RNAi 现象发现后不到一年时间，就积累了大量的研究数据，这些研究描述了 RNAi 各个方面的特性，奠定了 RNAi 理论的基础。其中具有代表性的发现包括：①RNAi 发生后目标基因的 DNA 分子并不受到影响，说明 RNAi 并不会造成永久性的基因表达障碍，但 RNAi 造成的性状有可能遗传 1~2 代；②在 RNAi 的过程中，细胞质内目标基因的 mRNA 量大幅减少了，但是细胞核内 mRNA 前体的量并没有受到影响，说明 RNAi 与以往发现的植物基因共抑制或者转录后基因沉默的本质机制是一致的；③每个线虫只需要少量的双链 RNA 分子便足以抵抗大量的 mRNA，而且可以维持相当长的时间，说明 RNAi 可以通过某种扩增机制自行增强其效应；④RNAi 的效应可以在线虫体内扩散，从性腺注射双链 RNA 分子，其效应可以在线虫体内的其他部位观察到。把双链 RNA 分子导入线虫体内的方法很简单，除了注射线虫细胞之外，还可以把虫体浸泡在双链 RNA 的溶液中，或者给虫体饲喂能产生双链 RNA 的大肠埃希菌，就能把双链 RNA 分子导入线虫的所有组织中，这使线虫成为 RNAi 机制研究既简单又有效的经典模型。

在很长一段时间，人们认为 RNAi 只是植物和低等动物所特有的现象，在哺乳动物细胞和人类细胞中不存在这种机制。这主要是在以往的研究中，人们把长的双链 RNA 分子直接导入哺乳动物细胞内，以期会像线虫中那样被切割加工成 siRNA，执行 RNAi 的功能。然而，在哺乳动物细胞中长的双链 RNA 分子引起了干扰素样的反应，激活了蛋白激酶 R（protein kinase R，PKR）或寡聚腺苷酸合成酶（oligoadenylate synthetase，OAS）通路，引起细胞内蛋白质翻译停止，导致细胞死亡。因此，以往的观点认为随着生物的进化，高等动物完善的免疫系统取代了低等物种内 RNAi 所担负的抵抗病毒和外源性微生物侵袭的功能，认为 RNAi 机制在高等动物中不存在。2003 年，Tuschl 通过分析低等生物和植物体内自然产生的执行 RNAi 功能的中介分子——siRNA，发现它们都是长度为 21~28 个碱基对大小的小双链 RNA 分子，在每条链的 3′ 端都有 2~3 个垂悬的核苷酸，5′ 端的第一个核苷酸都被磷酸化，这种结构特点是 Dicer 等Ⅲ型 RNA 酶切割长的双链 RNA 分子的产物所特有的。根据这些特点，他们设计了与内源性目标基因互补的，具有上述一级结构特点的长度为 21 个碱基对的小双链 RNA 分子，并通过化学合成方法，把这些 siRNA 分子分别转入人类胚胎肾 293 细胞和海拉（HeLa）细胞内，发现这些 siRNA 能在细胞内高效地抑制目标基因表达，而且是通过标准的 RNAi 途径，切割 mRNA 来完成沉默的。从此，RNAi 机制在哺乳动物和人类细胞中不存在的结论被打破了，Tuschl 等设计 siRNA 的方法也成了经典的 siRNA 设计方法。

随后研究发现，RNAi 现象广泛存在于各种生物中，是生物体清除病毒等外源性核酸或突变及异常表达内源性基因的一种古老的自我保护机制。RNAi 技术作为一种重要的研究手段大大加速了基因组学的研究进程，为基因功能研究提供了一种新的具有高效性和高度特异性的功能基因组研究策略，现已成为基因功能研究和基因治疗研究的热点。随着研究的不断深入，RNAi 技术已成功应用于线虫、果蝇、真菌、植物、小鼠及人等生物的基因功能研究（Brantl，2002），并且应用范围不断被拓宽，有望成为分析人类基因组功能的有力工具，在肿瘤治疗等方面具有广阔的发展前景。

8.1.2　RNA 干扰中几类关键酶的研究

1. Dicer 的研究

RNA 酶Ⅲ家族成员是一类核酸酶，它的结构中包括一个解旋酶结构域、两个 RNA 酶Ⅲ结构域、一个双链 RNA 结合位点，是一种能切割双链 RNA 的酶，酶切产物为带 5′端磷酸基团、3′端的羟基及末端带 2~3 个核苷的双链 RNA。Bernstein（2001）在果蝇中发现了一个具有 RNA 酶Ⅲ样的酶类，它能产生 21~23 bp 的 siRNA 片段，与 RNAi 过程中产物大小相似。研究表明这个核酸酶参与了 RNAi 的起始工作，由于它能将双链 RNA 裂解为大小一致的小片段 RNA（siRNA），因此被命名为 Dicer。Dicer 是核糖核酸家族中特异识别双链 RNA 的一个成员，是分子量大小约为 200 kD 的一种多区域蛋白（multidomain protein），广泛存在于蠕虫、真菌、植物及哺乳动物体内，在人细胞中也有类似的酶。Dicer 酶含有 4 个不同的结构域氨基端解旋酶结构域、双 RNA 酶Ⅲ基序、dsRNA 结合位区及 PAZ 结构域（PiWi、Argo 和 Zwille/Pinhead 蛋白，含有 110 个氨基酸）（Bernstein et al.，2003）。PAZ 区同样也在 Argonaute 蛋白家族中被发现，PAZ 这个名称就是因为发现了 PiWi、Argonaute 和 Zwille 3 种 Argonaute 蛋白而得名的，Agronaute 是 RNAi 效应分子中的一种重要蛋白（Carmell and Hannon.，2004；Hammond et al.，2001）。RNAi 过程包括 dsRNA 的加工处理，其中 RNA 酶Ⅲ样的同源物 Dicer 参与了该过程。Dicer 不是一个普通的核酸降解酶，而是一个严格精确控制 RNA 加工和成熟的核酸酶类，它调控小分子调节型 RNA 的成熟，同时也可以将任何 dsRNA 加工成精确大小的小双链 RNA 分子，参与同源依赖的 RNA 降解。

研究表明，Dicer 在线虫、果蝇、真菌、植物及动物中的进化上比较保守，但是植物 Dicer 终产物的活性与动物有所不同，植物的 Dicer 切割可以产生 21 bp 和 24~25 bp

两种不同长度的 siRNA,而人类和果蝇的 Dicer 只能产生 21 bp 的 siRNA(Howard,2012)。Dicer 除在 RNAi 中起到重要作用之外,还有研究表明敲除 *Dicer l* 基因会导致小鼠在早期发育中死亡,而且 *Dicer l* 缺失的胚胎无法形成正常的干细胞,这些结果表明 Dicer 在小鼠正常发育中也是必不可少的基因（Bernstein et al.,2003）。

2. RISC 复合酶的研究

当 dsRNA 被 Dicer 酶切割成 siRNA 以后,siRNA 会被带入一个多分子复合体,即 RNA 诱导沉默复合体（RNA-induced silencing complex,RISC）,复合体能在 siRNA 指引下靶向沉默靶标 mRNA。RISC 复合体最先是在果蝇胚胎提取物中分离有活性的特异性核酶时发现的。在对果蝇提取物中活性成分的蛋白序列分析发现,RISC 复合体包括以下 4 个组分：Argonaute 2（DmAgo02）、Vasa intronic gene（VIG）、Homology of fragile X protein（DmFXR）和 Tudor-SN（Caudy et al.,2003；Tolia and Joshua-Tor,2007）。在这些蛋白中,由于在多种生物的 RISC 提取物中均发现了 Argonaute 蛋白,说明 Argonaute 蛋白在 RISC 中是非常重要的。Argonautes 蛋白包含 PAZ 和 PiWi 两个特征区域。PAZ 区域在 Dicer 中也有发现,而且在果蝇 S2 细胞中发现 Dicer 和 Argonaute2（HsA902）会发生相互作用,因此这些区域可能是 RNAi 相关蛋白质特有的标签。在人类细胞中的研究表明,人类的 RISC 是一个包含 siRNA 单链和 Argonaute 家族蛋白的核蛋白复合体。RISC 复合体的结构一旦形成,其中的 siRNA 分子就无法与细胞质中自由的 siRNA 分子发生交换（Martinez et al.,2002）。目前的研究表明,RISC 复合体的分子量在不同物种中有很大的区别,一般为 140～500 kDa。在人类的 4 个 Argonaute 蛋白中,仅含 Argonaute 2（HsA902）的 RISC 才具有切割靶标 mRNA 的能力,进一步的研究发现 HsA902 催化残基的突变会使 RISC 的活性丧失。这些数据表明,HsA902 是 RISC 复合体中对 mRNA 进行切割作用的一种酶（Martinez et al.,2002；Tolia and Joshua-Tor,2007）。

Martinez 等（2002）发现在果蝇胚胎提取物中,RISC 中与靶标 mRNA 正义链互补的 siRNA 反义链引导其与互补的区域结合,在 siRNA 结合区域的中间位置,RISC 中的内切酶对与其互补的 mRNA 进行切割。Nykallen 等（2001）研究表明 siRNA 反义链中 5′ 端的磷酸化对保持 RISC 的活性是非常必要的,ATP 被用来保持 siRNA 链 5′ 端的磷酸化。在果蝇胚胎提取物中,合成的缺少 5′ 端磷酸化的 siRNA 双链分子会被立即磷酸化,因此 5′ 磷酸化和非磷酸化的 siRNA 分子的 RNAi 效率并没有显著差异；在人类 HeLa 细胞提取物中也得到了类似的结果（Elbashir et al.,2001c；Martinez et al.,2002）。Schwarz 等（2004）研究表明 siRNA 引导的 RISC 复合体靶向切割 mRNA 依赖的是 Mg^{2+} 而不是 Ca^{2+}。

3. RNA 依赖性 RNA 聚合酶

RNAi 现象已经在多种生物中被发现,在线虫和植物中导入极少量的 dsRNA 就能使靶标 mRNA 的转录水平显著降低,并能保持较长时间的沉默效应（Voinnet,2008）。研究发现,这主要是由于这些物种中存在依赖 RNA 的 RNA 聚合酶(RNA-directed RNA polymerase,

RdRP），使 RNAi 的信号得到扩增。当 dsRNA 被 Dicer 酶切割成 siRNA 小分子以后，就会进入包含 Argonaute 的 RISC 复合体中，然后靶向降解目标 mRNA 产生基因沉默现象；但是在植物和线虫中另一部分 siRNA 分子的反义链则在 RdRP 的作用下，以靶标 mRNA 为模板合成与其序列互补的单链 RNA，从而形成新的 dsRNA 分子又进入 RNAi 的通路之中，如此循环使 RNAi 的信号得到放大（Voinnet，2008；Wassenegger and Krczal，2006）。

1963 年，RdRP 机制在噬菌体中被发现，其功能是作用于噬菌体基因组的复制（Haruna et al.，1963；Weissmann et al.，1963）。1971 年，在中国大白菜中发现了具有 RdRP 活性的酶（Astier-Manifacier and Cornuet，1971）。在拟南芥（*Arabidopsis thaliana*）中已发现了 6 种 RdRP，其中有 3 种酶的催化域含有 DFDGD 氨基酸保守序列，并且所有已鉴定的 RdRP 中，均发现了催化域具有类似的保守区域 DLDGD，但是在这个保守标签序列中，亮氨酸的保守性较低。例如，在拟南芥中亮氨酸被苯丙氨酸所替代，在真菌粗糙麦孢霉（*Neurospora crassa*）中则被酪氨酸所替代。在对果蝇和其他昆虫、小鼠、人类及其他高等动物的基因组分析表明，没有发现与植物、线虫、真菌或病毒的 RdRP 同源基因，这说明这些物种中缺少 RdRP，需要导入足量的 dsRNA 或 siRNA 才能诱发 RNAi 现象（Gordon and Waterhouse，2007；Tomoyasu et al.，2008）。研究发现，尽管 RdRP 活性在果蝇胚胎提取物中存在，奇怪的是成年果蝇基因组中没有编码 RdRP 的基因，大量结果表明在果蝇中的 RNAi 反应不需要 RdRP 基因的参与，因为 siRNA 分子可以将 mRNA 转化成 dsRNA（Lipardi et al.，2001）。

8.1.3　RNA 干扰的作用机制

近些年来，大量的研究分别从不同的侧面和角度反映了 RNA 干扰的过程。现在 RNA 干扰的总体机制基本已经阐明，RNAi 的作用机制可分为 3 个阶段（图 8.1）：启动阶段、效应阶段和级联放大阶段。

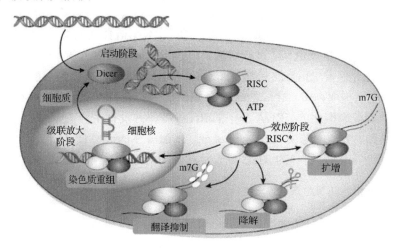

图 8.1　线虫 RNAi 机制图（引自 Hannon，2002）

1. RNA 干扰的启动阶段

siRNA 是 RNAi 机制中的重要中介物,是在植物转录后基因沉默的研究中提出来的。RNAi 过程中产生 siRNA 更直接的证据来自 Tuschl(2003)在胚胎细胞中实验,能够重复出 RNAi 系统的很多特征,用放射性同位素标记正义链或反义链的双链 RNA 在标准的 RNAi 条件下与果蝇合胞囊胚层细胞的裂解液共孵育,发现能高效地产出 21~23 个碱基对的 siRNA 分子。Elbashir 等(2001a)在进一步的研究中表明把大小为 21~23 个碱基对的 siRNA 加入细胞裂解液的系统,能有效地降解细胞质中的 mRNA。Zamore 等(2000)用同源的双链 RNA 和对照的非同源双链 RNA 分子处理果蝇细胞内目标基因 mRNA,发现只有同源的双链 RNA 裂解出的 siRNA 才能有效地降解目标 RNA,证实 siRNA 是 RNAi 过程中的真正中介物。当长的 dsRNA 进入细胞后,被加工成 21~23 nt 的 siRNA(short interfering RNA,siRNA)(图 8.2),3′ 端带有两个碱基突出的黏性末端,5′ 端为磷酸基团,此结构对于 siRNA 行使其功能非常关键。剪切位点一般在 U 处具有特异性(McCaffrey et al.,2002)。加工过程需要一种存在于细胞质中的具有 RNaseⅢ型活性的核酸内切酶,经研究发现它是一段在生物进化过程中非常保守的序列,是具有同源序列的 RNaseⅢ家族的成员之一,被称为 Dicer 酶,在促使 dsRNA 裂解为 siRNA 的过程中起到关键作用。

图 8.2　siRNA 结构示意图

2. RNA 干扰的效应阶段

RNAi 特异性的核酸外切酶、核酸内切酶、解旋酶、辅助识别同源序列蛋白和其他一些蛋白与 siRNA 结合成 RNA 诱导沉默复合体 RISC 识别靶 mRNA,其中的反义链与靶 mRNA 互补结合,正义链则被置换出来。接着,RISC 复合物中的核酸酶在靶 mRNA 与 siRNA 结合区域的中间部位(距离 siRNA 分子 5′ 端 11~12 个碱基位置)将其切断,降解的 mRNA 随后迅速被细胞其他 RNA 酶所降解,从而使目的基因沉默,产生 RNAi 现象(Dzitoyeva et al.,2001)。因此,如果 siRNA 链中间的碱基与目标 RNA 不配对,往往会影响 siRNA 的沉默效率。

在 RNAi 的效应阶段,RISC 复合物起到非常重要的作用。siRNA 与 RISC 复合物形成一种小干扰核糖蛋白粒子(small interfering ribonucleoprotein particles,siRNP)。RISC 和 Dicer 都具有 RNA 酶的活性,但是它们的底物是不同的,RISC 是针对单链 RNA 分子,而 Dicer 则针对双链 RNA 分子。它们酶切 RNA 分子的方式和酶切产物也是不一样的,Dicer 属于 RNA 内切酶,而 RISC 则属于 RNA 的外切酶。

3. RNA 干扰的级联放大阶段

RNAi 机制的主要特点就是具有强大的级联放大酶切反应，只需要少量的双链 RNA 分子就能够在相当长的时间内稳定地降解目标基因 mRNA。虽然在 RNAi 启动的过程中，双链 RNA 分子被加工成多段 siRNA 起作用，具有了一定的放大反应，但这仍是有限的。因此，在 RNAi 机制研究早期就有人提出 siRNA 能通过在细胞内扩增不断维持其沉默目标基因的效应。siRNA 在细胞内扩增的机制是在 RdRP 的作用下，以初级 siRNA 为引物，以 mRNA 为模板，扩增产生足够数量的 dsRNA 作为底物提供给 Dicer 酶，产生更多的次级 siRNA，补充细胞内消耗和降解的 siRNA 分子，从而使效应阶段反复发生，一个完整的 mRNA 因被降解成多个 21～23 nt 的小片段而导致相应的基因沉默。

在 RNAi 理论刚刚提出时，很多人都有这样的疑问，究竟 siRNA 沉默目标基因的表达与以往研究多年和应用的反义核苷酸技术和核酶技术有什么差别？随着对 RNAi 机制和 siRNA 技术的深入研究，发现 siRNA 与反义核苷酸有以下差别：①siRNA 与反义核苷酸沉默基因表达的机理不同。在大多情况下，反义核苷酸与基因的启动子结合，阻碍转录的发生，或是与 mRNA 的 5′ 端非编码区域结合，阻断 RNA 的转运和加工，再或是阻断 RNA 与核糖体翻译复合体的形成；而 siRNA 则是与 mRNA 的序列互补，通过 RISC 复合酶切割 mRNA 分子。因此，设计 siRNA 时靶位点的选择要比反义核苷酸多，而 siRNA 分子也较易接近这些靶位点序列，成为 siRNA 沉默基因表达的优势。②近年来也发现反义核苷酸能通过引导 RNA 酶切作用切割 mRNA，但是它们主要通过 RNA 酶 H，这种酶是针对 mRNA 分子上特定的二级结构引起酶切作用，因此在 mRNA 中靶位点选择少，受 mRNA 的二级折叠结构影响大；而 siRNA 则是以 RNA 内切酶复合物 RISC 作为工具切割 mRNA，对 mRNA 的靶位点选择比较容易。③在生物体内，双链的 siRNA 比反义核苷酸稳定，在血浆和细胞内液中的半衰期比反义核苷酸长。由此可见，siRNA 在选择靶位点、接近 mRNA 分子、沉默基因表达的机制及稳定性方面都要比反义核苷酸有优势。

目前普遍认为 RNAi 是一种转录后基因沉默现象，是宿主将这些内源或外源性核酸视为对自身有害的序列而抑制其表达，这种抑制作用具有序列特异性特点，是生物在进化过程中形成的一种维护自身基因组稳定性的防御手段。研究证实，RNAi 是一个依赖 ATP 的过程，如 RISC 复合体的形成、siRNA 与靶 mRNA 的配对、靶 mRNA 的切割。另外，在 dsRNA 复制过程中，两条链的分离可能也需要一个依赖 ATP 的 RNA 解旋酶（Ali and Manoharan，2009）。虽然研究人员对一些 RNAi 机制中的细节问题还没有完全弄清楚，如 RNAi 的所有中介物，RNA 与蛋白质的复合物的单体纯化，不同的 RNAi 复合物形成的详细机制等，但目前公认的可能机制模型为 siRNA 生成的启动阶段、靶 mRNA 降解的效应阶段及 RNAi 作用的级联放大阶段。

8.1.4　RNA 干扰的作用特点

1. 高特异性

RNAi 最大的特点就在于具有高特异性：①导入细胞的 dsRNA 只特异地抑制与干扰 RNA 具有同源序列的靶基因表达，而对无关基因的表达无影响，这是由 siRNA 的反义链与靶 mRNA 同源区互补配对所决定的（Ngo et al.，1998）。这种高度的序列特异性能够使 dsRNA 非常特异地诱导与之序列同源的 mRNA 降解，避免降解与目的 mRNA 同家族的其他 mRNA，从而实现对目的基因的精确沉默。②RNA 干扰是转录水平的基因沉默，dsRNA 一般针对基因的编码区，针对内含子和启动子序列的 dsRNA 不能产生 RNAi 作用，不具有干扰效果。因此，RNAi 也具有重大的医学价值。

2. 高效性

通过对 RNAi 的机制的了解可以看出，RNAi 存在级联放大效应，由于 Dicer 酶切产生的 siRNA 与同源 mRNA 的结合并降解后者，产生新的次级 siRNA。新产生的次级 siRNA 可再次与 Dicer 酶形成 RISC 复合体，介导新一轮的同源 mRNA 降解的多次利用，如此循环，使相对很少量的 dsRNA 分子就能产生强烈的 RNAi 效应，引起浓度是几倍甚至几十倍的 mRNA 的降解，使干扰效果呈指数倍增长并可达到缺失突变体表型的程度。相比普通的 siRNA，具有短发卡结构的双链 RNA 产生的 RNAi 效应更强（Mann et al.，2007）。

3. 高稳定性

长的 dsRNA 可被细胞内的特异性核糖核酸酶家族成员 Dicer 酶切割为 21～23 nt 的 siRNA。切割后的 siRNA 由于 3′端悬垂 TT 或 UU 碱基，化学性质稳定，使其不再需要进行任何的修饰就能避免细胞内核酸酶类的降解而较稳定地存在。

4. 可遗传性

siRNA 介导的 RNAi 具有一定的可遗传性。Fire 等（1998）将 dsRNA 注射入秀丽线虫的性腺后，在其第 1 子代中也诱导出了同样的基因抑制现象。Bucher 等（2002）在赤拟谷盗中注射以 Dista-less 为靶标的 dsRNA，发现 RNA 干扰效应存在于子代胚胎中。Piccin 等（2001）发展了可调控的遗传 RNAi 方法，成功地对果蝇实现了可持续的基因沉默。Kanginakudru 等（2007）也在鳞翅目的家蚕中，实现了对 early-1（ie-1）基因的持续沉默。

5. 可扩散性

RNAi 作用具有可扩散性。Fire 等（1998）将 dsRNA 注射至线虫体内，发现这些 dsRNA 可以从注射处的细胞扩散到体内其他细胞，引起其他细胞的基因沉默。同时，Winston 等（2007）研究发现线虫中 dsRNA 的传递是由 sid-1 基因编码的 SID-1 蛋白引起的。

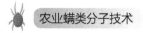

6. 浓度时间依赖性

RNAi 效应存在时间、浓度双重依赖性。干扰效应一般出现在注射 dsRNA 6 h 后，在注入 dsRNA 的 2～3 d 后的作用最强，可持续效应 72 h 以上；而其干扰强度则在一定范围内随着浓度的增高而增加（Lin et al.，2009）。只有连续注入 dsRNA，沉默效应才能持续，否则将只能产生短暂的沉默效应，而且这种效应的强度与初始 dsRNA 的浓度有关。另外，RNAi 还具有对靶 mRNA 的切割位点确定性高、对细胞调控系统无影响、作用快速、穿透性高及操作简便等优点。

8.1.5　RNA 干扰的生物学意义

转录后基因沉默一方面是生物体用来防御寄生性核酸序列（如转座子和植物病毒）侵袭的机制，另一方面 RNAi 有可能是植物病毒用于沉默宿主基因表达的致病机制。RNAi 是植物、线虫、真菌、昆虫、原生动物及其他动物的一种强有力的基因表达抑制途径，在生物体的发生发育及防御系统的构成等方面均具有十分重要的作用。阻抑不必要和（或）有害基因的表达对细胞及机体正常功能的发挥和维持至关重要。

研究表明，无脊椎动物和植物中的 RNAi 机制可抑制侵入宿主体内的病毒和转座子，减弱和清除其基因毒性作用（Djikeng et al.，2001；Fjose et al.，2001）。在基因工程中将一个基因导入植物细胞时出现的基因沉默作用也是宿主细胞的一种通过 RNAi 机制实现的自我保护性反应（Waterhouse et al.，2001）。目前尚不清楚 RNAi 在哺乳动物系统中所起的作用。哺乳动物基因组常面临高负荷病毒和自身 DNA（selfish DNA）的侵袭，以及转录异常所带来的危害，对这些危及正常基因组完整性的因素来说，RNAi 可能是整个防御网络的重要组成部分。dsRNA 介导的特异性基因沉默作用也可能在哺乳动物基因表达的调控中起重要作用，如 X 基因的灭活等（Barstead，2001；Carthew，2001）。总之，在动物和植物中 RNAi 的功能之一是通过抑制生殖细胞中转座子的迁移和 DNA 重复序列的积累来保持基因组的完整性和稳定性。

由于 RNAi 机制的发现至今时间尚短，且 RNAi 机制的普遍性，多数生物细胞都带有这种机制，人类的很多生理和病理的过程都可能与 RNAi 有密切的关联，因此它的作用是巨大的，尚有很多生物学机制有待研究。

8.1.6　RNA 干扰技术的应用

要通过 RNAi 方法使目标基因沉默，首先必须先将相应的 dsRNA 或 siRNA 分子导入细胞或生物体内，降低靶标基因的转录水平。根据研究对象和实验目的不同，目前常见的 RNAi 方法有饲喂法、注射法、浸渍法和转基因植物法等，并且已广泛地应用于植物、线虫、昆虫、小鼠和许多脊椎动物等生物基因功能的研究中。每种方法都各有其优缺点，因此，应按研究需求选择合适的干扰方法。重点介绍以下几种方法在昆虫和螨类中的应用。

1. 注射法

RNAi 现象在线虫中的最初发现就是采用注射的方法导入的 dsRNA（Fire et al.，1998），注射法现在已经是 RNAi 研究中最广泛采用的导入 dsRNA 或 siRNA 分子的方法。Kennerdell 和 Carthew（1998）用显微注射的方法将果蝇与翅形成有关基因（*frizzled* 和 *frizzled2*）的 dsRNA 注入胚胎中，分别得到这两个基因的缺陷型，首次实现了用 RNAi 技术研究昆虫基因的功能。继 RNAi 技术在果蝇的成功应用后，在昆虫胚胎中通过人工介导的方式引入 dsRNA 产生缺陷型个体来研究基因的功能已被广泛应用。Brown 等（1999）首次将 RNAi 技术应用于非模式昆虫赤拟谷盗中，探讨了 RNAi 技术应用于非模式昆虫及研究不同生物发育机制的可行性。目前已经在多种昆虫中采用注射法均取得了成功的应用，如赤拟谷盗、德国小蠊（*Blattella germanica*）、家蚕（*Bombyx mori*）和甜菜夜蛾（*Spodoptera exigua*）等。

dsRNA 可以注射到昆虫的任何部位，但通常位于前胸和腹部。进入体内后，dsRNA 很容易在体内扩散引起 RNAi，甚至可能将这种效应传递到子代。注射 RNAi 法虽然可以方便快捷、高效率地对基因功能进行研究，但是此方法需要特殊的设备方可实施，而且对操作者有比较高的技术要求。目前，实验所用的 dsRNA 需要体外合成及保存，成本相对较高，步骤也较为烦琐。试剂盒的涌现为体外合成 dsRNA 提供了极大方便，但微量注射仍是一项较难掌握的技术。较大的昆虫在注射 dsRNA 后，伤口易愈合，成活率较高。但是对于一些微小的生物体（如蚜虫等），由于注射本身造成的机械损伤会引起极高的死亡率，采用注射法很难研究其相应基因的功能。特别的是对于某些危害植物的线虫或昆虫，注射法只能对于研究一定基因的功能有所帮助，而对采用 RNAi 介导的方法控制其危害则显得作用不大了。

2. 饲喂法

在昆虫中，需要研究出一种可以产生较高水平 RNAi 效应的饲喂法，且此方法是利用 RNAi 技术防治作物虫害的先决条件。1998 年，Fire 等尝试用表达 dsRNA 的大肠埃希菌喂食秀丽隐杆线虫并取得了成功，自此一种新的 dsRNA 导入方法被研究出来，通过对这种方法的改进和优化并借助于饲喂 RNAi 方法的简便性和有效性，大量未知基因的功能在线虫中被阐明。2003 年，Newmark 等将表达 dsRNA 的大肠埃希菌加入地中海涡虫（*Schmidtea mediterranea*）的人工饲料中，发现可以抑制涡虫体内相应基因的表达并获得了与注射法相似的表型（Newmark et al.，2003）。这充分说明应用饲喂法诱导 RNAi 在其他物种中也是可行的。但是饲喂法并不是在所有昆虫中都能获得成功，如注射 dsRNA 能成功地沉默海灰翅夜蛾（*Spodoptera littoralis*）中肠表达的氨基肽酶基因 *slapn*，而通过喂食 dsRNA 却不能实现 RNAi（Rajagopal et al.，2002）。

2006 年，Turner 等将以 *carboxyesterases* 基因为靶标的 dsRNA 作为苹果浅褐卷蛾幼虫人工饲料的组分，饲喂 2 d 后，可观察到基因表达的抑制效果，在 7 d 后该效果达到最大。随后在双斑蟋蟀（*Gryllus bimaculatus*）和黄胸散白蚁（*Reticulitermes flavipes*）中也发现通过饲喂 dsRNA 的方法可以诱导产生 RNAi（Meyering-Vos and Müller，2007；Zhou et al.，2008）。Walshe 等（2010）研究发现通过在双翅目昆虫舌蝇（采采蝇，*Glossina morsitans morsitans*）所要取食的血液中添加 dsRNA 也可以有效沉默其中肠表达的基因 *TsetseEP*，并能取得与注射法同样有用的效果。随后，在膜翅目昆虫蜜蜂（*Apis mellifera*）中也发现饲喂 dsRNA 可以成功地诱导产生 RNAi，在鳞翅目昆虫小菜蛾（*Plutella xylostella*）和棉铃虫中也有了饲喂 dsRNA 或 siRNA 成功的报道。

饲喂法与注射法相比，首先是其不会对生物体造成机械损伤，其次可以比较大规模地研究基因的功能，饲喂法不需要专门的设备和特殊的技巧，可以使 RNAi 的研究更加便捷。特别是通过饲喂 dsRNA 的方法可以筛选到更多有意义的基因，为利用 RNAi 介导的害虫控制新方法提供候选基因资源。但是，饲喂法虽然有上述的优点，它还并不能完全取代注射法。饲喂法所产生的 RNAi 效果与注射法相比仍存在较大差距，如在长红锥蝽的 RNAi 实验中，以 *NP2* 基因为靶标的 dsRNA 分别以饲喂和注射两种方法导入虫体内，虽然这两种方法均产生了对 *NP2* 表达的抑制效应，但注射法中 *NP2* 的表达量降低了 75%，而饲喂法仅降低了 42%（Araujo et al.，2006）。对甜菜斜纹夜蛾的幼虫显微注射以 *aminopeptidase-N* 基因为靶标的 dsRNA，可以产生有效的抑制效果，而饲喂法却没有产生相应的 RNAi 效应（Rajagopal et al.，2002）。这表明饲喂法的成功与不同昆虫的中肠环境和对不同靶基因的敏感性密切相关。由于饲喂法还存在作用较慢、效率较低等特点，对于一些无法通过取食的发育时期如胚胎期或昆虫的蛹期，注射法仍然具有不可替代的作用。

3. 浸渍法

除了注射法和饲喂法外，还有一种通过将研究对象浸入 dsRNA 中来实现 RNAi 的方法，即浸渍法。这一方法为大规模地研究基因功能带来了便利。Tabara 等在 1998 年首先发现将线虫浸泡在 dsRNA 溶液中可以诱导靶标基因的沉默，随后发现在其他类线虫如奥氏奥斯特线虫（*Ostertagia ostertagi*）、捻转血矛线虫（*Haemonchus contortus*）和昆虫寄生性线虫嗜菌异小杆线虫（*Heterorhabditis bacteriophora*）中，dsRNA 或 siRNA 也可以通过浸泡的方式进入这些线虫体内引起 RNAi 效应的产生，但是这种浸泡方法仅对部分基因有作用，对有一些基因如奥特斯线虫中的类甲状腺素运载蛋白（transthyretin-like protein）和 17 kD 的分泌蛋白表达水平没有影响（Visser et al.，2006）。此外，Solis 和 Guillen（2008）也发现将原生动物阿米巴原虫（*Entamoeba histolytica*）浸泡在 dsRNA 中也可以诱导 RNAi 的产生；Orii 等（2003）在可再生的日本三角涡虫（*Dugesia japonica*）研究中，发现将其先切割开再浸泡在 dsRNA 中可以诱导 RNAi 产生，但是如果将整条虫子先浸泡在 dsRNA 中则不能诱导 RNAi 的产生，这也说明 dsRNA 只有通过一定的方式进入生物体内才可以诱导 RNAi 的产生。将 dsRNA 加入含有果蝇细胞的溶液中也已经有了成功的报道，并且已经采用此方法对一些基因的功能进行了研究。

浸渍法的优点是操作简单方便且不需要特殊的设备仪器，可以在较短的时间内对目标基因的功能进行研究。但是浸渍法与注射法相比需要较大量的 dsRNA，如在涡虫中浸泡所需的 dsRNA 量是注射所需量的 1000 倍（Orii et al.，2003），另外浸渍法在某些生物体（如奥氏奥斯特线虫）中诱导产生 RNAi 的重复性不高（Visser et al.，2006），并且其成功应用的生物范围比较窄。由于这些原因使浸渍法的广泛应用受到了限制。

4. 转基因植物法

转基因植物法是指通过在植物体中表达含有目标物种基因的 hpRNA（hairpin RNA），通过目标生物取食植物而介导 RNAi 的一种方法。此方法与饲喂法相比能更稳定地表达 dsRNA，使目标生物能更加有效获得 dsRNA，也是目前最有可能通过 RNAi 介导来控制有害生物的方法。目前，此方法已在植物病毒（Kalantidis et al.，2002；Lennefors et al.，2006）、根结线虫（Fairbairn et al.，2007）、棉铃虫（Mao et al.，2007；Mao et al.，2011）和玉米甲虫（Baum et al.，2007）等生物中得到了应用。在植物介导的 RNAi 中，由于有害生物的基因是被有目的地选择插入植物中，这种植物对靶标生物的作用是特异性的，而对非靶标生物是没有影响的，也是安全的。RNAi 中不表达产生蛋白，不存在与作物中出现新的或外源的蛋白相关的危险。但是，RNAi 转基因植物技术在应用中也必然会有潜在风险，如果沉默机制特异性不可知、沉默效果在同代或世代间变化多端、环境和病原物影响沉默稳定性、沉默在物种间水平转移、沉默常被无意触发，可能对环境和人类健康具有潜在危险。虽然 RNAi 技术存在上述风险，但是我们相信随着转基因植物介导的 RNAi 方法的不断更新，在不久的将来将会得到安全的应用。

8.2　RNA 干扰技术在农业害螨研究中的应用

RNAi 是生物体基因表达的一种调控机制，属于转录后水平调控方式的一种。RNAi 技术是在 RNA 理论提出以后，特别是 Tuschl 等（2003）在哺乳动物细胞中发现 19～21 个碱基对的 siRNA 能特异地沉默目标基因后，人们根据目标基因的 mRNA 序列设计并合成或表达与之相互补的 siRNA，并导入靶细胞抑制目标基因表达。RNAi 技术已广泛地应用于植物、线虫、昆虫、小鼠和许多脊椎动物等生物基因功能的研究中，但是在农业害螨中的研究与应用还相对较少，下面将对 RNAi 技术在农业害螨中的研究与应用做详细介绍。

8.2.1　RNA 干扰中影响干扰效率的五大因素

从在实际应用方面来看，有很多因素都会影响着 siRNA 介导的基因沉默效果，这些因素大致可分为 5 类。

（1）dsRNA 的浓度。对于每个目标基因和生物来说，并不是浓度越高干扰效率就会越好，确定最佳的 dsRNA 浓度是获得最佳的沉默效率的必要条件。Meyering-Vos 和

Müller（2007）研究发现在双斑蟋末龄幼虫雌虫中饲喂 *sulfakinin* 基因的 dsRNA 浓度由 2 μg 提高到 10 μg，*sulfakinin* 基因的沉默效率并没有显著差异。

（2）核苷酸序列。在合成 dsRNA 之前，应该广泛比对 dsRNA 与其他 mRNA 的同源性。为避免造成对其他 mRNA 的干扰而出现脱靶现象，长度超过 15 bp 的同源序列应该排除。相反，如果要试图沉默整个基因家族，合成的序列应该包含所有的同源序列。Araujo 等（2006）在长红猎蝽（*Rhodnius prolixus*）的研究中就出现了脱靶的现象，原本想沉默目标基因 *nitrophorin2*，但是结果却使两个同源性很高的 *nitroporin* 基因都被沉默了。Baum 等（2007）研究发现虽然在玉米根萤叶甲指名亚种（*Diabrotica virgifera virgifera*）中要达到沉默效果所需要的 dsRNA 浓度要高于马铃薯甲虫（*Leptinotarsa decemlineata*），但是马铃薯甲虫 Vacuolar H^+ATPase 的 dsRNA 也能沉默玉米根萤叶甲中的同源基因。

（3）dsRNA 片段的长度。Mao 等（2007）研究表明在使用饲喂法进行 RNAi 过程中 dsRNA 片段的长度是影响沉默效率的一个决定性的因素。在饲喂法中序列长度一般为 300～520 bp。Saleh 等（2006）报道了在果蝇 S2 细胞中 dsRNA 的长度应该最少为 211 bp。

（4）沉默效果的持续性。Shakesby 等（2009）在利用 RNAi 研究蚜虫（*A. pisum*）水通道蛋白时发现沉默效率可以持续 5 d，5 d 后开始降低。Turner 等（2006）报道浅棕色苹果蛾信息素结合蛋白基因 dsRNA 产生的瞬间 RNAi 效应可能与靶蛋白的转换率有关。

（5）目标生物的发育阶段。虽然在成熟的发育阶段能更方便、更高效地进行 RNAi 实验，但是在发育早期或中期经常表现出更加明显的沉默效果。例如，在对长红猎蝽 *nitrophorin2* 基因进行 RNAi 的研究中，4 龄幼虫的基因并未检测到沉默效果，而 2 龄幼虫的沉默效率则达到 42%（Araujo et al.，2006）。在草地贪夜蛾（*Spodoptera frugiperda*）中也观察到类似的现象，在 5 龄幼虫中检测到比成虫更高的沉默效果（Griebler et al.，2008）。

8.2.2　RNAi 技术在二斑叶螨、朱砂叶螨和柑橘全爪螨中的应用

二斑叶螨、柑橘全爪螨和朱砂叶螨同属叶螨科三大农业害螨，是世界范围内农业生产上的重要害螨。生产实践中还是以化学防治为主，这就不可避免地使其对多种药剂产生了不同程度的抗药性，直接影响田间防治效果，导致防治成本提高。大量研究已经表明害螨抗药性的增强与其体内解毒酶的活性、靶标位点的敏感性等密切相关。因此，通过利用 RNAi 技术对害螨中解毒代谢基因和生长发育等相关基因进行研究，在害螨中建立起一套高效可行的 RNAi 体系，为延缓抗性发展速度，有针对性地对其进行抗性治理显得尤为关键，也为建立田间快捷抗性检测手段、寻找农药作用新靶标提供理论基础和实践依据，进而为农业害螨的抗性治理提供有效策略。目前，RNAi 已经应用于农业害螨中致死基因筛选、解毒代谢等相关基因的研究。

2007 年，Khila 和 Grbić 为了加深对基础节肢动物中基因功能的研究与分析，在二斑叶螨中建立起有效的基因沉默方法，首次利用注射法对二斑叶螨生长发育相关基因 *Distal-less（Dll）* 进行 RNAi 研究。结果发现将带荧光标记的 dsRNA 和短 siRNA 分子注

射到雌成螨的腹部后，在其产的卵中也能被检测到，这表明 dsRNA 能够系统地分布在害螨体中（图 8.3）。同时，发现在注入 dsRNA 或者 siRNA 后都会导致 *Dll* 蛋白的减少，以及诱导出现典型的肢减短和部分腿的融合现象，但 siRNA 介导的 *Dll* 沉默效率比 dsRNA 更加明显（图 8.4）。该试验虽然成功地利用注射法在二斑叶螨中进行了 RNAi 试验，在特异性沉默 *Dll* 基因后也观察到了相应的表型的变化，但是试验效果却不太理想：①只能在注射的第一天检测到荧光标记的 dsRNA 较高的荧光值，这表明荧光示踪剂在母体内被疏散或消耗了；②沉默效率较低，出现相应表型的概率也很低，注射 dsDll 后只有 6% 的胚胎出现了附肢融合的现象，2% 出现附肢减短现象，注射 siDll 后胚胎出现附肢融合或附肢减短现象的概率分别是 4.8% 和 6.7%。另外，由于二斑叶螨体形较小，使用注射法工作量大，对实验操作要求太高，难度很大，难以进行大量研究，因此使用注射法在害螨中的建立 RNAi 体系存在很大的困难。

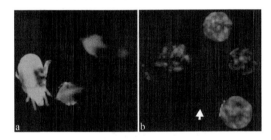

图 8.3 注射 dsYFP 和 siGFP 后的二斑叶螨雌成螨与其子代（引自 Khila and Grbić，2007）

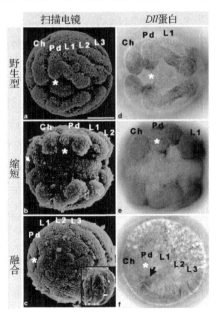

图 8.4 扫描电镜和 anti-Dll 抗体染色的二斑叶螨 Dll-RNAi 胚胎（引自 Khila and Grbić，2007）

2011 年，二斑叶螨全基因组测序分析完成，为蛛形纲的生物学研究提供了一个很好的基因组模型（Miodrag et al.，2011）。二斑叶螨全基因组测序也将促进蜱螨亚纲中基因调控机制的研究，包括由 RNAi 介导的转录后基因沉默（Leeuwen et al.，2013）。RNAi机制的关键组分，如 Dicer、Argonautes 和 RISC 复合体等都在二斑叶螨全基因组中得到鉴定，从而确定了在二斑叶螨中存在 RNAi 功能。此外，通过比对搜索发现了一些可能与dsRNA 吸收相关的候选蛋白质，这些蛋白质包括 scavenger receptors（SR-Cl，tetur12g01400；Eater，tetur18g02330）、RSD-3（tetur17g02690）和 5 个同源 RdRP（tetur02g08750、tetur02g08760、tetur02g08780、tetur02g0881 和 tetur02g08820）（Miodrag et al.，2011）。然而，通过饲喂 dsRNA 后，dsRNA 能否有效地在二斑叶螨中传递及有效抑制目标基因的表达，这些仍然都是未知的。2013 年，Kwon 等在二斑叶螨中通过叶碟饲喂 dsRNA的方法建立了一套 RNAi 的系统来筛选与致死相关的基因。4 个候选基因（蛋白复合体亚基 β，β subunit of coatomer protein complex，T-COPB2；M1 金属蛋白酶，M1 metalloprotease，T-M1MP；核糖体蛋白 S4，ribosomal protein S4，T-RPS4；V 型质子 ATP酶催化的亚基，a subunit of V-ATPase，T-VATPase）被用来进行 RNAi 实验。首先，将叶片放置在含有 dsRNA 溶液的直径为 15 mm 的圆盘中处理 12 h，这也表明 dsRNA 能够在叶片组织中流通。然后，在二斑叶螨取食叶片 24 h、48 h、72 h、96 h、120 h 后进行沉默效率和死亡率检测。研究发现二斑叶螨在取食 T-COPB2、T-M1MP、T-RPS4 和T-VATPase dsRNA 后沉默效率分别为 14.2%～26.7%、7.2%～35.8%、36.0%～38.8%和20.2%～50.0%，在取食 120 h 后死亡率都达到最大值，分别为 65.4%、15.9%、36.1%和21.1%。研究结果表明通过叶片传导 dsRNA 是一种有效的筛选致死基因的方法。此外，如 T-COPB2、T-M1MP、T-RPS4 和 T-VATPase 等这些基因可以用来建立一个以 RNAi 为基础的二斑叶螨防治系统。对于吸食性昆虫，如蚜虫和粉虱，已经通过人工饲料传导dsRNA 的方法建立了一个完整的饲喂法 RNAi 体系。人工饲料所包含主要营养成分已经在实验室条件下被用来饲喂二斑叶螨（Geest et al.，1983）。最初，Kwon 等也试图通过人工饲料携带 dsRNA 来饲喂二斑叶螨，但是后来发现膜饲喂系统并不适合：①在饲喂 96 h内对照死亡率通常都很高（>50%）；②通常会观察到逃避取食的行为；③由真菌和细菌引起的污染频繁发生。因此，他们选择通过叶碟饲喂 dsRNA 的方法来建立 RNAi 系统，并证明在二斑叶螨中这可能是一个可以用来有效评价致死基因致死效果的方法。虽然通过叶片传导 dsRNA 的方法成功将目标基因沉默，也观察到致死效果，但是我们发现致死基因的沉默效率不高也不稳定，导致致死效果并不明显，所以此方法可能还需要进一步改进与优化。

在二斑叶螨中通过叶碟介导的 dsRNA 的传递可以用来有效评价致死基因的致死效果，并且干扰不同的基因会导致不同的死亡率，这表明筛选多个具有高 RNAi 毒性的目标基因是非常重要的。2016 年，Kwon 等通过制作 24 孔细胞培养板的方法改进了 RNAi筛选系统来提高样品处理效率。利用 MUC 筛选系统评价了 42 个二斑叶螨基因的致死率，并且尝试不同基因的组合和检测不同重组基因的 RNAi 毒性，以此作为评价毒性增强的策略。基于 42 个靶基因参与的生物学过程，可以将它们分为 8 组：翻译蛋白类（G1-group，4 个）、蛋白质运输类（G2-group，11 个）、跨膜蛋白类（G3-group，3 个）、质子梯度调节（G4-group，4 个）、渗透调节（G5-group，5 个）、类胡萝卜素合成（G6-group，5 个）、发育（G7-group，8 个）和其他类（G8-group，2 个，成螨阶段富集和消化相关基因）。用 200 μL 浓度为 80 ng/μL 的 dsRNA 溶液处理直径为 15 mm 的菜豆叶片 12 h，实验中每隔 24 h 再添加 100 μL dsRNA 溶液以保持叶碟的湿润。每片叶片上挑取 14～16 头 5～7 日龄雌成螨，每孔都用盖子封闭，让其分别取食 0 h、24 h、48 h、72 h、96 h 和 120 h。研究结果发现，通过饲喂 dsRNA 的方法来干扰翻译（G1）、蛋白质运输（G2a，尤其是 *COPE*、*COPB*2 和 *COPB*）、质子梯度调节（G4）、发育（G7）和其他类（G8）基因的表达产生的毒性可能比抑制跨膜蛋白（G3）、渗透调节（G5）或类胡萝卜素合成（G6）更高（图 8.5）。同时，发现二斑叶螨在取食衣被蛋白Ⅰ（COPⅠ）亚家族基因，epsilon（*COPE*）和 beta 2（*COPB*2）dsRNA 后，导致了较高的致死效果，致死中时间（LT_{50}）分别为 89.7 h 和 120.3 h。同时也检测到 *COPE* 的 mRNA 表达量显著下调了 24%，表明毒性很可能是由于靶标基因被干扰而产生的。在评价毒性增强的策略上，重组 dsRNA 分别来自 *COPE* 和 *COPB*2 的基因片段，结果发现两个重组 dsRNA 表现出的毒性都高于单个 dsRNA，LT_{50} 分别为 79.2 h 和 81.5 h。这些结果表明不同基因的重组可以增强 RNAi 毒性，可以被利用来改善 RNAi 效果。该实验通过改进的 RNAi 筛选方法提高了样品处理效率。与之前的单个饲喂相比，可以快速处理多个样品，节省实验时间。对于选择一个有效的目标基因用于 RNAi 的害虫控制中，建立一个有效的筛查系统是至关重要的。MUC 筛选方法可以高效地筛选致死基因，通过 RNAi 的方法来防治二斑叶螨。此外，MUC 筛选方法将有助于了解生物过程中基因的功能，如杀螨剂抗性的发展、寄主适应性、自身发育等。筛选的致死基因也可以直接利用于转基因植物或开发新型杀螨剂替代传统杀螨剂直接喷洒。

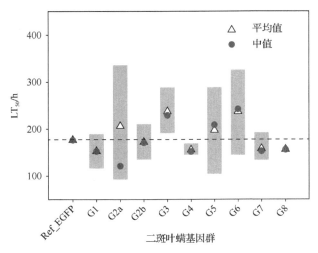

图 8.5　按生物过程分类的基因群的 dsRNA 毒性（LT_{50} 值）的均值和中位数（引自 Kwon et al.，2016）

Liao 等（2015）研究发现柑橘全爪螨中谷胱甘肽-S-转移酶（GSTs）基因 *PcGSTm5* 的 mRNA 表达量相比于敏感品系在阿维菌素抗性品系中显著上调 3.2 倍，在低浓度阿维菌素胁迫 24 h 后 *PcGSTm5* 的 mRNA 表达量显著上调了 20 倍。为了研究 *PcGSTm5* 基因的功能，明确其在阿维菌素抗性中的作用，采用叶片饲喂法对其进行 RNAi 研究。

具体操作如下 [图 8.6（a）]：①小心地剪下幼嫩的柑橘叶片，用清水洗净；②将叶片放置在 60℃条件下脱水 3～5 min；③将叶片的叶柄部分插入容积为 0.2 mL 的含有 200 μL，500 ng/μL dsRNA 溶液的 PCR 管中，让其充分吸收 1～2 h；④用小号毛笔轻柔地挑取柑橘全爪螨雌成螨至叶片；⑤将 PCR 管与柑橘叶片转移到 50 mL 倒置离心管中，将离心管底部切除并用一块薄纱布封闭；⑥放置于光照培养箱中让其取食 48 h。研究结果发现，在柑橘全爪螨取食 dsRNA 叶片 48 h 后，*PcGSTm5* 的表达量被抑制了 65%，使用较低浓度阿维菌素处理后发现死亡率由 23%（对照组）显著升高到 55.6%（处理组）[图 8.6（b）]。研究表明，使用叶片饲喂法有效地沉默了柑橘全爪螨 *PcGSTm5* 基因的表达，进一步明确了 *PcGSTm5* 基因在柑橘全爪螨阿维菌素抗性中的作用。

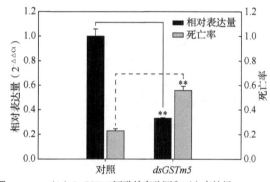

（a）叶片介导的dsRNA饲喂的RNAi装置　　　　（b）*PcGSTM5*沉默效率监测和死亡率结果

图 8.6　RNAi 装置与 *PcGSTM* 5 基因沉默后死亡率统计（引自 Liao et al., 2015）

2015 年，Shi 等研究发现朱砂叶螨中细胞色素 P450 还原酶（*TcCPR*）基因在甲氰菊酯抗性品系中的表达量显著上调 4.12 倍，用浓度为 LC_{30} 的甲氰菊酯分别诱导 6 h、12 h、24 h 后，发现 *TcCPR* 基因在敏感品系中的表达量上调小于 1.5 倍或者没有显著变化，而在抗性品系中的表达量显著上调 3.70 倍、3.95 倍和 4.61 倍。P450 还原酶是一类含有黄素腺嘌呤二核苷酸（FAD）和黄素单核苷酸（FMN）辅基的复合黄素蛋白，作为 P450 的主要电子供体，在 P450 酶系催化活动中起着重要作用。为了明确 *TcCPR* 在朱砂叶螨细胞色素 P450 解毒代谢中的作用，利用 RNAi 对其功能进行研究。采用叶碟饲喂法进行 RNAi 实验，首先将新鲜的豇豆苗叶片裁剪成直径为 1.5 cm 大小，放置在 60℃条件下脱水 3 min，然后将叶片浸泡在浓度为 1000 ng/μL 的 dsRNA 溶液中，使其充分吸收 5 h，然后将叶片放置在湿滤纸上，将滤纸置于叶碟中，再轻柔地用小号毛笔将已经饥饿处理了 24 h 的朱砂叶螨 3～5 日龄雌成螨挑至叶片，最后将叶碟放置于光照培养箱，让其取食 48 h。研究结果发现朱砂叶螨取食 *TcCPR* dsRNA 48 h 后，*TcCPR* 的 mRNA 在敏感品系和甲氰菊酯抗性品系中的表达量分别被抑制了 52.5% 和 41%（图 8.7），同时也发现 *TcCPR* 的下调，并没有影响其他 P450 的基因表达。在干扰 *TcCPR* 后，朱砂叶螨总的 P450 酶活性显著下降了 75%，使用 LC_{30} 和 LC_{50} 浓度的甲氰菊酯处理后发现在敏感品系中死亡率没有显著变化，而在甲氰菊酯抗性品系中分别从 35.53% 和 53.09%（对照组）升高到 57.11% 和 79.28%（处理组）（图 8.8）。这些结果表明 *TcCPR* 在朱砂叶螨 P450 活性中发挥了至关重要的作用，抑制 *TcCPR* 会显著影响朱砂叶螨对甲氰菊酯的毒性，使朱砂叶螨的敏感性显著增加。这项研究也说明了 P450/CPR 复合体与朱砂叶螨甲氰菊酯抗性存在密切的相关性。朱砂叶螨 *TcCPR* 具有成为一个新型农药靶标的潜力。

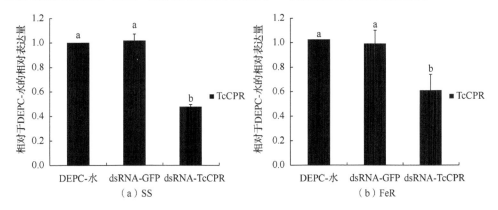

图 8.7 饲喂 dsRNA-*TcCPR* 后的 *TcCPR* 表达水平定量表达分析（引自 Shi et al.，2015）

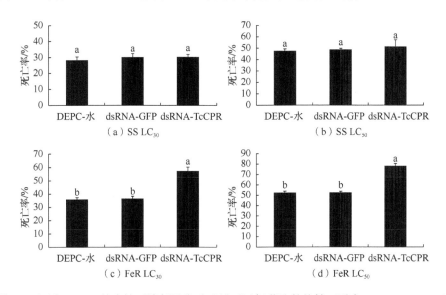

图 8.8 沉默 *TcCPR* 的表达后降低了朱砂叶螨对甲氰菊酯的抗性（引自 Shi et al.，2015）

Shi 等（2016）利用叶碟饲喂法对朱砂叶螨羧酸酯酶基因 *TCE2* 进行 RNAi 研究，结果发现朱砂叶螨取食 *TCE2* dsRNA 48 h 后，其 mRNA 在敏感品系、阿维菌素、甲氰菊酯和丁氟螨酯抗性品系中的表达量分别下调了 65.02%、63.14%、57.82% 和 63.99%（图 8.9）。同样地，抑制 *TCE2* 表达后，使用 LC_{30} 和 LC_{50} 浓度的阿维菌素处理朱砂叶螨发现死亡率在敏感品系中分别从 32.49% 和 52.58% 增加到 50.09% 和 67.52%，在抗性品系中从 34.71% 和 52.0% 增加到 59.75% 和 76.82%（图 8.10）；使用 LC_{30} 和 LC_{50} 浓度的甲氰菊酯处理朱砂叶螨发现死亡率在敏感品系中分别从 30.98% 和 48.12% 增加到 42.25% 和 59.56%，在抗性品系中从 36.86% 和 51.28% 增加到 55.95% 和 72.45%（图 8.11）；使用 LC_{30} 和 LC_{50} 浓度的丁氟螨酯处理朱砂叶螨发现死亡率在敏感品系中分别从 30.99% 和 50.79% 增加到 44.84% 和 63.36%，在抗性品系中从 33.05% 和 53.14% 增加到 54.73% 和 74.78%（图 8.12）。同时，在抗性品系中死亡率的增加量都要大于敏感品系，这些结果表明，叶碟饲喂法能够高效地干扰 *TCE2* 基因的表达，*TCE2* 基因沉默后，增加了朱砂叶螨对 3 种杀螨剂的敏感性，并且抗性品系对于 *TCE2* 的下调表达更加敏感，进一步表明 *TCE2* 基因在朱砂叶螨对于阿维菌素、甲氰菊酯和丁氟螨酯的抗性形成中有重要作用。

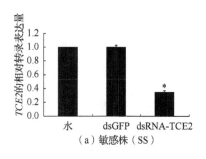

(a) 敏感株（SS）

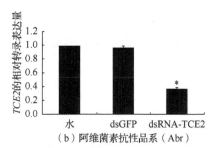

(b) 阿维菌素抗性品系（Abr）

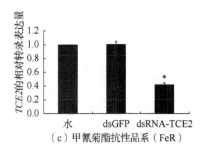

(c) 甲氰菊酯抗性品系（FeR）

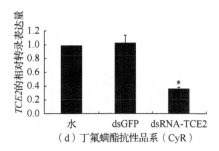

(d) 丁氟螨酯抗性品系（CyR）

图 8.9　在敏感品系和 3 个抗性品系中 dsRNA 介导抑制 *TCE2* 转录表达水平分析
（引自 Shi et al.，2016）

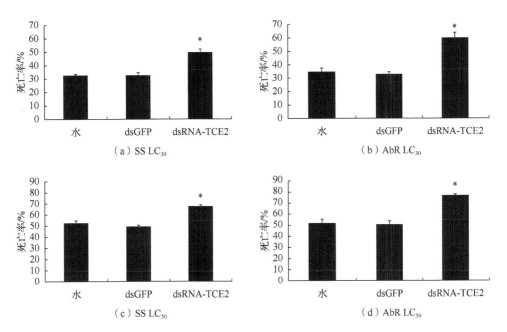

图 8.10　沉默敏感和阿维菌素抗性品系中 *TCE2* 后统计 LC$_{30}$ 与 LC$_{50}$ 的结果
（引自 Shi et al.，2016）

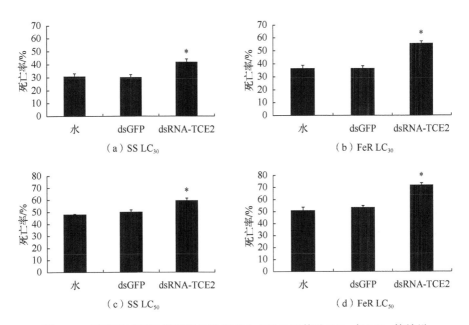

图 8.11　沉默敏感和甲氰菊酯抗性品系中 *TCE2* 后统计 LC$_{30}$ 与 LC$_{50}$ 的结果
（引自 Shi et al.，2016）

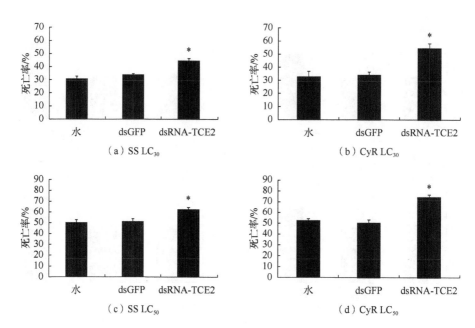

图 8.12 沉默敏感和丁氟螨酯抗性品系（CyR）中 *TCE2* 后统计 LC$_{30}$ 与 LC$_{50}$ 的结果
（引自 Shi et al.，2016）

Shen 等（2016）为了鉴定朱砂叶螨适应取食棉花的关键基因，将长期取食豇豆叶片的朱砂叶螨转移至棉花叶片上取食，分别于 8 h 和 50 d 后进行数字基因表达谱测序，将其与长期取食豇豆的朱砂叶螨进行比较，对基因的差异表达进行分析。在主要的解毒代谢酶中，发现其中一个细胞色素 P450 基因 *CYP392A4* 的 mRNA 表达量在朱砂叶螨取食棉花之后显著上调。COG 数据库分析这个 P450 基因可能参与次生代谢产物生物合成、运输和分解代谢、防御机制等的过程。因此，为了明确 *CYP392A4* 在适应朱砂叶螨取食棉花中的作用，利用转基因植物法对其进行 RNAi 研究。将朱砂叶螨 *CYP392A4* 成功转入棉花中 [图 8.13（a）]，利用棉花来表达 *CYP392A4* dsRNA，并进一步进行了 qPCR 验证 [图 8.13（b）]。再将朱砂叶螨挑上棉花叶片进行取食，从幼螨到一直取食到成螨。qPCR 结果表明取食转基因的棉花后，朱砂叶螨 *CYP392A4* mRNA 表达量显著下调 43% [图 8.13（c）]，而对另一个对照 P450 基因 *CYP389B1* 没有影响 [图 8.13（d）]。生命表数据表明取食转基因棉花（TC）和取食豇豆（WT）的朱砂叶螨在发育历期、世代周期及寿命等方面都没有显著差异，但是取食转基因棉花的朱砂叶螨在生殖能力方面显著下降。进一步分析发现取食转基因棉花的朱砂叶螨在净生殖率（Rn）、固有增长率（γm），有限的增长率（λ）等方面都要低于取食豇豆的种群，存在适合度代价。在这项研究中，对朱砂叶螨适应取食新寄主（棉花）的关键基因进行了分析，为害虫害螨防治的潜在靶标提供了可靠的依据，同时也表明可以利用转基因棉花表达 dsRNA *CYP392A4* 来控制棉花上朱砂叶螨的危害。

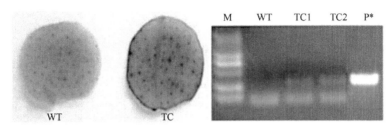

（a）转基因棉花（TC）和野生型（WT）的β-葡萄糖醛酸酶（GUS）染色和PCR检测

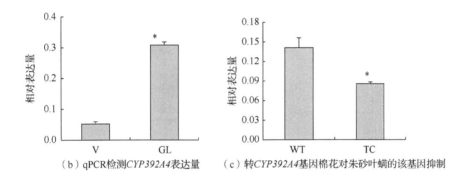

（b）qPCR检测*CYP392A4*表达量

（c）转*CYP392A4*基因棉花对朱砂叶螨的该基因抑制

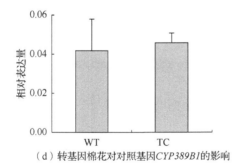

（d）转基因棉花对对照基因*CYP389B1*的影响

图 8.13　对构建的转基因棉和 QPCR 检测结果进行评价
（引自 Shen et al.，2016）

　　Li 等（2017）在解析了柑橘全爪螨蜕皮通路基因的表达模式后，用叶碟浸泡法（图 8.14）干扰其中的关键基因，发现存活率和蜕皮率都显著下降。这些 RNAi 效应可以通过百日青蜕皮酮 A（Pon A）来拯救，而蜕皮激素（20 E）却不能，这表明与传统的昆虫蜕皮通路不同，柑橘全爪螨的蜕皮激素为 Pon A 而不是 20 E。

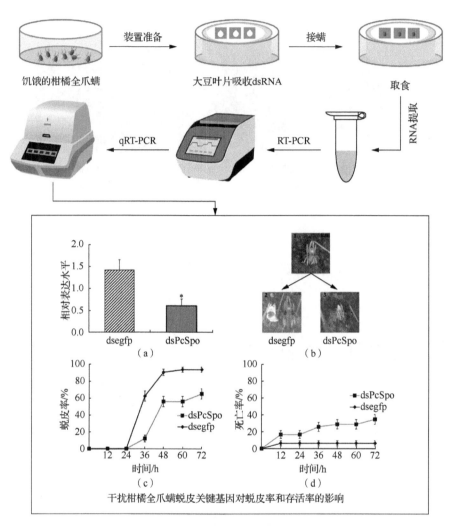

图 8.14　柑橘全爪螨叶碟法 RNAi 流程图（结果引自 Li et al.，2017）

8.3　展　　望

　　三大农业害螨严重危害多种农作物与植物，其世代周期短，近亲繁殖率高，导致抗性发展迅速，防治困难，给农业带来了严重经济损失。目前主要的防治手段还是依靠化学防治，但化学防治除了导致抗性问题日益严重外，还会造成环境和食品安全等一系列问题。但对农业害螨的持续控制是一项长期的工作，单纯依靠传统的防治方法是不科学，也是不实际的，必须要开展多方面防治措施的应用研究，尤其注重分子生物学水平上的研究。RNAi 是利用 dsRNA 诱导序列特异地转录后基因沉默。RNAi 一直广泛应用于基因功能等方面的研究，近几年来在害虫防治领域方面也取得了突破性进展。由于抑制靶标基因的表达需要长时期连续提供高浓度的 dsRNA，通常研究方法以试剂盒在体外转录合成少量 dsRNA 为基础，但要大量应用价格相当昂贵。因此构建一个相对经济有效的 RNAi 体系对于基因功能研究或者在害虫防治中的应用都有着非常重要的意义。在 dsRNA 的导入方法上，显微注射法虽然在研究基因功能方面效果显著，但是只对于体形较大，对死亡率没有严格要求，并且允许一定程度机械损伤的害虫有优势，而对于体形较小的害虫，如螨类就难以实施。因此，若想将 RNAi 技术在害虫防治领域得到应用，高效、操作便利的 RNAi 体系的构建不可或缺。

目前，RNAi 主要用来研究昆虫的基因功能，对利用 RNAi 技术控制害虫的研究还比较少。通过注射、喂食或浸渍 dsRNA 试验研究害虫的基因功能，发现一些基因的沉默对害虫的生长发育有显著的影响。因此，利用 RNAi 效应来抑制昆虫中必需基因的功能进而导致其死亡，以保护植物免受害虫的危害。RNAi 技术在害虫控制中的理论和应用研究，将有可能开创害虫控制的新纪元。

转基因植物产生的 dsRNA，特异性地对取食它的害虫产生 RNAi 效应，导致其死亡，使 RNAi 技术在害虫控制中的应用变得切实可行。但是，目前仅对少数几种昆虫进行了探索，这种技术能否扩展到其他昆虫，实验室内的成功能否转为有效的田间害虫控制，以及这种方法的长期效应等都需要通过进一步的研究和分析才能确定。要利用表达 dsRNA 的转基因植物来控制害虫，首先要筛选出合适的可供转入植物的基因。一般而言，这些基因应满足于以下条件：①对人和哺乳动物安全，对非靶标害虫特别是天敌无致死性；②基因转录水平的降低能使害虫的正常发育受到严重影响，能导致较高的死亡率；③这些基因与目标植物中无高度相似的序列，其表达的 dsRNA 不会对植物的正常生长产生任何不良影响。通常可以先用注射 dsRNA 的方法筛选出符合上述条件的候选基因，然后再利用饲喂 dsRNA 的方法对上述基因进行筛选。因为注射与饲喂 dsRNA 产生的效果不尽相同，饲喂的方法模拟了害虫在转基因植物上取食时的效果，更接近取食转基因 RNAi 植物的真实状况，因此这是一种很好的基因筛选方式。

Baum 等（2007）表达 Vacuolar H$^+$ATPase 的 dsRNA 在转基因玉米中，可以显著减轻玉米根萤叶甲的危害，经过基因改良的玉米根部遭受的破坏要比未改良的少 50%，对玉米有显著的保护作用。将棉铃虫中与棉酚解毒代谢直接相关基因 *CYP6AEl4* 的 RNAi 元件转到拟南芥和烟草上产生 dsRNA，使取食转基因植物的棉铃虫 *CYP6AEl4* 基因表达受到抑制，从而提高棉酚对棉铃虫的毒性。再用含有棉酚的饲料或棉花叶片喂食，这些棉铃虫生长缓慢，甚至死亡（Mao et al.，2007）。这种以 RNAi 技术的创新性应用为基础的害虫防治方法不仅为害虫的功能基因组研究提供了便捷的方法，对降低害虫的抗药性等有很大的帮助，也为农业害虫的防治提供了特异性更强且环境安全的新思路。

RNAi 技术在农业害虫的功能基因组学、基因表达调控及信号转导通路、害虫控制、益虫保护、新型农药的开发、发育生物学等方面发挥越来越重要的作用，对昆虫和螨类的研究起到巨大的推动作用。

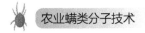

参 考 文 献

ALI N, MANOHARAN V N, 2009. RNA folding and hydrolysis terms explain ATP independence of RNA interference in human systems[J]. Oligonucleotides, 19: 341-346.

ARAUJO R, SANTOS A, PINTO F, et al., 2006. RNA interference of the salivary gland nitrophorin 2 in the triatomine bug *Rhodnius prolixus* (Hemiptera: Reduviidae) by dsRNA ingestion or injection[J]. Insect Biochemistry and Molecular Biology, 36: 683-693.

ASTIER-MANIFACIER S, CORNUET P, 1971. RNA-dependent RNA polymerase in Chinese cabbage[J]. Biochimica et Biophysica Acta (BBA)-Nucleic Acids and Protein Synthesis, 232: 484-493.

BARSTEAD R, 2001. Genome-wide rnai[J]. Current Opinion in Chemical Biology, 5(1): 63-66.

BAUM J A, BOGAERT T, CLINTON W, et al., 2007. Control of coleopteran insect pests through rna interference[J]. Nature Biotechnology, 25: 1322-1326.

BERNSTEIN E, CAUDY A A, HAMMOND S M, et al., 2001. Role for a bidentate ribonuclease in the initiation step of RNA interference[J]. Nature, 409: 363-366.

BERNSTEIN E, KIM S Y, CARMELL M A, et al., 2003. Dicer is essential for mouse development[J]. Nature Genetics, 35: 215-217.

BLOKLAND R V, GEEST N, MOL J, et al., 1994. Transgenemediated suppression of chalcone synthase expression in *Petunia hybrida* results from an increase in RNA turnover[J]. The Plant Journal, 6: 861-877.

BRANTL S, 2002. Antisense-RNA regulation and RNA interference[J]. Biochimica et Biophysica Acta, 1575: 15-25.

BROWN S J, MAHAFFEY J P, LORENZEN M D, et al., 1999. Using RNAi to investigate orthologous homeotic gene function during development of distantly related insects[J]. Evolution & Development, 1: 11-15.

BUCHER G, SCHOLTEN J, KLINGLER M, 2002. Parental RNAi in *Tribolium* (Coleoptera)[J]. Current Biology, 12: 85-86.

CARMELL M A, HANNON G J, 2004. RNase Ⅲ enzymes and the initiation of gene silencing[J]. Nature Structural & Molecular Biology, 11: 214-218.

CARTHEW R W, 2001. Gene silencing by double-stranded RNA[J]. Current Opinion in Cell Biology, 13: 244-248.

CAUDY A A, KETTING R F, HAMMOND S M, et al., 2003. A micrococcal nuclease homologue in RNAi effector complexes[J]. Nature, 425: 411-414.

COGONI C, MACINO G, 1999, Gene silencing in *Neurospora crassa* requires a protein homologous to RNA-dependent RNA polymerase[J]. Nature, 399: 166-169.

DEPICKER A, VAN MONTAGU M, 1997. Post-transcriptional gene silencing in plants[J]. Current Opinion in Cell Biology, 9: 373-382.

DJIKENG A, SHI H, TSCHUDI C, et al., 2001. RNA interference in *Trypanosoma brucei*: cloning of small interfering RNAs provides evidence for retroposon-derived 24-26-nucleotide RNAs[J]. RNA, 7: 1522-1530.

DZITOYEVA S, DIMITRIJEVIC N, MANEV H, 2001. Intra-abdominal injection of double-stranded RNA into anesthetized adult *Drosophila* triggers RNA interference in the central nervous system[J]. Molecular Psychiatry, 6: 665-670.

ELBASHIR S M, HARBORTH J, LENDECKEL W, et al., 2001a. Duplexes of 21-nucleotide RNAs mediate RNA interference in cultured mammalian cells[J]. Nature, 411: 494-498.

ELBASHIR S M, LENDECKEL W, TUSCHL T, 2001b. RNA interference is mediated by 21-and 22-nucleotide RNAs[J]. Genes & Development, 15: 188-200.

ELBASHIR S M, MARTINEZ J, PATKANIOWSKA A, et al., 2001c. Functional anatomy of siRNAs for mediating efficient RNAi in *Drosophila melanogaster* embryo lysate[J]. The EMBO Journal, 20(23): 6877-6888.

FAIRBAIRN D J, CAVALLARO A S, BERNARD M, et al., 2007. Host-delivered RNAi: an effective strategy to silence genes in plant parasitic nematodes[J]. Planta, 226: 1525-1533.

FIRE A, XU S, MONTGOMERY M K, et al., 1998. Potent and specific genetic interference by double-stranded RNA in *Caenorhabditis elegans*[J]. Nature, 391: 806-811.

FJOSE A, ELLINGSEN S, WARGELIUS A, et al., 2001. RNA interference: mechanisms and applications[J]. Biotechnology Annual Review, 7: 31-57.

GEEST L, BOSSE T C, VEERMAN A, 1983. Development of a meridic diet for the two-spotted spider mite *Tetranychus urticae*[J]. Entomologia Experimentalis et Applicata, 33: 297-302.

GORDON K H J, WATERHOUSE P M, 2007. RNAi for insect-proof plants[J]. Nature Biotechnology, 25: 1231-1232.

GRIEBLER M, WESTERLUND S A, HOFFMANN K H, et al., 2008. RNA interference with the allatoregulating neuropeptide genes from the fall armyworm *Spodoptera frugiperda* and its effects on the JH titer in the hemolymph[J]. Journal of Insect Physiology, 54: 997-1007.

GUO S, KEMPHUES K J, 1995. *Par-1*, a gene required for establishing polarity in *C. elegans* embryos, encodes a putative Ser/Thr kinase that is asymmetrically distributed[J]. Cell, 81: 611-620.

HAMMOND S M, BOETTCHER S, CAUDY A A, et al., 2001. Argonaute2, a link between genetic and biochemical analyses of RNAi[J]. Science, 293: 1146-1150.

HANNON G J, 2002. RNA interference[J]. Nature, 418(6894): 244.

HARUNA I, NOZU K, OHTAKA Y, et al.,1963. An rna "replicas" induced by and selective for a viral rna: isolation and properties[J]. Procceedings of the National Academy of the United States of America, 50: 905-911.

HOWARD K A, 2012. RNA interference from biology to therapeutics[M]. Berlin: Springer Science & Business Media.

KALANTIDIS K, PSARADAKIS S, TABLER M, et al., 2002. The occurrence of CMV-specific short RNAs in transgenic tobacco expressing virus-derived double-stranded RNA is indicative of resistance to the virus[J]. Molecular Plant-Microbe Interactions, 15: 826-833.

KANGINAKUDRU S, ROYER C, EDUPALLI S V, et al., 2007. Targeting *ie-1* gene by RNAi induces baculoviral resistance in lepidopteran cell lines and in transgenic silkworms[J]. Insect Molecular Biology, 16: 635-644.

KENNERDELL J R, CARTHEW R W, 1998. Use of dsRNA-mediated genetic interference to demonstrate that frizzled and frizzled 2 act in the wingless pathway[J]. Cell, 95: 1017-1026.

KHILA A, GRBIĆ M, 2007. Gene silencing in the spider mite *Tetranychus urticae*: dsRNA and siRNA parental silencing of the Distal-less gene[J]. Development Genes & Evolution, 217: 241-251.

KWON D H, PARK J H, ASHOK P A, et al., 2016. Screening of target genes for RNAi in *Tetranychus urticae* and RNAi toxicity enhancement by chimeric genes[J]. Pesticide Biochemistry & Physiology, 130: 1-7.

KWON D H, PARK J H, LEE S H, 2013. Screening of lethal genes for feeding RNAi by leaf disc-mediated systematic delivery of dsRNA in *Tetranychus urticae*[J]. Pesticide Biochemistry Physiology, 105: 69-75.

LEEUWEN T V, DERMAUW W, GRBIĆ M, et al., 2013. Spider mite control and resistance management: does a genome help?[J]. Pest Management Science, 69(2): 156-159.

LENNEFORS B L, SAVENKOV E I, BENSEFELT J, et al., 2006. DsRNA-mediated resistance to Beet Necrotic Yellow Vein Virus infections in sugar beet (*Beta vulgaris* L. ssp. *vulgaris*)[J]. Molecular Breeding, 18: 313-325.

LI G, NIU J Z, ZOTTI M, et al., 2017. Characterization and expression patterns of key ecdysteroid biosynthesis and signaling genes in a spider mite (*Panonychus citri*)[J]. Insect Biochemistry and Molecular Biology, 87: 136-146.

LIAO C Y, XIA W K, FENG Y C, et al., 2015. Characterization and functional analysis of a novel glutathione *S*-transferases gene potentially associated with the abamectin resistance in *Panonychus citri* (McGregor)[J]. Pesticide Biochemistry Physiology, 132: 72-80.

LIN W, ZHANG J, ZHANG J, et al., 2009. RNAi-mediated inhibition of MSP58 decreases tumour growth, migration and invasion in a human glioma cell line[J]. Journal of Cellular and Molecular Medicine, 13: 4608-4622.

LIPARDI C, WEI Q, PATERSON B M, 2001. RNAi as random degradative PCR: siRNA primers convert mRNA into dsRNAs that are degraded to generate new siRNAs[J]. Cell, 107: 297-307.

MANN D G, MCKNIGHT T E, MCPHERSON J T, et al., 2007. Inducible RNA interference-mediated gene silencing using nanostructured gene delivery arrays[J]. ACS Nano, 2: 69-76.

MAO Y B, CAI W J, WANG J W, et al., 2007. Silencing a cotton bollworm P450 monooxygenase gene by plant-mediated RNAi impairs larval tolerance of gossypol[J]. Nature Biotechnology, 25: 1307-1313.

MAO Y B, TAO X Y, XUE X Y, et al., 2011. Cotton plants expressing *CYP6AE14* double-stranded RNA show enhanced resistance to bollworms[J]. Transgenic Research, 20: 665-673.

MARTINEZ J, PATKANIOWSKA A, URLAUB H, et al., 2002. Single-stranded antisense siRNAs guide target RNA cleavage in RNAi[J]. Cell, 110: 563-574.

MCCAFFREY A P, MEUSE L, PHAM T T T, et al., 2002. Gene expression: RNA interference in adult mice[J]. Nature, 418: 38-39.

MEYERING-VOS M, MÜLLER A, 2007. RNA interference suggests sulfakinins as satiety effectors in the cricket *Gryllus bimaculatus*[J]. Journal of Insect Physiology, 53: 840-848.

MIODRAG G, THOMAS V L, CLARK R M, et al., 2011. The genome of *Tetranychus urticae* reveals herbivorous pest adaptations[J]. Nature, 479: 487-492.

NAPOLI C, LEMIEUX C, JORGENSEN R, 1990. Introduction of a chimeric chalcone synthase gene into petunia results in reversible co-suppression of homologous genes in trans[J]. The Plant Cell, 2: 279-289.

NEWMARK P A, REDDIEN P W, CEBRIA F, et al., 2003. Ingestion of bacterially expressed double-stranded RNA inhibits gene expression in planarians[J]. Proceedings of the National Academy of the Sciences of the United States of America, 100: 11861-11865.

NGO H, TSCHUDI C, GULL K, et al., 1998. Double-stranded RNA induces mRNA degradation in *Trypanosoma brucei*[J]. Proceedings of the National Academy of the Sciences of the United States of America 95: 14687-14692.

NYKÄNEN A, HALEY B, ZAMORE P D, 2001. ATP requirements and small interfering RNA structure in the RNA interference pathway[J]. Cell, 107: 309-321.

ORII H, MOCHII M, WATANABE K, 2003. A simple "soaking method" for RNA interference in the planarian *Dugesia japonica*[J]. Development Genes and Evolution, 213: 138-141.

PICCIN A, SALAMEH A, BENNA C, et al., 2001. Efficient and heritable functional knock-out of an adult phenotype in *Drosophila* using a GAL4-driven hairpin RNA incorporating a heterologous spacer[J]. Nucleic Acids Research, 29(12): E55.

RAJAGOPAL R, SIVAKUMAR S, AGRAWAL N, et al., 2002. Silencing of midgut aminopeptidase N of *Spodoptera litura* by double-stranded RNA establishes its role as *Bacillus thuringiensis* toxin receptor[J]. Journal of Biological Chemistry, 277: 46849-46851.

ROMANO N, MACINO G, 1992. Quelling: transient inactivation of gene expression in *Neurospora crassa* by transformation with homologous sequences[J]. Molecular Microbiology, 6: 3343-3353.

SALEH M C, VAN-RIJ R P, HEKELE A, et al., 2006. The endocytic pathway mediates cell entry of dsRNA to induce RNAi silencing[J]. Nature Cell Biology, 8: 793-802.

SCHWARZ D S, TOMARI Y, ZAMORE P D, et al., 2004. The RNA-induced silencing complex is a Mg^{2+}-dependent endonuclease[J]. Current Biology, 14: 787-791.

SHAKESBY A, WALLACE I, ISAACS H, et al., 2009. A water-specific aquaporin involved in aphid osmoregulation[J]. Insect Biochemistry and Molecular Biology, 39: 1-10.

SHEN G M, SONG G G, AO Y H, et al., 2016. Transgenic cotton expressing *CYP392A4* double-stranded RNA decreases the reproductive ability of *Tetranychus cinnabarinus*[J]. Insect Science, 24(4): 559-568.

SHI L, SHEN G M, XU Z F, et al., 2015. Silencing NADPH-cytochrome P450 reductase results in reduced acaricide resistance in *Tetranychus cinnabarinus* (Boisduval) [J]. Scientific Reports, 5: 15581.

SHI L, WEI P, WANG X, et al., 2016. Functional analysis of esterase *TCE2* gene from *Tetranychus cinnabarinus* (Boisduval) involved in acaricide resistance[J]. Scientific Reports, 6: 18646.

SOLIS C F, GUILLÉN N, 2008. Silencing genes by RNA interference in the protozoan parasite *Entamoeba histolytica*[J]. Methods in Molecular Biology, 442: 113-128.

TABARA H, GRISHOK A, MELLO C C, et al., 1998. RNAi in *C. elegans*: soaking in the genome sequence[J]. Science, 282: 430-431.

TOLIA N H, JOSHUA-TOR L, 2007. Slicer and the argonautes[J]. Nature Chemical Biology, 3: 36-43.

TOMOYASU Y, MILLER S C, TOMITA S, et al., 2008. Exploring systemic RNA interference in insects: a genome-wide survey for RNAi genes in *Tribolium*[J]. Genome Biology, 9: R10.

TURNER C, DAVY M, MACDIARMID R, et al., 2006. RNA interference in the light brown apple moth, *Epiphyas postvittana* (Walker) induced by double-stranded RNA feeding[J]. Insect Molecular Biology, 15: 383-391.

TUSCHL T, 2003. Functional genomics: RNA sets the standard[J]. Nature, 421: 220-221.

VISSER A, GELDHOF P, MAERE V D, et al., 2006. Efficacy and specificity of RNA interference in larval life-stages of *Ostertagia ostertagi*[J]. Parasitology, 133: 777-783.

VOINNET O, 2008. Use tolerance and avoidance of amplified RNA silencing by plants[J]. Trends in plant science, 13: 317-328.

WALSHE D P, LEHANE S M, LEHANE M J, et al., 2010. Prolonged gene knockdown in the tsetse fly *Glossina* by feeding double stranded RNA[J]. Insect Molecular Biology, 18(1):11-19.

WASSENEGGER M, KRCZAL G, 2006. Nomenclature and functions of RNA-directed RNA polymerases[J]. Trends in Plant Science, 11: 142-151.

WATERHOUSE P M, GRAHAM M W, WANG M B, 1998. Virus resistance and gene silencing in plants can be induced by simultaneous expression of sense and antisense RNA[J]. Proceedings of the National Academy of the Sciences of the United States of America, 95: 13959-13964.

WATERHOUSE P M, WANG M B, LOUGH T, 2001. Gene silencing as an adaptive defence against viruses[J]. Nature, 411: 834-842.

WEISSMANN C, SIMON L, OCHOA S, 1963. Induction by an RNA phage of an enzyme catalyzing incorporation of ribonucleotides into ribonucleic acid[J]. Proceedings of the National Academy of the Sciences of the United States of America, 49: 407-414.

WINSTON W M, SUTHERLIN M, WRIGHT A J, 2007. *Caenorhabditis elegans* SID-2 is required for environmental RNA interference[J]. Proceedings of the National Academy of the Sciences of the United States of America, 104: 10565-10570.

ZAMORE P D, TUSCHL T, SHARP P A, et al., 2000. RNAi: double-stranded RNA directs the ATP-dependent cleavage of mRNA at 21 to 23 nucleotide intervals[J]. Cell, 101: 25-33.

ZHOU X, WHEELER M M, OI F M et al., 2008. RNA interference in the termite *Reticulitermes flavipes* through ingestion of double-stranded RNA[J]. Insect Biochemistry and Molecular Biology, 38: 805-815.

第 **9** 章 　农业害螨异源表达技术

9.1　异源表达技术发展简史

20 世纪 60 年代，尼伦伯格（Nirenberg）等破译了遗传信息密码，证明遗传密码是由 3 个核苷酸组成的，阐明遗传信息的中心法则，即从 DNA 到 RNA 再到蛋白质。1972 年，由美国斯坦福大学伯格（Berg）教授领导的研究小组，第一次成功完成了 DNA 的体外重组，实现了基因的异源表达。随着人类基因组计划的完成，蛋白质表达技术已渗透到生命科学研究的各个领域。越来越多的基因被发现，其中多数基因功能不明，利用蛋白表达系统表达目的基因是研究基因功能及其相互作用的重要手段。

9.2　常用的异源表达技术

重组蛋白表达的系统主要有 4 种，分别是原核蛋白表达系统、酵母蛋白表达系统、哺乳动物细胞表达系统和昆虫细胞表达系统。其中，原核蛋白表达系统是以大肠埃希菌表达系统为代表，优点是遗传背景清楚、成本低、表达量高和表达产物分离纯化相对简单，缺点是蛋白质翻译后缺乏加工机制，如二硫键的形成、蛋白糖基化和正确折叠，得到具有生物活性的蛋白概率较小。酵母蛋白表达系统以甲醇酵母为代表，优点是表达量高、可诱导、糖基化机制接近高等真核生物、分泌蛋白易纯化、易实现高密度发酵，缺点是部分蛋白产物易降解，表达量不可控。哺乳动物细胞表达系统和昆虫细胞表达系统的主要优点是蛋白翻译后加工机制最接近生物体内的天然形式，最容易保留生物活性；缺点是表达量通常较低，稳定细胞系建立技术难度大，生产成本高。

9.2.1　原核表达技术

异源蛋白质在细菌中表达是目前使用最广泛的蛋白表达系统。广义的原核表达，是指发生在原核生物内的基因表达。狭义的原核表达，常出现在生物工程中，是指通过基因克隆技术，将外源目的基因，构建表达载体并导入表达菌株的方法，使其在特定原核生物或细胞内表达。

1. 原核表达体系

一个大肠埃希菌体外表达系统首先要有一个含目的基因的 DNA 模板，该模板要包括一个噬菌体 T7 RNA 聚合酶启动子、核糖体结合位点（Shine-Dalgarno sequence，SD 序列）、ATG 起始密码、终止密码和 T7 终止子。此外，体外表达体系的产量还依赖于蛋白质的大小、目的蛋白的序列特点、目标基因在 DNA 模板上相对于 T7 启动子和 SD 序列的位置、目的蛋白在 N 端或 C 端所加的亲和标签、密码子偏好、DNA 模板的质量和 mRNA 的稳定性等。

得到 DNA 模板后，需要在进行体外翻译前对其进行纯化。纯化要用专门的 DNA 纯化试剂盒或 CsCl 梯度离心纯化，同时要避免 RNase 的污染，纯化后的 DNA 中不要有残余的乙醇或者盐类。表达完成后要进行抽提，大肠埃希菌抽提物反应体系的成分主要是优化的反应缓冲液，该缓冲液包括 ATP 再生体系，为蛋白质的合成提供能量，并可补充在蛋白质合成中一些底物的损耗，提高蛋白质合成量；除缓冲液外还包括甲硫氨酸在内的各种氨基酸。

2. 表达形式

外源蛋白在大肠埃希菌中的表达按照其溶解特性分为不溶性蛋白和可溶性蛋白，这些蛋白存在 3 种结构形态：包涵体蛋白、融合蛋白和分泌性蛋白。

包涵体蛋白是指蛋白质聚集成致密无膜的裸露结构，存在于细胞质或者细胞周质中，无正确的空间构象，一般无生物活性。它的优点在于外源基因表达产物易于分离纯化，能在一定程度上保持表达产物的结构稳定，能表达对宿主有毒或有致死效应的目标蛋白。但是包涵体用变形溶解剂溶解、复性后，不一定能恢复生物学活性，回收的蛋白生物活性差，复性成本高。

融合蛋白是将外源蛋白基因与受体菌自身蛋白基因重组在一起进行表达，并能正确折叠形成良好的杂合构象，但不同于天然构象。其特点是目的蛋白表达率高，稳定性好，易于分离，目的蛋白易溶解。

分泌性蛋白一般通过分泌或运输的方式定位于细胞周质，甚至穿过外膜进入培养基中。蛋白质产物 N 端信号肽序列的存在是蛋白质分泌的前提条件。信号肽一般位于 N 端，带领蛋白质穿过膜到达膜质，在蛋白质成熟时被正确切除。分泌性蛋白的优点是目的蛋白稳定性高，易于分离且具有生物活性。缺点是外源真核生物基因很难在大肠埃希菌中进行分泌性表达，表达率通常要比包涵体方式低。

3. 表达部位

（1）细胞质中表达。表达的外源蛋白常以包涵体形式存在，表达量大，但基本没有活性，需要经过复杂的活性复性过程。

（2）胞外表达。分泌到胞外的外源基因基本具有蛋白质本身的活性，但是需要穿过大肠埃希菌的细胞壁与细胞膜，因此能分泌到培养基中的蛋白质相对较少。

（3）细胞周质表达。周质是指革兰氏阴性大肠埃希菌位于内膜与外膜之间的细胞结构部分。蛋白质从细胞质运转到周质的复杂机制目前不完全清楚。分泌到周质中的外源

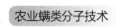

蛋白易被浓缩和纯化，有利于蛋白质的正确折叠，而且不易于降解。

4. 表达载体

一个完整的表达系统通常包括配套的表达载体和表达菌株。如果是特殊的诱导表达还包括诱导剂，如果是融合表达还包括纯化系统或者 Tag 检测等。通常要根据实验目的来选择表达系统，如表达量高低、目标蛋白的活性、表达产物的纯化方法等。为了获得高水平的基因表达产物，人们通过综合考虑控制转录、翻译、蛋白质稳定性及向胞外分泌等诸多方面的因素，设计出了许多具有不同特点的表达载体，以满足表达不同性质、不同要求的目的基因的需要。

1）克隆位点

克隆载体提供的多克隆位点使亚克隆 DNA 片段构建到限制性内切核酸酶切位点中。一些载体把多克隆位点构建到 β-牛乳糖基因（LacZ）α-肽中。在合适的宿主中，能产生 LacZ 蛋白的载体可以用比色法检测到，当克隆的 DNA 插入 LacZ 阅读框中，阻止了 LacZ 蛋白的产生，在含有显色底物 5-溴-4-氯-3-吲哚-β-D-半乳糖苷（X-gal）的培养基中，这种克隆呈现白色而不是蓝色。

2）质粒拷贝数

大多数大肠埃希菌载体都有一个 ColE1 复制起点，这有利于质粒 DNA 在细胞中的大量累积（15~60 个拷贝数），如 pPRO 系列、Impact^{TM} 系列和 pQE 系列。通过增加质粒的拷贝数还可以进一步提高表达水平，如应用从 pUC 质粒衍生来的质粒上的复制起点可以在每个细胞中得到几百个拷贝。Pezz、pHAT 等质粒均可以维持高拷贝数。从 Pbr322 衍生来的质粒是中拷贝数质粒（15~20 个拷贝数）。多拷贝质粒存在一个问题，即目标基因编码的产物对细胞的毒性问题。在细胞分裂时，多拷贝质粒是随机分配的，不含毒性基因产物的细胞更倾向于存活。

3）表达调节元件

表达载体质粒上的元件包括启动子、多克隆位点、终止密码、融合 Tag（如果存在）、复制子、筛选标记或报告基因等。

（1）启动子。正确的启动子对于设计一个表达体系来说是非常重要的。实际上，表达载体最初就是依据其启动子的类型分类。强启动子是表达载体最重要的元件，可以使目标蛋白质的质量达到总的细胞蛋白质产量的 10%~30%。表达载体的启动子位于核糖体结合位点的上游并且受到一个调节基因的控制，该基因位于质粒或宿主染色体上。因为一些重组蛋白质产物对宿主是有毒的，所以启动子一定要被严谨地调控，这样目标蛋白只能在正确的时间表达，以使宿主的压力最小化。当表达被不完全抑制时，将产生质粒的不稳定性，细胞的生长速度也许会下降，导致目标蛋白产量下降。为了实现瞬间诱导，启动子最初应该被完全抑制，当要表达蛋白质时，加入诱导物后即可容易地诱导蛋白质表达。

原核启动子是由两段彼此分开且又高度保守的核苷酸序列组成，对 mRNA 的合成极为重要。在转录起始点上游 5～10 bp 处，有一段由 6～8 个碱基组成，富含 A 和 T 的区域，称为 Pribnow 盒，又名 TATA 盒或-10 区。对于来源不同的启动子，Pribnow 盒的碱基顺序稍有变化。在距转录起始位点上游 35 bp 处，有一段由 10 bp 组成的区域，称为-35 区。转录时大肠埃希菌 RNA 聚合酶识别并结合启动子。-35 区与 RNA 聚合酶 s 亚基结合，-10 区与 RNA 聚合酶的核心酶结合，在转录起始位点附近 DNA 被解旋形成单链，RNA 聚合酶使第一和第二核苷酸形成磷酸二酯键，以后在 RNA 聚合酶作用下向前推进，形成新生的 RNA 链。原核表达系统中通常使用的可调控的启动子有 Lac（乳糖启动子）、Trp（色氨酸启动子）、Tac（乳糖和色氨酸的杂合启动子）、1PL（1 噬菌体的左向启动子）、T7 噬菌体启动子等。

（2）非启动子调节成分。除了启动子，还有其他因子在获得高表达蛋白中也起到非常重要的作用。有研究发现转录和翻译起点周围的序列在决定表达水平中起到重要作用。位于启动子 5′ 上游（UP）成分是富含 A+T 的序列，其通过与 RNA 酶的亚基相互作用来增强转录。一个简单的 UP 成分可能会使转录增加 300 倍，这提示我们可以通过增加特殊的序列增强一个给定的启动子的转录。需要注意的是同样的基因克隆到两个不同的载体上，其表达水平会有很大差异。

（3）终止子。在一个基因的 3′ 端或是一个操纵子的 3′ 端往往有特定的核苷酸序列，且具有终止转录功能，这一序列称为转录终止子，简称终止子（terminator）。转录终止过程包括 RNA 聚合酶停止在 DNA 模板上不再前进，RNA 的延伸也停止在终止信号上，完成转录的 RNA 从 RNA 聚合酶上释放出来。对 RNA 聚合酶起强终止作用的终止子在结构上有一些共同的特点，即有一段富含 A/T 的区域和一段富含 G/C 的区域，G/C 富含区域又具有回文对称结构。这段终止子转录后形成的 RNA 具有茎环结构，并且有与 A/T 富含区域对应的一串 U。放在启动子上游的转录终止子还可以防止其他启动子的通读，降低本底。转录终止子对外源基因在大肠埃希菌中的高效表达有重要作用，即控制转录的 RNA 长度以提高稳定性，避免质粒上异常表达导致质粒稳定性下降。

（4）核糖体结合位点。启动子下游从转录起始位点开始延伸的一段碱基序列，其中能与 rRNA 16S 亚基 3 端互补的 SD 序列对形成翻译起始复合物是必需的，多数载体启动子下游都有 SD 序列。

（5）筛选标记。氨苄西林抗性是最常见的筛选标记，卡那霉素或者新霉素次之。四环素、红霉素和氯霉素等已经日渐式微。抗性基因的选择要注意是否会对研究对象产生干扰，如代谢研究中要注意抗性基因编码的酶是否与代谢物相互作用。在表达筛选中要注意的问题是 LB 倒板前加抗生素的温度，温度过高容易导致抗生素失效。

（6）融合标签。蛋白质融合的模式是为了确保目标蛋白分布在特定部位，而特定部位的标签是为了方便纯化和检测。标签可以融合在目标蛋白 N 端或 C 端。一些蛋白质作为 C 端融合时会表达得好些，而另一些则相反。这取决于蛋白质在哪一方向上能正确折叠。同时，活性位点接近 N 端或 C 端也很重要。大多数情况下，当活性位点远离融合标签时，蛋白质的生物活性更容易保持。同样，蛋白质包含 N 端信号肽序列时，标签应放在这类蛋白质的 C 端。用同样的酶切位点基因可以被克隆到质粒的 N 端或 C 端。当把标签放在 C 端时，目标蛋白不能包含终止密码。此外，应注意的是，只有当标签和目标蛋白读框一致并包含在内时，标签才能表达。现在很多表达质粒都设计了 3 种读框以方便融合蛋白的正确表达。

在融合标签中，融合在目标蛋白的 N 端或 C 端的 6～10 个组氨酸的应用很广泛。组氨酸因其可以与固定在柱子上的镍离子结合，随后可以被用来纯化。氨基酸链与金属离子的进化是可逆的，这样融合有组氨酸的蛋白质可以与不含多聚组氨酸的蛋白质分开。含有组氨酸标签的质粒包括 Ppro、pBAD、pThioHis、pDEST、pRSET、pET 和 pQE 系列。半胱氨酸和色氨酸侧链能与锌离子结合。如果纯化过程中蛋白质的产率低，可能是由于标签和柱子的低亲和性所致。目标蛋白和亲和标签之间的相互作用可能会封阻或破坏结合位点，通过缩短融合蛋白的长度也许会有些帮助。有时少量的目标蛋白因为蛋白酶的降解或核糖体从下游的起始密码开始翻译而缩短。当亲和标签同时融合在目标蛋白两端时，纯化时更可能得到全长的蛋白质。

（7）报告基因。绿色荧光蛋白是最常用的报告基因，此外还有半乳糖苷酶、萤光素酶等。一些融合表达标签也有报告基因的功能。

5. 宿主的选择

当细菌含有的质粒拷贝数较高时，会造成蛋白合成因子减少、热激蛋白增加的情况，这种现象不利于外源蛋白的合成。选择与蛋白酶相关的基因缺失的菌株为宿主，可以大幅减少产物降解，提高外源蛋白表达的效率。但是，有些载体对宿主菌有其特殊的要求，如 pET3a 载体需要用含有 T7 RNA 聚合酶的细菌，如 BL21（DE3）等。

6. 培养条件的控制

温度的选择、诱导及培养时间的长短等条件也会对外源基因的表达产生显著的影响。外源蛋白以活性状态存在的适宜诱导温度是 25～37℃，诱导温度高于 37℃ 容易形成包涵体。其次，通常在细菌的对数生长期（OD_{600} 为 0.6～0.8）进行诱导表达，此时的细菌易于合成外源蛋白。另外，不同的载体或启动子对诱导后培养时间的长短有不同的要求，要视具体实验而定。

7. 影响原核表达效果的其他因素

1）外源基因中密码子的使用

大肠埃希菌中有部分稀有密码子，如 AGA、AGC、AUA、CCG、CCT、CTC、CGA 和 GTC。一个含有较多稀有密码子的外源基因，它的表达效率往往不高。针对此种情况，可以根据密码子的偏爱性来采取措施，如提高转运稀有密码子的浓度等，但是提高浓度的同时可能会影响蛋白质二级结构的形成。此外，有研究表明，在起始密码子后引入

AAA 和 AAU 可以有效提高翻译效率。

2）mRNA 的一级结构和二级结构的作用

mRNA 的一级结构和二级结构会影响外源蛋白的合成，进而影响外源基因的表达效率，而此过程主要发生在翻译的起始阶段，且起始密码子 AUG 附近的 40 多个核苷酸序列起着很关键的作用，它是核糖体的结合位点 RBS。RBS 序列的一级结构和二级结构决定核糖体与信使 mRNA 的结合，从而对翻译的起始和外源蛋白的合成效率产生相应的影响。

8. 原核表达步骤

1）确定目的基因

得到靶基因 DNA（cDNA）序列，寻找正确的读码顺序，找到启动子、编码区和终止子。

2）选择表达载体

（1）蛋白质大小。其决定是在胞质中表达还是以包涵体的形式表达，是否加标签或以融合蛋白的形式表达。

（2）蛋白质需求量。根据实验方案确定蛋白质需求量，并选择合适的载体。

（3）蛋白质是否需要保留活性。有活性的可溶性蛋白表达（胞质蛋白），无活性的不溶性蛋白表达（包涵体蛋白）。

3）表达载体

原核表达载体通常为质粒，典型的表达载体应具有以下 7 种元件。

（1）选择标签。用于筛选重组子，有抗生素抗性基因、报告基因。

（2）可控转录的启动子。启动子是 DNA 链上一段能与 RNA 聚合酶结合并起始 RNA 合成的序列，它是基因表达不可缺少的重要调控序列。启动子的强弱是对表达量有决定性影响的因素之一。

（3）转录终止子。在构建表达载体时，为了稳定载体系统，防止克隆的外源基因表达干扰载体的稳定性，一般都在多克隆位点的下游插入一段很强的 rrB 核糖体 RNA 的转录终止子。

（4）核糖体结合位点（SD 序列）。真核基因的第二个密码子必须紧接在 ATG 之后，才能产生一个完整的蛋白质。

（5）多克隆位点（mutiple cloning site，MCS）。选择的酶切位点在靶基因上没有相应的酶切序列，否则在构建重组子进行酶切时会将靶基因切开。

（6）复制子。通常表达载体都会选用高拷贝的复制子。

（7）融合 Tag。保护靶蛋白免受原核宿主蛋白酶的降解；提供亲和纯化的配基结合位点；改善靶蛋白的溶解性，使其正确折叠；与已知酶或抗原结构域连接，可以进行标记和分离；与信号肽连接，可将融合蛋白分泌到特定细胞区域。

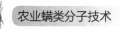

4）选择表达宿主

如果靶基因中有细菌不常用的密码子，必须更换表达菌株。每种菌株都有自己独特的设计，或者是蛋白酶缺陷，或者是重组酶缺陷，改造的目的都是为了让质粒在细菌中存在更稳定，表达的产物不易被降解。不同的载体要配合一定的菌株使用，如 pET 系列需要有 T7 RNA 聚合酶片段整合在细菌中的菌株才可用于表达。采用不同调控机制会使用不同的表达菌株，所以一定要仔细看过载体的调控方式再更换菌株。以 Novagen 为例，如果使用 BL21（DE3）表达不成功的话可以换为 Rosetta 系列菌株，它是由一种氯霉素抗性的、与 pET 相容的质粒提供 AUA、AGG、AGA、CUA、CCC 和 GGA 的 tRNA。所以这类菌株能够明显改善大肠埃希菌中由于稀有密码子造成的表达限制。

5）重组子的构建

（1）设计引物。保证引物序列扩出的靶基因插入表达载体上，能够正确读码，引物两端加入酶切位点，遵循引物设计原则。

（2）扩增靶基因。利用 PCR 方法，以含目的基因的克隆质粒为模板，按基因序列设计一对引物（在上游和下游引物分别引入不同的酶切位点），PCR 获得所需基因片段，注意不要引入终止密码子。

（3）限制性内切核酸酶消化载体 DNA 和目的基因。将表达质粒用限制性内切酶（同引物的酶切位点）进行双酶切，酶切产物进行琼脂糖电泳后，用胶回收试剂盒或冻融法回收载体大片段。减少假阳性的重组质粒连接，去除切下的小片段多克隆位点。

（4）连接目的基因和载体。

6）重组子的验证

（1）将连接产物转化到相应的宿主菌株。

（2）鉴定带有重组质粒克隆常用方法的有 α-互补、小规模制备质粒 DNA 进行酶切分析、PCR 及杂交筛选。

（3）筛选出含重组子的转化菌落，DNA 序列测定。测序完成后，检查载体的多克隆位点和片段插入的序列，排除因酶切连接而意外引入转录终止信号的情况，确保读码正确。

7）诱导表达

（1）IPTG。IPTG 的浓度为 0.2～0.5 mmol/L 即可，不仅不会降低表达量，反而会增加蛋白质的可溶性。IPTG 浓度过高，易使蛋白质表达速度增大，来不及正确折叠而产生不溶性蛋白（包涵体）。T7 lac 启动子是严谨启动子，IPTG 诱导时可以优化最佳浓度（25 μmol/L～1 mmol/L），使目的蛋白达到最佳的活性和溶解性。

（2）温度。一般 37℃诱导 3～4 h，30℃诱导 6 h 是蛋白质表达的最大产量期。22℃、18℃、16℃等低温诱导时间为 12～48 h。低温诱导可使蛋白质缓慢合成，利于蛋白质正确折叠形成可溶性蛋白。为了得到更多的可溶性蛋白，可以考虑降低温度（但表达总量会有所降低），25℃诱导 8～10 h；20℃诱导 14～18 h；甚至 15℃诱导 24～36 h。

8）蛋白检测

（1）细菌的裂解。常用方法有高温珠磨法、高压匀浆法、超声破碎法、酶溶法、化学渗透法等。

（2）SDS-PAGE 检测。采用 SDS-PAGE 方法可对蛋白质的组分进行分离，并可精确测得蛋白质的分子量。

凝胶由两种不同的凝胶层组成。上层为浓缩胶，下层为分离胶。浓缩胶为大孔胶，缓冲液 pH 值为 6.7，分离胶为小孔胶，缓冲液 pH 值为 8.9。在上下电泳槽内充以 Tris-甘氨酸缓冲液（pH 值为 8.3），这样便形成了凝胶孔径和缓冲液 pH 值的不连续性。样品进入分离胶后，慢离子甘氨酸全部解离为负离子，泳动速率加快，很快超过蛋白质，高电压梯度随即消失。此时蛋白质在均一的外加电场下泳动，但由于蛋白质分子所带的有效电荷不同，使各种蛋白质的泳动速率不同而形成不同区带。但在 SDS-PAGE 电泳中，由于 SDS 这种阴离子表面活性剂以一定比例和蛋白质结合成复合物，使蛋白质分子带负电荷，这种负电荷远远超过了蛋白质分子原有的电荷差别，从而降低或消除了蛋白质天然电荷的差别；此外，由多亚基组成的蛋白质和 SDS 结合后都解离成亚单位，这是因为 SDS 破坏了蛋白质氢键、疏水键等非共价键。与 SDS 结合的蛋白质的构型也发生变化，在水溶液中 SDS-蛋白质复合物都具有相似的形状，使 SDS-PAGE 电泳的泳动率不再受蛋白质原有电荷与形状的影响。因此，各种 SDS-蛋白质复合物在电泳中不同的泳动率只反映了蛋白质分子量的不同。

9.2.2 酵母表达系统

酵母是一种单细胞低等真核生物，培养条件普通，生长繁殖迅速，能够耐受较高的流体静压，用于表达基因工程产物时，可以大规模生产，有效降低生产成本。酵母表达外源基因具有一定的翻译后加工能力，收获的外源蛋白质具有一定程度上的折叠加工和糖基化修饰，较原核表达的蛋白质更加稳定，特别适合于表达真核生物基因和制备有功能的表达蛋白质。某些酵母表达系统具有外分泌信号序列，能够将所表达的外源蛋白质分泌到细胞外，因此很容易纯化。应用酵母表达系统生产外源基因的蛋白质产物时也有不足之处，如产物蛋白质的不均一、信号肽加工不完全、内部降解、多聚体形成等，造成表达蛋白质在结构上的不一致。

1. 酵母表达载体

酵母表达系统的载体通常既能在酵母中进行复制，也能在大肠埃希菌中进行复制，称为酵母-大肠埃希菌穿梭载体。用于酵母基因表达的载体主要是在下列 3 种载体的基础上发展起来的：①Yip，这是一种整合型载体，不含酵母复制起始区，不能在酵母中进行自主复制，含有整合介导区，此载体整合到染色体上，稳定性高，缺点为拷贝数低。②附加体质粒，该质粒载体含有来自细菌质粒 pBR322 的复制起点并携带作为大

肠埃希菌选择标记的氨苄青霉素抗性基因。此外，还有来自酵母质粒的复制起点和一个作为酵母选择标记的 URA3 基因，这种质粒既可在大肠埃希菌中复制，也可在酵母细胞中复制，当重组质粒导入酵母细胞中可进行自主复制，且具有较高拷贝数。③YRps 复制性载体，该质粒含有来自细菌质粒 pBR322 的复制起点和作为大肠埃希菌选择标记的氨苄青霉素抗性基因和四环素抗性基因。

2. 影响酵母表达外源蛋白的因素

转入酵母中的外源基因所表达的蛋白质水平的高低与许多因素有关，如菌株的类型、载体的拷贝数和稳定性、外源基因序列的内在特性、培养条件等。

1）外源基因特性

主要涉及外源基因 mRNA 5′ 端非翻译区、A+T 组成和密码子的使用频率。UTR 太长或太短都会造成核糖体 40S 亚单位识别的障碍。如果外源基因中含有稀有密码子，那么在翻译过程中会产生瓶颈效应而影响表达。对 110 个酵母基因使用密码子的统计学分析表明，密码子的嗜好性与基因表达量密切相关。在酵母中表达量较高的基因往往采用的是酵母所偏爱的密码子。在所有的 61 个密码子中，有 25 个是酵母所偏爱的。

2）启动子

一般来说，外源基因在酵母中的表达和基因的转录水平有密切的关系，因此，选用强启动子对高效表达就十分重要。如目前用于克隆外源基因表达的强启动子有酿酒酵母组成型的强启动子 PGK、ADH1、GPD 等，诱导型强启动子 GAL1、GAL7 等，巴氏毕赤酵母启动子 AOX1。

3）外源基因拷贝数和稳定性

表达载体在酵母细胞中的拷贝数对外源基因表达有明显的影响。酿酒酵母和一些其他的酵母有多拷贝的内源质粒，是建成高拷贝表达载体基础。

4）表达条件的优化

表达条件的优化方法主要包括通气量、培养基、摇菌、密度、蛋白酶、诱导剂的含量等。

3. 酵母的表达流程

酵母的表达流程与原核表达部分比较类似，简单流程如下。

1）目标基因亚克隆至酵母表达载体

扩增并抽提含有目标基因的载体质粒，将目标基因亚克隆到合适的表达质粒上，并通过测序验证构建质粒的准确性。

2）表达菌株电转化

酶切线性化表达质粒，将表达质粒通过电转化到高效的表达菌株中。

3）表达菌株筛选

将菌株于培养基中扩增，并加入甲醇诱导表达目标蛋白。SDS-PAGE 电泳检测目标蛋白的表达情况，并挑选合适的单克隆菌株用于目标蛋白的表达。如果培养上清中检测不到表达，则通过将上清浓缩 20 倍再检测，或通过免疫印迹方法检测目标蛋白表达。

4）表达菌株表达优化

对其中表达最好菌株优化表达条件，对挑选出来的单克隆菌株，优化培养及诱导条件（培养基、菌体密度、甲醇浓度、诱导时间等），提高目标蛋白的表达量。

5）目标蛋白表达及纯化

摇瓶培养重组酵母菌，诱导表达目标蛋白。通过亲和、离子交换、疏水及凝胶过滤等多种层析方法纯化表达的重组蛋白。通过 SDS-PAGE 电泳检测每步结果并控制最终产品质量，利用免疫印迹方法验证目标蛋白的正确性。

9.2.3　昆虫细胞表达系统

昆虫细胞表达系统是一种有效的真核表达系统，一般成本较高，对技术和设备有较高要求，操作程序比较复杂，生产周期较长，但该系统提供了良好的真核表达环境。其原理是用外源基因替换杆状病毒来感染非必需多角体蛋白和 P10 蛋白的基因，在原启动子的作用下可以高效表达外源蛋白并提供一个真核表达环境，有利于外源重组蛋白的正确折叠、二硫键的形成、寡聚化及其他翻译后加工修饰，从而获得具有生物活性的真核蛋白。

1. 杆状病毒载体表达系统的特点

杆状病毒用作外源基因的表达载体，通常是利用体内同源重组的方法，用外源基因替代多角体蛋白基因而构建重组病毒。由于多角体基因启动子在感染 18～24 h 后开始转录和翻译，一直持续到 70 h。外源基因置换掉多角体基因后，并不影响后代病毒的感染与复制，意味着重组病毒不需要辅助病毒的功能。相对其他表达系统，它具有以下几个方面的特点。

（1）重组蛋白具有完整的生物学功能。杆状病毒表达系统可为高表达的外源蛋白在细胞内进行正确折叠、二硫键的搭配及寡聚物的形成提供良好的环境，可使表达产物在结构及功能上接近天然蛋白。

（2）能进行翻译后的加工修饰。杆状病毒表达系统具有对蛋白质完整的翻译后加工能力，包括糖基化、磷酸化、酰基化、信号肽切除，以及肽段的切割和分解等，修饰的位点与天然蛋白在细胞内的情况完全一致。对比实验证明，在昆虫细胞发生的糖基化位点与哺乳动物细胞中完全一致，但修饰的寡糖种类却不完全一样。这种不一致对不同目的蛋白的活性影响不同，所以昆虫表达系统还可作为一个研究糖基化对蛋白质结构与功能影响的理想模型。

（3）表达水平高。与其他真核表达系统相比较，此系统最突出的特点就是能获得重组蛋白高水平的表达，最高可使目的蛋白的量达到细胞总蛋白的 50%。

（4）基因容量大。昆虫杆状病毒的基因组为单一闭合环状双链 DNA 分子，大小为 80～200 kb，其基因组可在昆虫细胞核中复制和转录。DNA 复制后组装在杆状病毒的毒粒内，由于毒粒具有较大的柔韧性，能包装较大的基因片段，可表达非常大（100 kb）的外源性基因，是表达大片段 DNA 的理想载体。但目前尚无实验得知杆状病毒所能容纳的外源基因长度的上限。

（5）能同时表达多个基因。杆状病毒表达系统具有在同一细胞内同时表达多个基因的能力。既可采用不同的重组病毒同时感染细胞的形式，也可在同一转移载体上同时克隆两个外源基因，表达产物可加工形成具有活性的异源二聚体或多聚体。

（6）安全性高。由于杆状病毒的天然宿主是昆虫，不能在哺乳动物细胞内复制病毒 DNA 和增殖病毒，杆状病毒不会感染人。因此，对细胞的生理影响较哺乳类病毒载体小，同时对实验操作者的自身安全也比较有保障。

2. 杆状病毒载体的重组与筛选

杆状病毒由于基因组庞大，外源基因的克隆不能通过酶切连接的方式直接插入，必须通过转移载体的介导。即将极晚期基因（如多角体基因及其边界区）克隆插入细菌的质粒中，消除其编码区和不合适的酶切位点，保留其 5′端对高效表达必需的调控区，并在其下游引入合适的酶切位点供外源基因的插入，即得到转移载体。将要表达的外源基因插入其启动子下游，再与野生型杆状病毒 DNA 共转染昆虫细胞，通过两侧同源边界区在体内发生同源重组，使多角体蛋白基因被外源基因取代。若将外源基因整合到病毒基因组的相应位置，由于多角体基因被破坏，则不能形成多角体。这种表型在进行常规空斑测定时，可同野生型具有多角体的病毒空斑区别开来，这就是最初的筛选重组病毒的方式。

3. 昆虫细胞宿主

昆虫细胞在生物学、医学、农业等领域中被作为非常重要的研究工具。目前世界上已建立的昆虫细胞系有 800 余株，分别来源于鳞翅目、双翅目、鞘翅目、蜚蠊目、直翅目、膜翅目和半翅目 7 个目的 170 余种昆虫，其中具有实际应用的细胞系大部分来自鳞翅目和双翅目。以昆虫杆状病毒为载体的昆虫细胞可成功、高效地表达外源基因，生产具有重要药用价值和具备天然活性的重组蛋白。因此，在众多昆虫细胞系中鳞翅目昆虫细胞系应用最广泛。昆虫杆状病毒表达系统既可在昆虫培养细胞中表达，又可在昆虫和蛹内表达。究竟在昆虫体内还是在培养细胞中表达外源基因，可根据外源蛋白的性质及其用途、表达水平高低、分离纯化难易、纯化要求高低等因素来考虑。然而，对于常规小量及高纯度的蛋白质生产而言，利用体外培养的昆虫细胞来进行表达是首选途径。相对于已知的上百万种昆虫和昆虫细胞系的广泛用途来说，已经建立的细胞系还远远不够，仍需要建立更多的昆虫细胞系以满足实际需要。

4. 影响外源蛋白表达的因素

利用杆状病毒昆虫表达系统表达外源基因的理论基础，是杆状病毒的基因表达与调控，但有关病毒晚期基因高表达和其调控机制目前还不十分清楚。利用多角体基因的启动子表达外源基因时，影响表达水平的因素除与病毒本身有关外，还与受感染细胞的种类和生理状况乃至培养基的质量有关。

1）病毒的稳定性

杆状病毒在细胞中多次传代后，可能引起基因组的变化。最明显的变化就是形成包含体病毒（occluded virus，OV）的能力降低。由于细胞间不需要形成感染，只需通过细胞外芽生病毒（budded virus，BV）感染即可。多次传代的病毒也可能出现少多角体表型的变化，一般每个感染细胞只含有 10 个多角体病毒。突变病毒多角体的表达水平也有所降低，应用这种突变病毒会对外源基因的表达带来不利。若重组前病毒是变异少多角体（few polyhedfin，FP），通过肉眼分辨重组与非重组病毒时，有可能发生假象。另外，长期多次传代的病毒也往往引起表达水平的降低，为避免上述情况的发生，要限制病毒的传代次数，一般控制在 2～3 代。

2）在昆虫细胞内表达与幼虫体内表达

虽然目前大部分工作是在细胞培养条件下进行的，但是当需要大量制备某类表达产物时，最好采用昆虫蛹。这是因为培养昆虫幼虫远比培养细胞简单、便宜，而且在昆虫体内培养可以提高表达量。一般在幼虫体内的淋巴液中，蛋白质含量较在细胞培养基中高 10 倍以上，如小鼠 IL-3 的表达量在淋巴液中较在细胞培养上清中高 500 倍，可能是细胞培养基中含有的蛋白酶使之降解所致。

3）启动子类型

在构建转移载体时，使用不同的启动子需要构建相应的同源序列。目前最常用的启动子有晚期 Polh 启动子和 P10 启动子，还有碱性启动子和少数早期启动子。同一目的基因在不同启动子控制下，表达水平会有很大差异。研究发现，分泌类蛋白使用 PIO 启动子或碱性启动子的效果更好。

4）外源基因序列的本身因素

能在重组杆状病毒有效表达的外源基因的 5′ 端和 3′ 端非编码区越短越好，一般长度为 300～400 个核苷酸。影响表达的其他因素包括：密码子的使用情况（是否为昆虫细胞所常用）、mRNA 的稳定性及蛋白质的稳定性等。

5）重组病毒基因的表达与调控

多角体启动子控制外源基因的表达，紧靠上游的序列对基因的转录调节是最重要的。许多研究表明，当外源基因 5′ 端加有 1～58 个多角体蛋白的氨基酸序列以融合蛋白形式表达时，效果最好。用高、中、低 3 种表达的外源基因进行实验，结果表明保留一部分多角体 5′ 端序列与外源基因以相同的框架相融合，表达水平最高；如果框架不同，则从距启动子最近的起始码开始翻译，表达产物水平相对偏低。

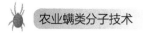
5. 昆虫细胞表达步骤

确定基因和载体构建与原核表达类似，载体以 Bacmid 为例，昆虫细胞系以 Sf9 为例。

1）Bacmid-重组杆粒构建

将含有目的基因的 pFastBac 重组质粒转入感受态细胞中，在一个辅助转座质粒的帮助下，pFastBac-重组质粒同 Bacmid 上的 mini-attTn7 靶标位点发生转座，此时目的基因转入 Bacmid，提取重组病毒杆粒，准备后续侵染 Sf9 细胞。

2）细胞转染及病毒株获取

取阳性 Bacmid-重组质粒，加入 Grace 培养基中，轻轻混合均匀，制成含病毒 DNA 的培养液。将病毒 DNA 溶液加入六孔板中的贴壁细胞中，于 27℃培养 4 h 后，轻轻转移走细胞上层转染混合液，并加入 2 mL Sf-900 完全培养基，置于细胞培养箱中 27℃培养。72 h 后观察细胞，若发现有明显病毒感染迹象，则将病毒感染细胞收集至离心管中，500 g 离心 5 min，获得病毒株。

3）蛋白表达及微粒体提取

当细胞密度达到一定水平之后，用溶解液将冻存细胞悬浮，超声破碎后，4℃、10 000 r/min 离心，收集上清液，即为表达蛋白。

4）目标蛋白表达及纯化

通过亲和、离子交换、疏水及凝胶过滤等多种层析方法纯化表达的重组蛋白。通过 SDS-PAGE 电泳检测，利用免疫印迹方法验证目标蛋白的正确性。

9.2.4　非洲爪蟾卵母细胞表达技术

非洲爪蟾卵母细胞表达体系是一种功能强大、适用范围广的表达体系，同时，也是应用较早的表达体系之一。随着分子生物学的发展和检测技术的进步，其应用有了进一步的扩展，不同种类、不同功能的蛋白质均可以在其中表达，同时进行功能研究。其表达的适用范围从来源上分为动物蛋白质和植物蛋白质；从功能上分类可用于离子通道、泵、受体、酶等；从亚细胞定位上分类可用于膜蛋白、胞质蛋白、核蛋白和分泌蛋白的表达及功能研究。用于表达的载体可以是从细胞或组织中提取的 mRNA、体外转录合成的 cRNA、基因组 DNA 和载有目的基因的质粒。

1. 非洲爪蟾卵母细胞的生物学特性

根据解剖结构，爪蟾卵母细胞可分为 VI 期，第 I 期的爪蟾卵母细胞直径为 50～100 μm，胞体透明；第 II 期的直径为 300～450 μm，胞体透明或者呈白色；第 III 期的直径为 450～600 μm，胞膜表面有均匀的色素沉着；第 IV 期的直径为 600～1000 μm，细胞呈现两个半球，一个为暗黑褐色的动物半球，另一个为白色的植物半球；第 V 期的直径为 1000～1200 μm，两个半球分界清晰，动物半球呈黑褐色发亮；第 VI 期的直径为 1200～1300 μm，两个半球之间有一个无色素沉着的带。因为动物半球密度低于植物半球，所以呈现黑褐色的动物半球通常朝上，这样有利于吸收阳光。处于第Ⅵ期成熟的爪蟾卵母细胞体积巨大，约为 1 μL，其中细胞质 0.5 μL，卵黄蛋白 0.5 μL，细胞中含有一个巨大的细胞核和大量的酶。其中，蛋白质和 RNA 合成活性很高，单个卵母细胞平均含有 70 ng mRNA，平均每天合成 400 ng 蛋白质，平均每小时合成 20 ng 蛋白质，但却没有 DNA 的合成。外源性的 mRNA 和内源性的 mRNA 互相竞争翻译的因子，有高达 50%的蛋白质可直接由外源性的 mRNA 翻译合成，平均每小时合成 10 ng 蛋白质。应根据不同的实验目的来选择不同期的卵母细胞。对于大多数的实验选择第Ⅴ期是最适合的，因为此期的细胞体积巨大，容易注射，最多可以注射到 100 nL，并且翻译活性高。但是细胞体积大，细胞膜也大，电容过大，不利于做电压钳（voltage clamp），所以做电压钳可以选择第Ⅱ、Ⅲ期的细胞，减少测定的时间，同时也能获得正确的翻译。

爪蟾卵母细胞能够正确地表达外源基因，包括蛋白质翻译后期的加工、剪切、插入质膜和外源分泌蛋白的分泌。由于这些优点使爪蟾卵母细胞成为一种不可缺少和极其有价值的克隆和表达外源基因的工具，在功能基因组学的研究中具有极其广阔的应用前景。尤其在受体蛋白方面，可以以正确的方向组装在卵母细胞表面，形成有功能的受体蛋白，与源组织的天然受体具有相同的生理生化特性，因此又被形象地称为"受体移植"。利用这种方式，可以成功地将神经系统中难以用普通电生理方法研究的受体和离子通道分子从胞体较小且突触前后相互作用十分复杂的神经元移植到体积较大、情况较为简单、易培养的卵母细胞中，使之成为"卵里的突触"。

2. 应用于非洲爪蟾卵母细胞表达体系的核酸

应用于非洲爪蟾卵母细胞表达体系的核酸包括基因组 DNA、cDNA、mRNA 和 cRNA（cRNA 是经体外转录合成的 mRNA）。不同的核酸，目的和作用也不同。注射基因组 DNA 主要是研究其转录，以及 RNA 的剪切和加工；注射 cDNA 目的是研究转录和翻译的过程；注射 mRNA 和 cRNA 的目的主要是表达蛋白，然后研究目的基因编码的蛋白质的功能，其中 cRNA 是经过体外转录合成的，专门用于目的基因的表达，在功能基因组学研究中的应用最广泛。mRNA 主要是从组织和细胞中提取，应用起来不如 cRNA 针对性强，操作不简便。

3. 非洲爪蟾卵母细胞表达体系的应用范围

爪蟾卵母最主要功能是用来表达细胞膜上的离子通道和受体蛋白，并经由双电极电压钳系统对其进行检测。同时，卵母细胞还可以表达多种其他类型的蛋白，如胞质蛋白、各种酶、组织蛋白、分泌蛋白及各种细胞因子等。此外，爪蟾卵母细胞还有许多应用，包括以下几方面。

（1）mRNA 的生物鉴定。将从组织中提取的总 mRNA 显微注射到爪蟾卵母细胞中，通过鉴定有生物功能的目标蛋白质或多肽的存在，证明组织中能翻译目标蛋白质和多肽的 mRNA 的存在。

（2）克隆基因的结构-功能的研究。基因已经被克隆，就可以利用爪蟾卵母细胞来研究它的详细功能，包括特定的肽段甚至某一个特定氨基酸的功能，应用分子生物学的技术对基因的 cDNA 序列进行突变，然后研究突变后表达的蛋白质的功能，以确定蛋白质的结构与功能的精确关系。

（3）研究生物合成的途径。爪蟾卵母细胞可用于对于蛋白质表达的后期事件，即蛋白质翻译后期的加工过程的研究，如利用衣霉素阻断蛋白质的糖基化来研究其作用；其他的事件包括翻译后多肽链的剪切、排序、转运和寡聚物的聚合等过程。

（4）研究基因表达的调节。爪蟾卵母细胞表达异源 DNA 和 RNA 的能力使其具备研究基因表达调节的能力。例如，将克隆的启动子与报告基因连接在一起，可以研究与其有关的顺式或反式作用元件与转录因子之间的相互作用。另外，也可以通过将克隆有启动子的质粒显微注射入爪蟾卵母细胞的细胞核中，然后提取 RNA 来研究转录机制和基因的表达调节。

（5）蛋白质的相互作用。爪蟾卵母细胞也可用于蛋白质相互作用方面的研究，同时通过在爪蟾卵母细胞中表达两种或两种以上的基因来研究它们的相互作用，也是一个很有用的方法。

4. 电压钳技术原理

爪蟾卵母细胞表达系统一般和双电极电压钳系统联合使用。电压钳技术是通过插入细胞内的一个微电极向细胞补充电流，补充的电流量信号等于跨膜流出的反向电子流，这样即使膜通透性发生改变，也能控制膜电位数值不变。经过离子通道的电子流与经微电极施加的电流方向相反，数量相等。因此，可以定量测定细胞兴奋时的离子电流。膜通透性的改变是迅速的，但若使用一个高频响应的放大器，可以连续、快速、自动地调整注入电流，达到保持膜电位恒定的目的。

离子通道是细胞膜的结构之一。它的活动是细胞各种生理活动的基础。由于离子通道的活动形成的膜两侧的电子分布态势，这种态势在不同状态下的动态变化是神经细胞兴奋性、电信号的产生及几乎全部电活动的原因。离子流过通道形成的离子流是形成动作点位的基础。电生理试验中是以电流作为刺激源，使可兴奋细胞产生兴奋，然后测定其膜电位以确定离子通道状态。但在形成动作电位时所产生的离子流可影响膜电位，而膜电位的变化又会影响该离子通道的通透性变化。因此，人为地使膜电位维持一定时间在一个固定水平，是解决这个问题的办法。

电压钳是一个负反馈系统，一根联结到示波器的银丝插入被实验的标本，作为电极（V 电极），当信号从此电极输入一个高频响应反馈放大器后就有电流输出到插入枪乌贼轴突内的另一纵向电极（I 电极）。当来自轴突的电极电位（膜电位）与钳制电压不在同一电位水平时，在放大器两端有电位差，放大器即向轴突输出电流，以使轴突的电压维持于预置的钳制电压水平，这是一个负反馈过程。当实验者把电压钳的膜静息电位调至相同值（如-70 mV）时，电路中将没有电流流过，当调制电压由-70 mV 变为-20 mV

时，则在放大器两输入端有电压差，放大器即向轴突输出一个电流，其方向是供轴突内部电压维持于新的预置水平，即-20 mV。在膜电位由-70 mV转变为-20 mV的过程中，将会产生去极化和生成一个动作电位，导致Na⁺内流，使轴突内电位变正，向-20 mV方向发展。此时电路系统为使膜电位恒定于-20 mV，又需要往相反的方向通电流，防止膜电位向比-20 mV正的方向发展。可见此反馈放大器的作用是调制膜电位于某一个预定值，并由它的代偿电流维持膜电位于此预定值，为恒定膜电位于预定值输向膜内的电流，与离子流过膜的电流数量相等、方向相反，可见电压钳是一个负反馈系统。

电压钳有两个优点：①跨膜电流可以精确地反映由离子通道的开放与关闭所引起的膜电导的改变。在一个电压钳处理的细胞中，电流记录是与电导改变成正比的。相反，如果用普通细胞而不是电压钳，那么这些电流引起的电位改变，不仅取决于电导改变，而且取决于膜的被动电特性。②电压钳在研究电压调节通道的行为方面有很大价值。不控制膜电位的常规记录，不能揭露电压如何调节电导。由于通道的开放与关闭本身就改变膜电位，因此，在实验期间必须有一个外源性电流来维持一个恒定电压。向细胞内注入电流是为了使膜电位保持在某一个预定水平，即保持电位（hoiding potential）。在有选择地观察某一跨膜离子流时，应选择不同的保持电位以排除其他跨膜离子流对实验结果的影响，也就是把一种单一离子流从众多的跨膜离子流分离出来。

5. 卵母细胞表达步骤

1）通道DNA的克隆和表达载体的构建

通道DNA需要在体外转录成RNA，其转录过程由依赖DNA的RNA聚合酶完成。SP6、T3、T7噬菌体均可合成依赖DNA的RNA聚合酶，这种酶能识别双链DNA模板上相应的噬菌体特异性启动子，并以此双链DNA为模板合成RNA。得到通道蛋白的DNA后，将编码mRNA的双链DNA按适当方向克隆到带有SP6、T3或T7噬菌体启动子的表达载体中，在DNA序列下游部位带有单酶切位点使重组质粒线性化。

2）质粒DNA的提取纯化

实验过程包括感受态细胞的制备，质粒DNA的转化、扩增、提取和纯化。因为质粒DNA将用于RNA转录，所以要求纯化比较仔细，传统的酚氯仿抽提方法和目前常用的过柱方法均可满足实验要求。现有多家公司提供试剂盒，方便快捷、产量高、纯度好。值得注意的是，虽然DNA比较稳定，但也会因为各种原因出现一些问题。因此，用过的EP管即使肉眼看来是空的，也不要轻易扔掉，除非确证有足够的DNA供使用。

3）RNA转录

如前所述，SP6、T3、T7 3种依赖DNA的RNA聚合酶可识别双链DNA模板上相应的噬菌体特异性的启动子，并沿此双链DNA模板合成mRNA。真核细胞mRNA 5′端有一个7-甲基鸟苷酸基，影响mRNA的稳定性，因此转录过程中加入帽结构的类似物以得到加帽的mRNA。mRNA极易降解，实验过程必须严格防止RNA酶污染。

4）卵母细胞的分离和培养

（1）卵母细胞的分离。常用麻醉药为 Tricaine，有效浓度为 0.15%～0.35%，浓度过高会损伤爪蟾。将爪蟾置入麻醉液中，约 15 min 后取出，腹部向上平放，若爪蟾不能翻身，即可进行手术。低温状态下麻醉效果更好。爪蟾皮肤较厚且硬，表面滑腻，可先用针头穿刺皮肤，以方便手术。取出足量的卵母细胞组织，置入培养液中，以丝线缝合皮肤。

卵母细胞的好坏直接影响通道电流的记录，应予高度重视。首先，将含卵母细胞的组织取出并剪成 1 cm³ 的小块，放入不含钙离子的培养液中（钙离子可增加酶的活性而破坏细胞）并多次清洗去除残存血液。然后，将卵母细胞置入含 1 mg/mL 胶原酶的培养液中，室温下缓慢振摇，清洗数遍，再放入新的含 1 mg/mL 胶原酶的还原酶中再次消化30～60 min，待大多细胞呈单个细胞时终止消化。

显微镜下状态好的细胞外形较圆，色泽清晰，有一定张力。轻晃平皿，细胞会在平皿中滚动。细胞表面清洁光滑，不应残留纤维组织及毛细血管，否则会影响 mRNA 的注射及细胞的钳制。

（2）卵母细胞的培养。卵母细胞应置于含抗生素的 ND96 培养液中，常用抗生素为100 U/mL 的青霉素和 100 μg/mL 的链霉素，一周内不需要换液。卵母细胞可置于 35 mm或 60 mm 的培养皿中孵化。常规应用 96 孔培养板培养，好处在于即使有个别细胞破裂，流出的胞内物质也不会污染或损害其他细胞。适宜的培养温度为 18～21℃，温度过低会影响 mRNA 的表达，温度过高则会影响卵母细胞的存活。

5）注射

根据 mRNA 的浓度和卵母细胞的需要量，取相应体积的 mRNA，用微注射仪将 RNA吸入注射用针中。要注意严防 RNA 酶的污染，严防空气被吸入注射用针中，这两点均会影响 mRNA 在细胞中的有效表达。将挑选好的卵母细胞置于培养皿中，底部贴上塑料网格或用刀片将底部划成小格，以防止注射时卵母细胞在平皿中滑动。仔细调节三维微操纵器，使针尖接触细胞表面。若细胞状态良好，针尖接触细胞膜时会感觉到一定的阻力，同时可见细胞膜上因张力形成的皱褶。穿刺细胞不宜过深，以针尖刚刚穿过细胞膜为宜，注射后细胞会轻微鼓胀。若针尖极易刺入细胞，无明显张力，表明细胞状态不佳，意味着此细胞可能无法钳制到所需电位，建议放弃注射。

6）卵母细胞的电生理实验方法

预先固定好细胞内外灌流和负压的装置。将控制好的电极充以电极内液，固定于Headstage V1 上，用三维微操纵器将针尖移入上槽的液体中，调节放大器上的 V1 至零电位，测量电极电阻。轻移电极使尖端逐渐移至上层小孔正中央，小心刺入细胞，注意观察放大器上电位的变化，一旦进入细胞，膜电位立即变为负值，状态良好的细胞膜电位多在-70 mV。将放大器上的钳制置于"ON"的位置，打开电容和电阻补偿，调节至适当的增益，即可记录通道电流。用同样方法将 V2 电极置入上槽液体，一般将此处连接于 P1 的尾端，同样也可将电位钳制到零电位。

9.3 异源表达技术在农业害螨研究中的应用

9.3.1 原核表达系统

原核表达目前主要用于叶螨毒理学及基因功能验证等方面的研究，现已成功表达的基因包括细胞色素 P450、谷胱甘肽硫转移酶、酯酶等。

在叶螨 P450 的研究中，Demaeght 等（2013）首先完成了 *CYP392E10* 基因的原核表达。在对二斑叶螨敏感品系和螺螨酯抗性品系的基因芯片检测中发现了 *CYP392E7* 和 *CYP392E10* 两个 P450 基因上调表达。随后将这两个基因连接到含有细胞色素 P450 还原酶的表达载体 pCWompA2 上，进一步转到感受态细胞 *E.coli* JM109 中进行原核表达。色谱检测发现 *CYP392E10* 和 *CYP392E7* 的表达产物可与亚铁血红素结合，说明两个基因均表达出活性蛋白。酶活性检测两个基因表达产物显示，重组蛋白具有 P450 酶活性。使用这两个 P450 基因的表达产物代谢螺螨酯时发现，*CYP392E7* 对螺螨酯及其烯醇均没有代谢能力。*CYP392E10* 的表达产物却可以代谢螺螨酯，并得到两种代谢产物。两种代谢产物在质谱检测的保留时间分别为 2.8 min（M1）和 3.2 min（M2），进一步使用串联质谱仪对两种代谢产物进行碎裂模式分析，发现两种代谢产物可能是同系物。螺螨酯的裂解位置可能是螺环和一半酯键的烷基链，被氧化后羟基化。Riga 等（2014）在二斑叶螨阿维菌素抗性品系中发现 3 个 P450 基因（*CYP392A16*、*CYP392D8*、*CYP392D10*）上调表达，随后使用载体为 pCW-OmpA2 将这 3 个基因同二斑叶螨 P450 还原酶进行共表达，并获得了活性蛋白。使用 5 种不同类型的杀螨剂对 *CYP392A16* 的表达产物进行活性抑制试验，发现阿维菌素、哒螨灵、噻螨酮可抑制其活性，其中阿维菌素的抑制效果最好，而联苯菊酯、四螨嗪对其活性没有影响。*CYP392A16* 仅可以代谢阿维菌素，对其他杀螨剂均没有代谢能力，在 4 h 内可分解 37.1% 的阿维菌素。

在此基础上，Riga 等（2015）进一步在对二斑叶螨腈吡螨酯抗性品系的研究中发现两个上调表达的 P450 基因，分别是 *CYP392A11* 和 *CYP392A12*。同样使用 pCW-OmpA2 表达载体对这两个基因进行原核表达。在代谢能力检测中发现 *CYP392A11* 的表达产物不能代谢哒螨灵、阿维菌素、四螨嗪、噻螨酮等杀螨剂，可能是因为其可以与这些杀螨剂直接结合。Feng 等（2019）利用大肠埃希菌进行原核表达获得了具有活性的朱砂叶螨 *CYP389C16* 蛋白，并发现该蛋白可代谢丁氟螨酯和哒螨灵两种杀螨剂，可能介导了朱砂叶螨对丁氟螨酯和哒螨灵的交互抗性。

在叶螨 GST 的研究中，Pavlidi 等（2015）对二斑叶螨的 3 个 GST 基因也进行了原核表达，酶活性检测证明 3 个 GST 基因表达成功。由于 GST 不能直接代谢杀螨剂，使用不同杀螨剂对检测对表达产生的活性抑制效果显示，联苯菊酯可抑制 TuGSTd10 活性，噻螨酮、四螨嗪、阿维菌素可抑制 TuGSTd14 活性，噻螨酮、哒螨灵、四螨嗪可抑制 TuGSTm09 活性。在柑橘全爪螨的 GST 蛋白研究中，8 个 GST 基因被成功表达且具有代谢活性，但表达产物并不能直接分解阿维菌素（Liao 等，2016）。Zhang 等（2018）成功表达了朱砂叶螨 TCGSTM4，验证了其与丁氟螨酯抗性的关系。柑橘全爪螨 GST 蛋白原核表达流程图见图 9.1。

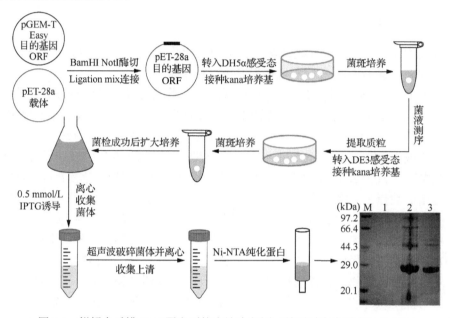

图 9.1　柑橘全爪螨 GST 蛋白原核表达流程图（结果引自廖重宇，2016）

羧酸酯酶同样是一种重要的解毒代谢酶，Shi 等（2016）完成了朱砂叶螨羧酸酯酶基因的原核表达实验，在朱砂叶螨阿维菌素抗性品系和甲氰菊酯抗性品系中发现了 TCE2 基因的高表达，使用甲氰菊酯、阿维菌素、丁氟螨酯 3 种杀螨剂对其进行活性抑制实验，发现甲氰菊酯和丁氟螨酯可抑制其活性，但杀螨剂代谢实验显示朱砂叶螨 TCE2 不能直接代谢这 3 种杀螨剂，其作用机制可能是与杀螨剂结合进而降低杀螨剂的杀螨活性。Wei 等（2019）利用以酵母为宿主的真核表达系统获得了二斑叶螨 CCE04 的重组蛋白，并对该蛋白的活性进行了研究。

除了以上 3 种代谢酶外，近年来在叶螨中新发现的一些代谢酶也通过异源表达的方式被证实与抗性相关，如 Wang 等（2020）通过分析一个朱砂叶螨尿苷二磷酸糖基转移酶 *UGT201D3* 基因的重组蛋白，发现其与阿维菌素的代谢有关。

9.3.2　昆虫细胞表达系统

目前叶螨中使用昆虫细胞进行表达的基因只有二斑叶螨的乙酰胆碱酯酶基因。乙酰胆碱酯酶是氨基甲酸酯类和有机磷类杀虫剂的作用靶标，而该基因上存在的突变会导致叶螨对这些杀螨剂的敏感性下降。Kwon 等（2012）报道了该基因的多个突变体在 Sf9 昆虫细胞的真核表达，蛋白电泳结果显示二斑叶螨乙酰胆碱酯酶分子量约为 72.7 kDa；

酶活测定结果显示各个突变体之间的酶动力参数各有差异；而使用不同类型杀螨剂抑制二斑叶螨乙酰胆碱酯酶时，发现部分突变的存在导致杀螨剂对该基因的抑制能力下降，证明了这些突变确实引起了二斑叶螨对杀螨剂的敏感性下降。

9.3.3 爪蟾卵母细胞表达系统

叶螨中目前使用爪蟾卵母细胞表达基因有谷氨酸氯离子通道和 GABA 氯离子通道。二斑叶螨在首先完成了一个 GABA 氯离子通道基因的卵母细胞表达，该基因在 100 nm 到 10 mM GABA 刺激下均有电流产生。使用联苯肼酯刺激该基因时同样有电流产生，证明该 GABA 氯离子通道对联苯肼酯是敏感的（Hiragaki et al.，2012）。朱砂叶螨中完成了 3 个 GABA 氯离子通道基因和 5 个谷氨酸氯离子通道基因的卵母细胞表达。在 0.5～5 mM 的 GABA 刺激下，3 条 GABA 氯离子通道均有电流产生，而使用 1～10 mM 的谷氨酸刺激，5 条谷氨酸氯离子通道同样也产生了电流。当使用 10 μm 的阿维菌素或伊维菌素刺激这 8 条氯离子通道时，5 条谷氨酸氯离子通道产生了电流，而 3 条 GABA 氯离子通道无电流产生，证明朱砂叶螨谷氨酸氯离子通道基因对阿维菌素和伊维菌素是敏感的（Xu et al.，2017）。

9.4 展 望

大肠埃希菌表达系统使用最早、研究最深入，在表达非糖基化的小分子蛋白质时，大肠埃希菌表达系统仍然是首选。酵母和昆虫细胞表达系统有一定的翻译后修饰功能，但是表达效率较低。这几类异源表达系统目前已广泛应用于叶螨的研究中，尤其是叶螨毒理学。随着二斑叶螨基因组及许多叶螨转录组测序的完成，越来越多的基因被挖掘出来，但是大部分基因的生理功能仅是依靠序列比对来推测的，缺乏直接的证据。使用异源表达系统对这些基因进行体外表达，是验证其功能最简单、最直接的方法。

目前异源表达技术主要应用于叶螨毒理学的研究中，原核表达系统和昆虫表达系统主要用于表达一些酶类基因，而爪蟾卵母细胞表达系统更多也应用于细胞膜上受体和通道基因的表达。相对已获得的庞大的螨类基因数据库而言，当前只有极少数的基因完成了异源表达及功能分析，因此将该技术用于螨类研究的空间非常广阔。在生理学研究中，异源表达技术可以广泛应用基因功能的验证，确认这些基因在叶螨中的生理功能；在毒理学研究中，由于高通量测序的广泛使用，越来越多可能与杀虫剂毒理相关的基因被鉴定出来，而异源表达技术可以用来验证这些基因与杀虫剂之间的关系。

同时，一些经异源表达获得的解毒代谢酶还可以被用于减少食品农药残留，如昆虫的羧酸酯酶对农药有较高的亲和性，且在体外依然表现出降解活性，通过人为对酯酶基因密码子进行改造，改善其对农药的水解能力，可以成为具有商业用途的解毒酶，用于农药污染食品的治理。类似具有解毒代谢功能的基因同样可以用于构建转基因植物，通过大量种植转基因植物，实现降解环境中残留农药的目的。转基因植物具有治理污染易于操作、美化环境，又不会对环境造成二次污染等优点。同时，这些解毒酶基因可以用来构建工程菌，用于农药的生物防治，如转基因微生物或藻类固定于生物反应器中，使污水流经反应器，既净化了污水，又不至于对环境形成潜在危害。解毒酶还能添加于禽畜饲料中，降解饲料中残留的农药，避免农药在禽畜体内堆积危害人类健康。

参 考 文 献

廖重宇，2016. 柑橘全爪螨谷胱甘肽 S-转移酶解毒代谢功能研究[D]. 重庆：西南大学.

DEMAEGHT P, DERMAUW W, TSAKIRELI D, et al., 2013. Molecular analysis of resistance to acaricidal spirocyclic tetronic acids in *Tetranychus urticae*: CYP392E10 metabolizes spirodiclofen, but not its corresponding enol[J]. Insect Biochemistry and Molecular Biology, 43: 544-554.

FENG K, OU S, ZHANG P, et al., 2020. The cytochrome P450 *CYP389C16* contributes to the cross-resistance between cyflumetofen and pyridaben in *Tetranychus cinnabarinus* (Boisduval)[J]. Pest Management Science, 76: 665-675.

HIRAGAKI S, KOBAYASHI T, OCHIAI N, et al., 2012. A novel action of highly specific acaricide; bifenazate as a synergist for a GABA-gated chloride channel of *Tetranychus urticae* [Acari: Tetranychidae][J]. Neurotoxicology, 33(3): 307-313.

KWON D H, CHOI J Y, JE Y H, et al., 2012. The overexpression of acetylcholinesterase compensates for the reduced catalytic activity caused by resistance-conferring mutations in *Tetranychus urticae*[J]. Insect Biochemistry and Molecular Biology, 42: 212-219.

LIAO C Y, XIA W K, FENG Y C, et al., 2016. Characterization and functional analysis of a novel glutathione *S*-transferases gene potentially associated with the abamectin resistance in *Panonychus citri* (McGregor)[J]. Pesticide Biochemistry and Physiology, 132: 72-80.

PAVLIDI N, TSELIOU V, RIGA M, et al., 2015. Functional characterization of glutathione *S*-transferases associated with insecticide resistance in *Tetranychus urticae*[J]. Pesticide Biochemistry and Physiology, 121: 53-60.

RIGA M, MYRIDAKIS A, TSAKIRELI D, et al., 2015. Functional characterization of the *Tetranychus urticae CYP392A11*, a cytochrome P450 that hydroxylates the METI acaricides cyenopyrafen and fenpyroximate[J]. Insect Biochemistry and Molecular Biology, 65: 91-99.

RIGA M, TSAKIRELI D, ILIAS A, et al., 2014. Abamectin is metabolized by *CYP392A16*, a cytochrome P450 associated with high levels of acaricide resistance in *Tetranychus urticae*[J]. Insect Biochemistry and Molecular Biology, 46: 43-53.

SHI L, WEI P, WANG X, et al., 2016. Functional analysis of esterase *TCE2* gene from *Tetranychus cinnabarinus* (Boisduval) involved in acaricide resistance[J]. Scientific Reports, 6: 18646.

WANG M Y, LIU X Y, SHI L, et al., 2020. Functional analysis of *UGT201D3* associated with abamectin resistance in *Tetranychus cinnabarinus* (Boisduval)[J]. Insect Science, 27: 276-291.

WEI P, DEMAEGHT P, DE SCHUTTER K, et al., 2019. Overexpression of an alternative allele of carboxyl/choline esterase 4 (*CCE04*) of *Tetranychus urticae* is associated with high levels of resistance to the keto-enol acaricide spirodiclofen[J]. Pest Management Science, 76: 1142-1153.

XU Z, WU Q, XU Q, et al., 2017. Functional analysis reveals glutamate and γ-amino butyric acid channels as targets of avermectins in the Carmine spider mite[J]. Toxicological Sciences, 155: 258-269.

ZHANG Y, FENG K, HU J, et al., 2018. A microRNA-1 gene, *tci-miR-1-3p*, is involved in cyflumetofen resistance by targeting a glutathione *S*-transferase gene, *TCGSTM4*, in *Tetranychus cinnabarinus*[J]. Insect Molecular Biology, 27: 352-364.

第10章 农业害螨研究前瞻性技术

近几十年来，以细胞遗传物质核酸和细胞功能物质蛋白质为研究对象的相关分子生物学技术发展十分迅速。这些技术不但促进了生命科学的发展，也为农业害螨的研究带来极大的便利。其中，以基因组改造技术和亚细胞定位技术为代表的分子生物学技术在农业害螨研究中取得突破性的进展。

10.1 基因改造技术

自从人类基因图谱完成后，生命科学的研究越来越多地聚焦于基因功能。与此同时，测序技术也在不断发展，越来越多物种的全基因组完成测序。以基因组数据为基础，实施基因组改造的想法被提出，随着科学技术的发展，基因组改造技术也得到了快速发展。20 世纪至今，转座子技术和基因编辑 CRISPR/Cas9 技术已被广泛应用于基因组改造，这些技术的成熟也为科学研究基因功能和基因组改造提供了便捷的工具。

10.1.1 转座子技术

转座子技术是基于转座子可在基因组上移动这一特点而发展形成的一种应用十分广泛的分子生物学技术。转座子的可移动性，为实现基因组的改造提供强有力的理论支撑和技术工具。目前，该技术被广泛地应用于原核生物（如各类细菌）和真核生物（如酿酒酵母、昆虫和小鼠）的各类研究中。

1. 转座子概述

无论是真核生物还是原核生物，基因组在其进化过程中并不是始终保持不变的，转座子（transposon）或转座元件（transposable element）的移动可引起基因序列的改变，从而使生物体的基因组发生改变。转座子是一类广泛存在于基因组上不用借助于同源序列就可移动的 DNA 片段（图 10.1），它们可以直接从基因组上的一个位点移动到另一个位点。一个转座子由基因组的一个位置转移到另一个位置的过程称为转座。转座可以发生在同一染色体上，由同一染色体的一个位置转移到另一个位置；也可以发生在不同染色体上，即从一条染色体的一个位置转移到另一条染色体，转座作用与供体和受体之间的序列没有任何关系。转座子一般可以通过转录或者逆转录的方式，插入基因组上的其他位置，从而形成自身的拷贝。

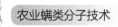

IR	转座酶基因	IR

（a）插入序列

IR	转座酶基因	IR	抗性基因或宿主基因	IR	转座酶基因	IR

（b）复合转座子

图 10.1 转座子示意图

注：简单的转座子，具有一个转座酶基因，两端为反向重复序列；复合转座子，带有某些抗药性基因或宿主基因的转座子。

转座子最初是由遗传学家芭芭拉·麦克林托克（Barbara McClintock）于 20 世纪 40 年代后期在玉米的遗传学研究中发现，当时称为控制元件（controlling element）。初期研究发现玉米种子会呈现出不同的颜色，且这种表型现象是不稳定的，因此推测这种现象是由一种不稳定的突变引起的。经过深入研究，发现这种现象是由控制籽粒颜色的相关基因与两个转座子相互作用所导致（图 10.2），而这两个转座子被命名为 Ac（Activator）和 Ds（Dissociation）。这是最早被发现的转座子，Ac 为自主型转座子，Ds 为非自主型转座子。

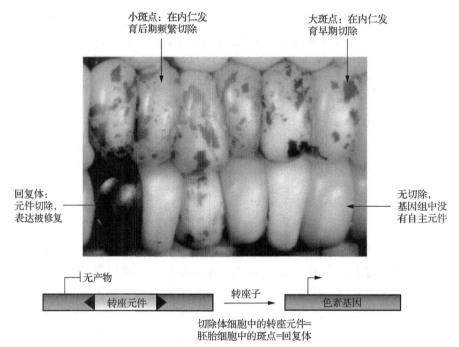

图 10.2 使用玉米籽粒颜色研究转座子行为（引自 Feschotte et al., 2002）

然而，这一发现与当时传统的遗传学观点相冲突，因此没有引起学术界足够的重视。直至 20 世纪 60 年代后期，Shapiro 等在研究异常突变的噬菌体时，发现这些异常突变不像点突变那样容易发生回复突变，且突变基因里含有一长串额外的 DNA 序列。随后，

Shapiro 证明了 λ 噬菌体裂解大肠埃希菌时偶尔会携带宿主的一段 DNA 序列，并将这一段外源的 DNA 序列整合到自身的基因组上。并且发现大肠埃希菌中许多突变是由于在染色体上插入了一段插入序列（insert sequence，IS）所致，随后其他研究者也发现了相似的可转移序列，这一现象才逐渐引起了人们的重视。1983 年，芭芭拉·麦克林托克被授予诺贝尔生理学或医学奖，而这一奖项距离她公布玉米籽粒颜色控制因子的时间已有 43 年之久。

随着大量高通量基因组测序的出现，越来越多的证据表明转座子是真核和原核生物基因组的重要组成成分，是基因组和表型进化的主要动力之一，并且对基因表达调控网络的进化具有重要的贡献。目前已知转座子广泛存在于生物界的各种生物体内，人类基因组中约有 45% 的序列为转座子序列，某些草类基因组中转座子序列甚至高达 50%～80%。转座子不仅可以用于分析生物遗传进化上的分子作用机理，还为基因工程和分子生物学研究提供了强有力的支撑。

2. 转座子的类型

依据分子结构和遗传性质，转座子主要可以分为 3 类，即插入序列、复合转座子（composite transposon）和诱变噬菌体（mutator phage，Mu 噬菌体）。

1）插入序列（IS）

IS 是目前已知最简单的转座子，这类转座子最初是在细菌操纵子中以自发插入形式鉴定出来的。细菌插入序列中不含有任何宿主基因，仅含有转座所必需的元件，第一个元件是转座子两端的特异性末端反向重复序列，第二个元件是编码催化转座的转座酶基因（图 10.3）。因此，IS 分子量小，属于较小的转座子，长度一般为 750～1550 bp。

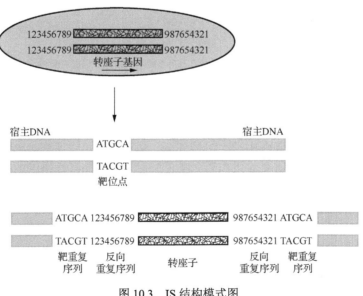

图 10.3　IS 结构模式图

注：数字表示反向重复序列的碱基。

斯坦利·科恩（Stanley Cohen）将质粒 DNA 与具有反向重复序列的转座子连接，然后将重组质粒的双链分开，通过电镜观察到预期的茎环结构，巧妙地证实了转座子末端具有反向重复序列（图 10.4）。典型的 IS 两端含有 15～25 bp 的反向重复序列，反向重复序列是转座酶识别所必需的，两个重复序列密切相关，但并不是完全一致。

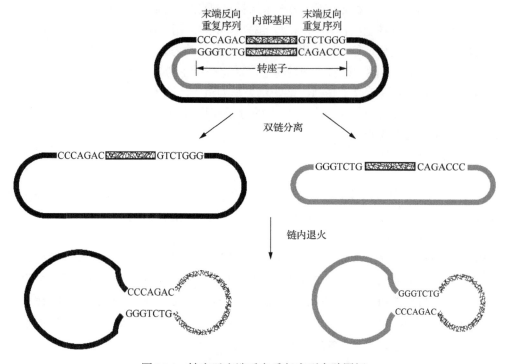

图 10.4　转座子末端反向重复序列实验图解

注：含转座子的双链分离，并在每条单链内部复性，产生茎环结构。

IS 本身不具有表型效应，但当它插入某一基因的内部或者转座到某一基因附近时，会对该位点的基因结构与表达产生多种遗传效应，也会对该位点附近的基因功能产生极性效应，从而对生物的遗传性状产生影响。IS 是细菌染色体和质粒的正常组成部分，可独立存在，也可以作为复合转座子的组成部分。每个 IS 元件都为一个自主的单位，其序列均可编码自身转座所需要的蛋白质。虽然每种 IS 元件具有不同的序列，但它们的组成形式相同。最早被鉴定出的 IS 长度约为 1000 bp，其中间序列为编码自身转座的转座酶基因，两端是短的反向重复序列。

当 IS 元件转座时，插入部位两侧的宿主靶序列双链被交错切开，经 DNA 修复系统修复后会造成宿主 DNA 靶序列的复制，在插入位点两侧形成短的正向重复（图 10.5），且在插入位点 IS 总是与一段短的正向重复序列相连接。然而在插入之前，靶位点只有这两个重复序列中的一个拷贝，但转座后转座子的两侧均存在此序列的一个拷贝。插入的靶位点没有序列的特异性，可以是任意的一个重复序列，但对任何一个具体的 IS 元件而言，交错切开的双链的长度相对固定，一般为 5～9 bp。

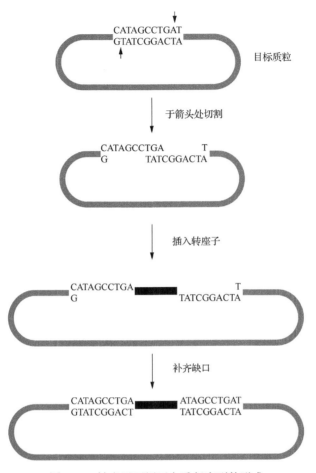

图 10.5　转座子两侧正向重复序列的形成

目前已知的 IS 有十多种，不同的 IS 一般会插入宿主 DNA 的不同位点，但一些 IS 会不同程度地优先选择插入某些特殊的热点。表 10.1 列举了几种 IS 的结构特征和靶位点选择情况。

表 10.1　几种 IS 的结构特征和靶位点选择情况

插入序列	总长度/bp	反向重复序列/bp	靶位点反向重复序列/bp	靶位点选择
IS1	768	23	9	随机
IS2	1327	41	5	热点
IS4	1428	18	11～13	AAAN20TTT
IS5	1195	16	4	热点
IS10R	1329	22	9	NGCTNAGCN
IS50R	1531	9	9	热点
IS903	1057	18	9	随机

2）复合转座子（Tn）

复合转座子与插入序列的主要区别是转座子除了含有与转座相关的基因外，还带有其他基因，如某些抗药性基因或者其他宿主基因，使含有该类具有抗药性转座子的宿主对某些药物呈现抗性。这种转座子常以 Tn 加一个数字表示，Tn 一般含有几个至十几个基因，其分子量一般是 2～25 kb。Tn 两末端的重复序列的类型有两种：一种是两个末端由相同的 IS 序列正向或者反向排列组成；另一种是两末端由 38 bp 的反向重复序列组成，如 TnA 家族的转座子（表 10.2）。Tn 与 IS 相同，能从基因组上的一个位点转座到另一位点，或从一个复制子转移到另一个复制子。Tn 虽然能插入受体基因组上的许多位点，但这些位点并不是完全随机，对于某些位点来说，Tn 更容易插入。Tn 两翼是由两个相同或者两个高度同源的 IS 序列组成，表明如果 IS 序列插入某个功能基因如抗药性基因两端时可能产生复合型转座子。值得注意的是，一旦形成复合转座子，IS 序列就是 Tn 的组成部分，此时 IS 就不能单独移动，因为它们的功能已被修饰，只能作为复合体移动，转座能力是由 IS 序列（如转座酶基因）决定和调节的。

表 10.2　几种复合转座子及其性质

转座子	总长度/bp	抗性基因	末端 IS 序列及其长度/bp	末端 IS 序列的方向
Tn903	3100	kanR	IS903（1050）	反向
Tn9	2638	canR	IS1（768）	正向
Tn10	9300	tetR	IS10（1400）	反向
Tn204	2457	canR	IS1（768）	正向
Tn5	5400	kanR	IS50（1500）	反向
Tn1681	2088	hygR	IS1（768）	反向

3）Mu 噬菌体

Mu 噬菌体是泰勒（Taylor）于 1963 年从大肠埃希菌中发现的一种温和特殊噬菌体。大肠埃希菌和噬菌体一般会整合到宿主基因组上的特定位点，但 Mu 噬菌体不同，它的整合和切割没有序列的特异性，因此没有固定的整合位置。通过转座作用整合到宿主基因组中的 Mu 噬菌体可被溶源化，溶源化的 Mu 噬菌体可在宿主基因组中再次转座，从而进行复制。图 10.6 阐释了 Mu 转座子的复制转座原理，与其他转座子相同，Mu 噬菌体转座后插入宿主 DNA 中可以引起基因失活或者产生突变，其中约 2% 的突变是营养缺陷型突变。但与其他转座子不同的是，Mu 噬菌体的转座频率比一般转座子要高很多，因此可以频繁地引起宿主基因发生突变，被称为突变者（mutator）。

Mu 噬菌体的分子一般约为 38 kb，两端带有大肠埃希菌的一小段 DNA。Mu 两端有类似的 IS 序列，但与转座有关的基因是位于 Mu 噬菌体 DNA 一段的 A 和 B 基因。其中，*MuA* 基因负责编码相对分子质量为 70 000 的转座酶 *MuA*，而 *MuB* 基因负责编码相对分子质量为 33 000 的 ATP 酶（ATPase）。*MuB* 对 *MuA* 有促进作用，而后 *MuB* 不能结合到 *MuA* 结合的 DNA 区域，从而产生转座靶点免疫（transposition target immunity）（图 10.7）。此外，在 *MuA* 和 *MuB* 两个基因与末端之间还有一个对这两个基因起负调控作用的 C 区。

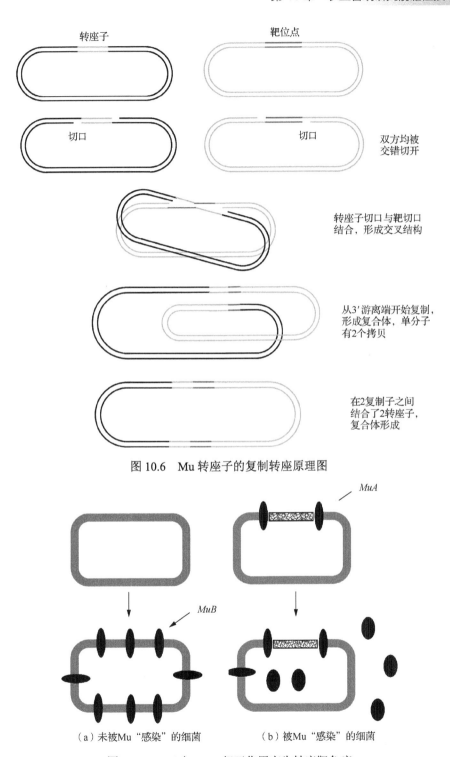

图 10.6　Mu 转座子的复制转座原理图

（a）未被Mu "感染" 的细菌　　　（b）被Mu "感染" 的细菌

图 10.7　*MuA* 与 *MuB* 相互作用产生转座靶免疫

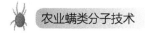

3. 转座作用的机制

转座子有 DNA-DNA 和 DNA-RNA-DNA 两种转座方式，前者为一般常见的转座，后者称为逆转录转座，该类转座子称为逆转录转座子（retrotransposon）。逆转录转座子又可分为病毒超家族（viral superfamily）和非病毒超家族（nonviral superfamily）两大类。病毒超家族可自主转录，因为其基因组能编码逆转录酶或整合酶，其转座机制类似于逆转录病毒。在目前已知的所有高等生物的基因组中，也广泛地存在着与逆转录病毒基因组非常相似的逆转录转座子，如果蝇的 copia 转座子和酵母的 Ty 转座子。非病毒家族自身不能编码转座酶或整合酶，因此不能自主转座，只能利用宿主细胞的酶系统来进行转座。

尽管逆转录转座子转座的方式与一般的简单转座子转座的方式不同，但逆转录转座子具有一些与简单转座子相似的特性。例如，可能与高频率的自发突变有关，转座单元末端含有长度为 2～50 bp 的反向重复；转座过程常与转座单元的复制同时进行；插入单元两端的 DNA 序列在插入过程中可能有所增加。

目前已发现的所有转座子都有在基因组中增加自身拷贝数的能力，其增加拷贝数以两种方式进行：一是在转座过程中转座子进行复制；二是从染色体已完成复制的部位转座到尚未完成复制的部位，并随后者的复制进行自我复制。

以 DNA-DNA 的方式转座的转座子，其机制大致可分为 3 种类型，即复制型、非复制型和保守型。

1）复制型转座

在复制型转座（replicative transposition）中，首先发生的是转座子作为可转移元件被复制，然后一个拷贝留在供体，另一个拷贝则重新插入基因组 DNA 的受体位点上，使原转座子和靶部位均存在一个转座子，因此转座过程伴随着转座子拷贝数的增加。复制型转座需要转座酶和解离酶两种酶的参与。转座酶作用于原转座子的末端，而解离酶则在转座过程中促使中间产物解离，使转座子复制。

Tn3 转座子的转座过程就是典型的复制型转座。其转座过程分两步进行：一是含 Tn3 的供体质粒和含有受体部位的靶质粒融合形成共合体，伴随着 Tn3 的复制两个质粒发生融合，Tn3 转座酶基因编码的 tnpA 催化两个 Tn3 拷贝与受体质粒发生重组，连接形成一个共合体（cointegrant）。第二步是共合体的拆分，在裂解酶基因编码的 tnpR 的催化下，Tn3 自身的同源位点 res 发生重组，使共合体分解为两个独立的质粒，并各自携带一个 Tn3 的拷贝。具体过程如图 10.8 所示。

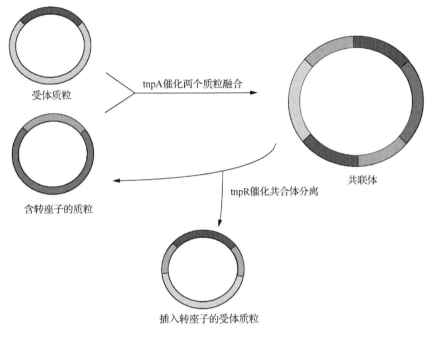

图 10.8　Tn3 的复制转座图示

2）非复制型转座

在非复制型转座（nonreplicative transposition）中，转座子作为一个物理实体直接从供体的一个位点转移到受体的靶位点上，在原来的位点上没有保留，并且会留下一个裂口，该裂口可能会被宿主的修复系统识别并修复，或者该裂口会使供体基因组损失或对宿主致死。非复制型转座的发生依赖转座酶，利用供体和靶 DNA 的直接连接而发生。插入序列 Tn5 和 Tn10 就是利用这种机制的非复制型转座。

3）保守型转座

保守型转座（conservative transposition）被认为是另一种非复制型转座，其与一般非复制型转座的区别在于保守型转座在转座过程中每个核苷酸键都会被保留下来，这样不但可以介导转座子自身的转移，还可以附带供体的一部分 DNA 进行转移。这种转座过程与 λ 整合机制相似，并且这种转座子的转座酶与 λ 整合酶家族有关。

4. 转座的遗传效应

当转座子发生转座后，通常会使插入点的靶基因失活，甚至有些转座子的插入会导致该插入点附近的基因失活。转座子的存在一般会引起宿主 DNA 的重组，也会导致突变的发生。当然，由转座子引起的基因突变有对宿主有利的突变，也有对宿主有害的突变。因此，转座子可促进生物的进化。转座子也可以通过调节宿主基因与其本身或宿主

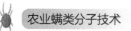

基因与调控元件之间的相互作用来调节相关基因的表达，从而影响宿主的表型。综上所述，转座子带来的遗传效应可概括为以下几点。

（1）引起插入突变。转座子最初是因其导致突变而被发现，当一个转座子插入靶位点后，使靶基因突变而失活，这是转座子最直接的遗传效应。各类 IS、Tn 和 Mu 噬菌体均可以通过插入靶位点而引起靶基因的突变。

（2）在插入位点引入新的基因。复合转座子通常会带有某些抗药性基因或者其他宿主基因，因此当复合转座子进行转座后，不仅可能引起基因突变失活，而且携带抗性基因或其他宿主到插入位点，使插入位点引入新的基因。

（3）使插入位点出现受体 DNA 的少数核苷酸对的重复。当一个 IS 元件转座时，供体和受体双链均被交错切开，经修复后会造成受体 DNA 靶序列被复制，在插入位点两侧形成短的正向重复，不同的转座子插入后造成的重复碱基对数不等，如 IS1 可造成 9 个碱基对的重复，IS3 可造成 3 个或 4 个碱基对的重复，而 IS4 可造成 11 个碱基对的重复。

（4）转座后原供体上仍保留转座子。通过复制型转座方式转移的转座子通常会先使自身复制产生一个拷贝，然后一个拷贝插入靶位点上，另一个拷贝则仍留在原来的位置。

（5）引起染色体的畸变。最初发现 IS1 的存在会促使它邻近的区域发生缺失，导致染色体产生畸变，随后在多个转座子中也发现了这一现象。

（6）切离。转座子的插入可能会导致基因的失活，当该失活基因中的转座子再次准确地发生转座而切离它插入的位点时，就可使失活的基因恢复正常。但是不准确的切离反而会使该基因发生突变而不能恢复正常。

5. 基于转座子的转基因技术

由于转座子在基因组上具有可移动性，使其在生物技术和分子生物学领域备受重视，尤其在转基因技术上得到了广泛应用。

转座子可以通过自身或其他自主转座子编码的转座酶完成其在基因组中的转座，转座元件不仅可以用于生物遗传进化研究，还为基因工程和分子生物学研究提供了强有力的工具。近年来，利用转座子开发的转基因载体已成为功能基因组学研究的重要工具，并且极大地推动了基础理论和应用生物学的发展。

（1）果蝇的 P 因子。果蝇的 P 因子是 Kidwell 和 Sved 于 1977 年在黑腹果蝇中发现的一种特异性转座子，它能导致杂种败育。P 因子全长 2907 bp，含有 4 个外显子和 3 个内含子，其两端各有 31 bp 的 IR 序列，在转座时，其优先靶位点为 GGCCAGAC，转座后在靶位点两端产生 8 bp 的重复序列。目前，P 因子已经广泛应用于果蝇遗传学研究，是目前研究最详细的一类昆虫转座子。在果蝇的遗传研究中，P 因子常被用作一种诱变剂，该方法的优点是易于定位，只要找到 P 因子就可以找到被阻断的基因。另外，P 因子也常被用于转基因，即通过 P 因子将改造后的基因转化到目标宿主体内。Khillan 等

（1985）将目的基因克隆至果蝇的 P 因子中，在转座酶的帮助下，将携带目的基因的 P 因子由质粒转到老鼠的染色体上，从而获得转基因的老鼠。

（2）Minos 转座子。Minos 转座子是从海德氏果蝇（*Drosophila hydei*）中分离得到，其全长为 1.4 kb，末端反向重复序列长度为 100 bp（Franz and Savakis，1991）。此后，该转座子多次被应用于转基因技术研究中，Loukeris 等（1995）研究发现该转座子在地中海实蝇中的转座效率为 1%～3%。Minos 转座子还可以在双翅目和鳞翅目的细胞系中发生转座，并且已应用该转座子成功获得斯氏按蚊（*Anopheles stephensi*）和黑果蝇（*Drosophila virilis*）转基因个体（Catteruccia et al.，2000ab；Klinakis et al.，2015）。

（3）玉米的 Ac/Ds 转座子。玉米的 Ac/Ds 转座子是最早被发现的转座子，由 Barbara McClintock 于 20 世纪 40 年代后期在研究玉米籽粒颜色遗传时发现。Bake 等（1986）首先证明了玉米的 Ac/Ds 转座元件在转基因烟草中有作用，此后又发现 Ac/Ds 在其他许多物种中如拟南芥、番茄、马铃薯、黄豆和水稻中都有活性，并被用于转基因研究。

（4）piggyBac 转座子。piggyBac 转座子是源于鳞翅目昆虫的 DNA 转座子，最初是从杆状病毒侵染粉纹夜蛾（*Trichoplusia ni*）的 TN-368 细胞中分离得到（Fraser et al.，1983）。piggyBac 转座子常在 TTAA 目标位点插入，因此，也被归纳为 TTAA 特殊可移动因子家族。目前，该转座子系统已经成功在多种昆虫中应用于转基因研究，包括模式昆虫果蝇和赤拟谷盗，以及非模式昆虫地中海实蝇、桔小实蝇、棉红铃虫、埃及伊蚊等（Handler and Mccombs，2000；Thibault et al.，1999）。

10.1.2　基因编辑 CRISPR/Cas9 技术

1. CRISPR/Cas9 概述

基因组编辑技术是近年来发展最快的分子生物学和细胞生物学技术之一。CRISPR/Cas9 系统是 RNA 介导的基因组编辑系统，由导向 RNA（single guide RNA，sgRNA）与靶标基因的 DNA 片段匹配，指导 Cas9 蛋白识别和切割基因组序列，进而对靶标基因进行编辑。CRISPR/Cas 技术是目前应用最广泛的基因组编辑技术，已运用于各种模式生物的基因组编辑。CRISPR 全称为成簇规律间隔短回文重复（clustered regularly interspaced short palindromic repeats），是一类广泛分布于细菌和古细菌基因组中的重复结构，是细菌对外源 DNA（噬菌体等）入侵建立的获得性免疫系统。

CRISPR 由一系列短重复片段和不同的外源 DNA 序列间隔（spacer）排列组成，其位点数量及中间的重复序列数量在不同物种间存在差异，该间隔序列与噬菌体/质粒的序列同源，从而为宿主细胞对抗外源感染提供了可能。Cas 基因是 CRISPR 位点的保守相关基因（CRISPR associated genes，Cas genes），是细菌获得免疫防御的基本元件，能够切割核酸的功能结构域，可依据位点特异性切割入侵生物 DNA 片段，如图 10.9 所示。外源基因首次进入细菌中时，CRISPR 系统会识别外源基因中带有的原型间隔序列毗邻基序（protospacer adjacent motif，PAM）（NGG）序列，并将其上游约 30 nt 的序列剪切后插入 CRISPR 的两个重复片段中形成新的间隔，从而获得免疫记忆。当外源基因再次进入细菌时，CRISPR 在前导序列（leader sequence）的作用下起始转录，转录得到的前体 RNA（Pre-crRNA）在相关核酸酶的作用下被剪切成小的含有间隔的发夹 RNA（crRNA）。crRNA 与相关 Cas 蛋白可共同识别间隔对应的外源基因序列，并实现对外源 DNA 的切割，以发挥免疫功能。

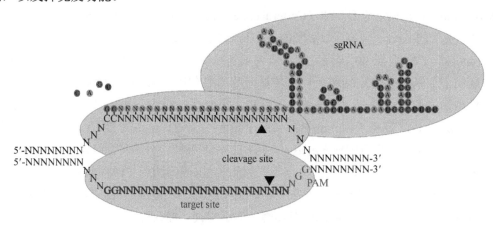

图 10.9 CRISPR/Cas9 基因组编辑原理图

CRISPR/Cas9 技术对基因组的定向编辑是通过在基因组特定位置上造成双链断裂（double strand break，DSB），控制 DNA 修复途径，对基因组定点修饰来实现的。一般来说，基因组 DNA 在受到损伤，形成双链切口 DSBs 后，会通过 3 种机制对 DNA 进行修复，即非同源重组末端连接（non-homologous end joining，NHEJ）修复、同源重组（homologous recombination，HR）修复和单链退火（single strand annealing，SSA）修复，原理如图 10.10 所示。NHEJ 主要发生在细胞周期的 G1 期，将断裂的双链 DNA 直接连接而修复，可引起 DSBs 附近产生碱基变换、插入或者缺失；HR 则发生在细胞周期的 G2 和 S 期，供体 DNA（donor DNA）通过同源臂的作用进行精确修复；SSA 修复常引起重复单元被删除，这是因为其发生 DSBs 的位置附近有较长的重复序列，经核酸外切酶加工所形成的单链末端依据碱基互补配对原则连接而修复。若 CRISPR/Cas9 系统所造成的 DSBs 位置在功能基因的外显子处，则通过 NHEJ 与 SSA 修复方式可造成该功能基因失活；此时若引入连接有该基因同源臂的候选基因或者筛选基因（neo/puro）序列作为供体，则可在 DSBs 处通过 HR 修复，将筛选基因或者候选基因序列插入功能基因的指定位点，实现在失活功能基因的同时引入新的候选基因，可用于物种自身基因和外源新候选基因的功能研究。

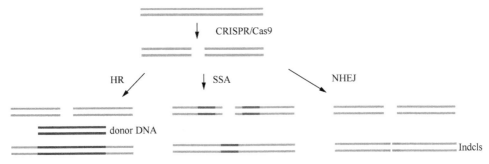

图 10.10　DSBs 介导的基因组修复原理图

2. 基于 CRISPR/Cas 的基因敲除

CRISPR/Cas 技术是目前应用最广泛的基因组编辑技术，是细菌和古细菌中的一种适应性免疫机制，主要用于抵抗病毒和外源 DNA 的入侵。目前，来自化脓链球菌（*Streptococcus pyogenes*）的 CRISPR/Cas9 系统应用最广泛。Cas9 蛋白（含有两个核酸酶结构域，可以分别切割 DNA 两条单链。Cas9 首先与 crRNA 及 tracrRNA 结合成复合物，然后通过 PAM 序列结合并侵入 DNA，形成 RNA-DNA 复合结构，进而对目的 DNA 双链进行切割，使 DNA 双链断裂。在非同源重组末端连接的修复机制下，发生碱基突变或缺失。

天然存在的 CRISPR/Cas 系统由 CRISPR 序列元件和 Cas 基因家族组成。CRISPR 序列元件转录生成 crRNA 和 tracrRNA，与 Cas 基因家族编码的核酸内切酶形成一个复合体，crRNA 和 tracrRNA 在此过程中融合成为 sgRNA，引导 Cas 蛋白切割靶点（Haurwitz et al.，2010）。在昆虫基因组编辑研究中，CRISPR/Cas 技术首先在黑腹果蝇中得到应用。2013 年，Bassett 等采取 crRNA 和 tracrRNA 融合的策略，以 T7 启动子启动 sgRNA 的转录，选取 *Dmyellow* 基因为靶基因，胚胎注射 sgRNA 和 Cas9 mRNA，在 G0 代获得高达 88% 的突变嵌合体，并采用高分辨率溶解曲线分析的方法快速精确地检测靶基因的突变。Gratz 等（2013）在黑腹果蝇的 *yellow* 基因上选择了两个 CRISPR/Cas9 敲除靶点，同时注射两个靶点的 sgRNA 和 Cas9 mRNA，在 G0 代嵌合体基因组检测中发现靶点间的序列出现了大片段删除。之后，这一技术在家蚕（*Bombyx mori*）中也被广泛应用。2013 年 10 月，Wang 等在家蚕中建立了 CRISPR/Cas9 系统，通过在家蚕卵期注射 Cas9 的 mRNA 与 sgRNA 混合物，成功敲除家蚕 *BmBLOS2* 基因，实现了"油蚕"表型。2014 年，Liu 等在家蚕细胞系中利用 CRISPR/Cas9 系统可同时实现 6 个基因的敲除（Liu et al.，2014a）。Wei 等（2014）在家蚕卵中注射 Cas9 mRNA 和 sgRNA，编辑 *Bm-ok*、*BmKMO*、*BmTH* 和 *Bmtan* 基因，获得的 *Bm-ok* 基因敲除家蚕品系通过与野生型或者嵌合体自交，在子一代分别获得 28.6% 和 93.6% 的双等位基因敲除个体。目前，基因编辑 CRISPR/Cas9 技术已经普遍应用到蝗虫、棉铃虫、褐飞虱、赤拟谷盗、埃及伊蚊等多个物种中。

3. 基于 CRISPR/Cas 的基因敲入

CRISPR/Cas 系统对外源基因的修饰，需要 crRNA 和 tracrRNA 介导。tracrRNA 的 5′端序列和 crRNA 的 3′端保守序列通过碱基互补配对形成一个杂交分子，通过其特殊的空间结构和 Cas9 相互结合形成一个蛋白-RNA 复合物。该复合物通过 crRNA 的 5′端特异性的 20 个碱基与靶标基因相结合，从而指引 Cas9 的两个内切酶活性中心切断双链的 DNA，造成双链断裂，同时在同源重组的生物修复机制下，Donor 载体会被插入基因组中。若 CRISPR/Cas9 系统所造成的 DSBs 位置在功能基因的外显子处，则通过 NHEJ 与 SSA 修复方式可造成该功能基因失活；此时若引入连接有该基因同源臂的候选基因或者筛选基因（neo/puro）序列作为供体，则可在 DSBs 处通过 HR 修复，将候选基因或者筛选基因（neo/puro）序列插入至功能基因的指定位点，实现在失活功能基因的同时引入新的候选基因，可用于基因缺失细胞系的筛选或者物种自身基因和外源新候选基因的功能研究。

2013 年 7 月，Yu 等利用 CRISPR/Cas9 技术对果蝇进行基因组编辑，通过 *Yellow* 基因等 7 个位点的验证，实现该技术在染色体上片段敲入。Gratz 等（2013）注射 sgRNA 及 Cas9 的 mRNA 同时，提供了同源配体质粒，成功地替换了目的基因。他们还改进 CRISPR/Cas 技术介导的目的基因敲除后同源重组修饰，在左右同源臂的中间加入一个标记基因，以便于阳性个体的筛选。Liu 等（2014b）对家蚕个体敲除 *Bm702* 基因并在该位点实现外源基因插入。Kistler 等（2015）在埃及伊蚊产卵后 3 h 内注射 sgRNA 与 Cas9 重组蛋白混合物，敲除 *Wtrw* 基因并引入带有 stop 位点的 ssODN 供体片段；通过 CRISPR/Cas9 系统切割靶标基因 DNA，形成 DSBs，通过 HR 修复，在埃及伊蚊内插入 *EGFP* 阅读框，其后代可在荧光显微镜下显示蓝色以便于观察。

尽管定向基因组编辑技术已经在上述昆虫中成功应用，但对于种类庞杂的昆虫类群来说，还需要科研工作者进行多种尝试，实现该技术在多种昆虫类型中的应用，为进一步研究基因功能提供新的技术手段。

4. 农业害螨研究中应用的潜力

定向基因组编辑技术主要包含 ZFNs、TALENs 和 CRISPR/Cas9，其中 CRISPR/Cas9 技术是近年来发展最快的基因组编辑技术，因其操作简单、成本低、可实现多个基因的同时操作等特点，大部分分子生物学和细胞生物学实验室均可建立该技术体系，因此在未来的基因组编辑及基因功能研究中具有重要的应用价值。在不同物种中，该技术体系的使用均需要满足一些必要条件：如基因序列及已知结构，有可稳定遗传的细胞系和原代细胞分离技术，成熟的受精卵注射技术和孵化技术等。昆虫是自然界中物种数量最多的类群，基因组结构复杂，测序难度大，遗传背景多样，受精卵注射和体外孵化条件建立困难。因此，在不同昆虫中利用基因组编辑技术建立突变品系及进行基因功能研究难度较大。但是，经过不懈的努力，基因编辑 CRISPR/Cas9 技术体系已经在果蝇、家蚕、赤拟谷盗和埃及伊蚊等物种中成功建立，为基因组编辑技术在不同昆虫中的应用提供了新的思路和参考。

农业害螨是世界性农业害虫。近年来，随着二斑叶螨基因组测序完成，探索害螨防治新型分子靶标成为研究热点。作者团队前期已经利用 RNAi 技术对柑橘全爪螨的三大解毒代谢酶基因（P450、羧酸酯酶和 GST）的解毒代谢机制进行初步研究，发现 RNAi 在特定时期、特定组织或特定基因中存在沉默效率低的问题，无法研究靶标基因功能。CRISPR/Cas9 技术可在基因组水平对靶标基因进行敲除或者修饰，因此其可能为害螨基因功能的研究提供新思路。二斑叶螨基因组的发布为利用 CRISPR/Cas9 技术对害螨基因组进行操作提供了可能，在此基础上，结合 EST 和转录组数据库，采用 RACE 反应获得全长 cDNA 序列，通过设计合适引物，结合基因组步移（genomic walking）可从基因组 DNA 扩增获得部分基因组序列，与 cDNA 序列比对后，即可知其内含子与外显子的位置，进而设计与靶标基因相应的 sgRNA 序列。Dermauw 等（2020）通过向二斑叶螨未交配雌成螨的卵巢直接注射靶向八氢番茄红素脱氢酯（phytoene desaturase，PDS）基因的 sgRNA 和 Cas9 混合物，实现对 PDS 基因靶位点的切割，最终建立了二斑叶螨白化品系（图 10.11）。基因编辑 CRISPR/Cas9 技术在二斑叶螨中的成功应用，为螨类的基因敲除和基因改造提供了依据并奠定了坚实的基础。由于 CRISPR/Cas9 无须全基因组信息、易于操作、成本低廉和编辑高效等优点，该技术可很快应用于农业螨类的研究中。

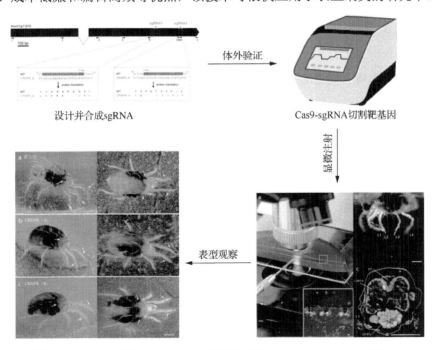

图 10.11　二斑叶螨 CRISPR/Cas9 流程图（引自 Dermauw et al.，2020）

1）研发螨类基因敲除通用工具，建立螨类功能基因组学研究平台

利用 CRISPR/Cas9 技术，敲除靶标基因，研究其重要的生理功能，用于抗性机制、生长发育及行为调控等关键调控基因的发掘鉴定，为农业害螨的防治提供新的研究思路。例如，利用 CRISPR/Cas9 基因编辑系统敲除亚洲玉米螟（*Ostrinia furnacalis*）*ABCC2*，获得的纯合突变品系显著提高了对 Cry1Fa 的抗性水平，同时降低了对 Cry1Ab 和 Cry1Ac 的抗性水平，并证实了 *ABCC2* 与 Cry1Fa 抗性之间的遗传关联和 *ABCC2* 在介导拟南芥 Cry1Fa 的毒性中起着重要作用（Wang et al.，2020）。利用 CRISPR/Cas9 敲除棉铃虫 *NPC1b*，突变幼虫无法获得足够的胆固醇，并在生命的早期死亡，证实了 *NPC1b* 对于膳食中棉铃虫的胆固醇摄取和生长至关重要，并以此靶标开发一种新型的害虫管理方法（Zheng et al.，2020）。在小菜蛾中敲除卵黄原蛋白受体（VgR），突变个体的卵巢和卵中检测到 PxVgR 蛋白的表达缺陷，在突变个体的卵中仍检测到 Vg 蛋白，但是表达水平降低。*PxVgR* 基因的缺失导致卵变小和变白，卵孵化率降低。这项研究利用 CRISPR/Cas9 技术验证了 VgR 在小菜蛾 Vg 的转运、卵巢发育、产卵和胚胎发育中的重要作用，为研究小菜蛾繁殖的分子机制和利用 VgR 作为潜在遗传的分子靶点更好地控制小菜蛾奠定了基础（Peng et al.，2020a）。在螨类中同样可利用基因编辑 CRISPR/Cas9 技术敲除关键基因，研究其重要的生理功能，为农业害螨的防控提供新的靶标，同时为在基因水平上防治农业害螨奠定坚实的理论基础。

2）研发螨类基因靶向敲入的通用工具，建立螨类基因组改造平台

通过基因敲入技术实现条件性基因敲除、对基因或细胞进行特异标记（示踪）、对基因组进行碱基或序列替换等精确修饰等复杂应用。例如，众多重要的发育调控基因往往具有复杂的时空特异性表达图谱，在胚胎发育的不同时期和多个不同的组织中发挥不同的作用，全身性的基因敲除往往不足以全面、深入、细致地解读该基因的功能，而条件性基因敲除则能够弥补这方面的不足。Mavor 等（2016）在果蝇基因 *Rab8* 的 N 端插入 Tag 标签，通过标签定位和分析 *Rab8* 基因，发现 *Rab8* 在早期果蝇胚胎的沟陷形成过程中起着重要的作用；果蝇 *Scro* 基因编码一个与哺乳动物同源的 Nkx2.1，利用 CRISPR/Cas9 介导的敲入技术获得 Nk2.1/scro 突变体，纯合敲入突变体在胚胎和幼虫早期发育过程中致死，并且脑部结构被严重破坏（Yoo et al.，2020）。这些研究说明，利用基因靶向敲入技术可以对基因组进行更为复杂和精确的修饰，进而实现对基因结构更加精细地改变和调整，更加精准地追踪和调控，基因表达才能更为完整、准确地解读基因的功能。因此，在螨类中建立并优化简单、高效的基因敲入技术很有必要，对螨类基因靶向敲入，建立螨类基因组改造平台。根据目的靶向敲入农业害螨的靶标基因，对其准确定位和基因功能调控的准确分析具有重要的应用前景，同时可利用基因敲入手段改造农业害螨并用于田间害螨种群防控。对农业益螨进行靶向改造，可增强其优势特性并应用到生产实际中，如改造捕食螨使其捕食能力、运动能力、繁殖能力、耐受力增强，从而提高对害螨的生物防治效率。

3）基于 CRISPR/Cas9 建立农业害螨的基因驱动控制策略

靶向害螨的雄性不育、性别比例调整及行为调整的绿色增效防控策略有：①雄性不育。通过 CRISPR/Cas9 技术敲除小菜蛾精液蛋白基因 *Ser2*，导致小菜蛾可遗传的雄性不育，*Ser2* 缺陷性雄虫与野生型雌虫交配后，所产的卵不能正常孵化（Xu et al.，2020a）。卵巢丝氨酸蛋白酶基因（*Osp*）是卵子生长发育过程中的关键基因。Xu 等（2020b）利用 CRISPR/Cas9 技术获得家蚕和斜纹夜蛾的 *Osp* 突变体，发现 *Osp* 缺陷会导致雌性不育，产卵量减少且卵不能孵化。②性别比例调整。Hall 等利用 CRISPR/Cas9 技术敲除埃及伊蚊雄性决定因子 *Nix* 基因致使大部分雄性几乎雌性化，而且在 *Nix* 的异位表达的基础上，操作后的雌性几乎都具有雄性生殖特征，该研究为将雌蚊转化为无害的雄蚊的灭蚊策略提供了基础（Hall et al.，2015）。另外，通过注射桔小实蝇 *miR-1-3P* 的抑制剂降低 *miR-1-3P* 表达量，处理后约有 70%的桔小实蝇表现为雌性，并利用 CRISPR/Cas9 敲除 *miR-1-3P* 致使 XY 型个体向雌性转变（Peng et al.，2020b）。以上研究均表明可利用基因编辑定向敲除技术实现种群性别失衡，为害虫的防控提供了一种新策略，为该技术在螨类基因改造和田间防控新体系的建立的提供参考。③行为调整。通过 CRISPR/Cas9 技术靶向敲除烟草天蛾（*Manduca sexta*）的嗅觉受体共受体基因 *MsexOrco*，降低了成虫对寄主植物气味的敏感性，同时其飞行方向受到干扰，致使其搜索和定位寄主植物的能力降低（Fandino et al.，2019）。另外，将亚洲飞蝗（*Locusta migratoria*）*Orco* 基因的 gRNA 与 Cas9 蛋白混合物注射至卵中，并通过自交和回交筛选得到纯合品系，*Orco* 敲除品系丧失了拥挤环境下对聚集信息素的反应（Li et al.，2016）。利用 CRISPR/Cas9 基因编辑靶向苹果蠹蛾（*Cydia pomonella*）嗅觉受体基因 *CpomOR1*，降低 OR1 功能性蛋白产生，发现编辑过的雌虫生殖力受到影响且产生无法存活的卵（Garczynski et al.，2017）。通过基因编辑的手段影响害虫搜寻寄主和产卵等行为，达到害虫防控的目的。同样，可将该技术手段应用到农业害螨中，实现在基因水平防控农业害螨，靶向益螨的生物防控策略。

在农业生态系统中，除了对农业生产具有危害并造成经济损失的农业害螨外，还有一些杂食性的捕食螨为有益螨类。其不仅捕食害螨，还可以灭除果树上的害虫。目前已发现有利用价值的捕食螨有东方钝绥螨、拟长毛钝绥螨等 16 种，其主要捕食叶螨、瘿螨，以及一些蚜虫、蚧壳虫等小型害虫。可利用基因编辑技术手段在基因水平上对益螨进行改造，研发具有抗药、耐高温、耐湿等抗逆性强的生防益螨。同时，可利用基因编辑技术靶向改造益螨的优势特性，增强其捕食性、运动能力及繁殖能力等，筛选可用于产业化的优势天敌资源，研发挖掘适用于不同生态环境下的捕食性天敌，使之更加精准防控不同环境下的农业害螨，从而实现化学农药减量增效。

目前作者团队已对柑橘全爪螨进行了全基因组测序，并借鉴二斑叶螨 CRISPR/Cas9 技术的应用经验，建立柑橘全爪螨基因编辑体系，研究靶标基因的功能，评估其药靶潜力，为柑橘全爪螨的绿色防控提供新的靶标。可以预见，CRISPR/Cas9 技术必将成为新的基因驱动的害螨绿色防控技术手段。利用生物手段对农业螨类进行控制能有效解决抗药性和化学农药产生的污染等问题，可能是未来害虫防治的主要手段。基因编辑的效果，无论是靶向基因敲除还是靶向基因敲入均已在其他节肢动物中得到了很好的验证，相信

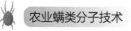

随着研究的进一步深入，该项技术会被广泛应用到整个农业螨类研究领域，为农业螨类关键调控基因的发掘、鉴定及农业害螨的防治提供新的思路和技术手段。

10.2　亚细胞定位技术

分子细胞遗传学的发展为宏观细胞学和微观分子生物学的研究架起了一座桥梁。早期细胞遗传学的研究是建立在细胞核和染色体水平上，如染色体的长短、臂比、着丝粒、端粒、核仁组织区等。亚细胞定位技术（如免疫组织化学和荧光原位杂交技术）的出现，标志着分子细胞遗传学迈入了一个全新的阶段。

10.2.1　免疫组织化学

1. 免疫组化技术概述

免疫组织化学（immunohistochemistry，IHC）又称免疫细胞化学，是利用抗原与抗体特异性结合的原理，通过化学反应使标记抗体的显色剂（包括荧光素、酶、金属离子、同位素等）显色，从而定位、定性及定量细胞内抗原物质（图 10.12）。IHC 的概念于 19 世纪 30 年代提出，直至 1942 年，关于 IHC 技术的研究首次被美国哈佛大学的库恩斯（Coons）等报道。自此以后，IHC 技术在蛋白质结合、组织固定、检测探针和成像技术上都得以长足发展。目前，IHC 技术的应用已非常广泛。在医学领域，该技术常用于诊断病变部位，如癌变细胞的发现。在生命科学领域，IHC 技术主要应用于明确生物标记物的分布、定位及分析蛋白质水平上的差异表达。

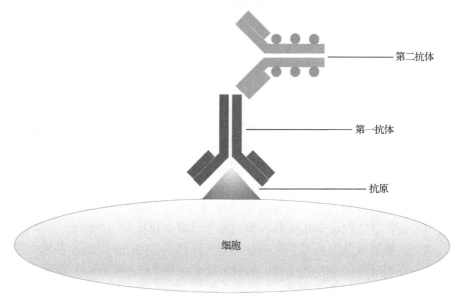

图 10.12　IHC 示意图

2. IHC 技术类型

由于 IHC 技术使用的标记物繁多，根据不同类型的标记物衍生出多种 IHC 技术类型，如免疫荧光法、免疫酶标法、免疫胶体金技术等。

1）免疫荧光方法

免疫荧光技术是最早建立的 IHC 技术。该技术以标记荧光素的抗体与相应抗原杂交，在一定波长激发光的激发下，抗原抗体复合物中的荧光素受激发产生荧光，并通过荧光显微镜观察，以此定位抗原。1942 年，库恩斯等首次利用异硫氰酸荧光素（fluorescein isothiocyanate，FITC）标记抗体来检测被肺炎球菌感染的抗原。随后，经过研究者们的不断努力，免疫荧光技术已成为病理学、免疫学、微生物学等领域常用的技术。由于该技术特异性强、灵敏度高，也常作为一种快速检测的方法。然而免疫荧光技术的应用必须具有荧光显微镜，且荧光强度随着时间的延长会出现逐渐消减，不易于长期保存。因此，具有一定的局限性。

目前常用的荧光团包括有机染料、半导体量子点阵及稀土离子配合物等。其中以有机染料的使用最为广泛，包括 FITC、罗丹明（Rhodamin）、花青素染料（cyaninedye，Cy）、Dylight 等。FITC 是目前应用最广泛的荧光素，最大吸收光波长为 490～495 nm，最大发射光波长为 520～530 nm，呈现明亮的黄绿色荧光。其优势是分子量较小，为 389.4，而且人眼对黄绿色较为敏感，因此具有较好的对比度，其缺点是淬灭快。罗丹明及其衍生物是一群带黄红色荧光的荧光素，其与 FITC 的绿色荧光对比鲜明，可配合用于双重标记或对比染色，其荧光淬灭慢，但荧光强度偏弱。花青素染料是另一类荧光团，包括多种荧光染料，如绿色 Cy2、黄红色 Cy3、红色 Cy5 等，由于这些荧光染料结构的区别，其吸收和发射波长也有所区别。例如，Cy2 耦联基团激发波长为 492 nm，发光为波长 510 nm 的绿色可见光。Cy2 和 FITC 可使用相同的滤波片，但是要避免使用含有磷酸化的苯二胺的封片剂，因为这种抗淬灭剂可以与 Cy2 反应，在染色片储存后会导致荧光微弱和扩散。Cy3 和 Cy5 比其他的荧光团探针要更亮、更稳定，背景更弱。Cy3 耦联基团激发光的最大波长为 550 nm，最强发射光为 570 nm。Cy5 可与许多其他的荧光基团共用于多标记的实验中。由于它的最大发射波长为 670 nm，Cy5 很难用裸眼观察，且不能用汞灯激发。通常观察 Cy5 时采用具有合适激发光和远红外检测器的共聚焦显微镜。Dylight 是一种新的荧光团，与传统的荧光团相比，其分子量相对较小，对光更稳定，不易淬灭，但价格相对较高。

2）酶联免疫吸附测定方法

酶联免疫吸附测定（enzyme-linked immunosorbent assay，ELISA），也称免疫酶细胞化学方法，是继免疫荧光技术后，于 20 世纪 60 年代发展起来的技术。其通过将酶以共价键的形式结合在抗体上，以酶标记的抗体与抗原杂交，随后加入酶的底物，生成有色的不溶性产物或具有一定电子密度的颗粒，并通过光学显微镜或电子显微镜观察，以此定位抗原。与免疫荧光技术相比，该方法不依赖于昂贵的荧光显微镜，并且染色样品适合长期保存。ELISA 发展迅速，目前市场上已有商业化的检测试剂盒，并在病理诊断中得到了广泛的应用。

ELISA 通常分为间接 ELISA 法和 ELISA 双抗夹心法。间接 ELISA 法，即将抗原包被在固相载体上，加入特异性的抗体与抗原结合，一定时间后再加入酶标抗体孵育特异性的抗体，最后加入底物进行显色反应。间接 ELISA 法的优点是只需变换包被抗原就可利用同一酶标抗体检测相应的抗体；缺点是包被抗原的性质和纯度是间接 ELISA 方法建立的关键，抗原蛋白与固相载体的结合和固相载体的性质存在较大的关系，在一定程度上增加假阳性的概率。ELISA 双抗夹心法通常包括两个不同的抗体，分别与相应抗原不同表面的抗原决定簇结合。与间接 ELISA 法的区别在于将抗体包被在固相载体上，加入特异性的抗原与之结合，再加入酶标抗体孵育特异性的抗体，最后加入底物进行显色反应。由于双抗夹心法是通过将抗体与固相载体相结合，双抗夹心法避免了间接 ELISA 法中固相载体对包被抗原的影响，从而精确度更高。Santillán-Galicia 等（2008）用间接 ELISA 法尝试对狄斯瓦螨中的变形翼病毒（deformed wing virus，DWV）进行定位，只在肠腔中发现大而致密的球状信号，推测其为粪便颗粒。除此之外，并未在任何组织中发现该病毒的抗体结合位点（图 10.13）。

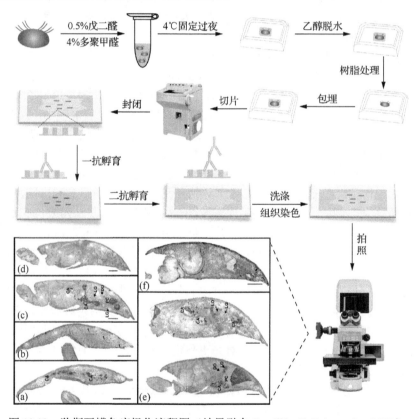

图 10.13　狄斯瓦螨免疫组化流程图（结果引自 Santillán-Galicia et al.，2008）

3）免疫胶体金技术

免疫胶体金技术（immune colloidal gold technique）是以胶体金作为示踪标志物，应用抗原抗体反应的一种新型免疫标记技术。胶体金溶液是氯金酸的水溶液，其分散的金颗粒表面带有负电荷，由于静电的排斥力，使其在水中形成稳定的胶体。胶体金颗粒具有高电子密度，能够吸附结合多种生物高分子物质，用胶体金标记一抗、二抗或其他能特异性结合免疫球蛋白的分子等作为探针,就能标记组织或细胞内的抗原。目前,胶体金标记过程实质上是抗体蛋白等生物大分子被吸附到胶体金颗粒表面的包被过程。吸附是靠胶体金表面的负电荷与蛋白质分子的正电荷之间的范德华力形成的牢固结合。该过程是物理吸附,并不影响蛋白质的生物活性。许多研究表明,制备金颗粒直径在 5~12 nm 的胶体金溶液可用白磷或抗坏血酸还原氯金酸,制备大于直径 12 nm 的金颗粒的胶体金可用枸橼酸钠还原。同一还原剂用量的多少与制备的金颗粒直径大小成反比。因此,需通过加入不同种类和剂量的还原剂来调节胶体金颗粒的大小。在实际应用中,直径为 3~15 mm 的胶体金均可用作电镜水平的标记物,3~15nm 的探针多用于单一抗原颗粒的检测。直径为 15 nm 的较大探针,多用于检测量较多的感染细胞。直径在 20 nm 以上的胶体金可用于肉眼水平的标记。免疫胶体金技术发展迅速,其快速诊断在多个领域都有研究应用,包括医学上的检测和动植物检测。

10.2.2　荧光原位杂交技术

1. 荧光原位杂交技术概述

荧光原位杂交技术最早是利用放射性同位素标记 DNA 来定位目标 DNA(图 10.14)。约翰(John)等在 1969 年首次在完整细胞中检测到细胞内的基因。直至 1980 年,鲍曼(Baumam)等首次采用荧光染料直接标记探针,建立了非放射性原位杂交技术。自此以后,荧光原位杂交迅速发展,得以不断改进和完善。荧光原位杂交常用的半抗原标记物有生物素和地高辛,检测的荧光基团有异硫氰酸荧光素、花青素和罗丹明等。荧光原位杂交基本原理是根据核酸碱基互补配对原理,利用半抗原标记 DNA 或 RNA 探针,与经过变性的单链核酸序列互补配对,再通过带有荧光基团的抗体与半抗原的识别进行检测,或利用荧光基团直接标记探针并与目标序列结合,最后运用荧光显微镜直接定位目标序列所在的位置。荧光原位杂交因其安全、准确、方便、实用等优点被广泛用于基因定位、染色体识别、物理图谱的构建及进化分析等。

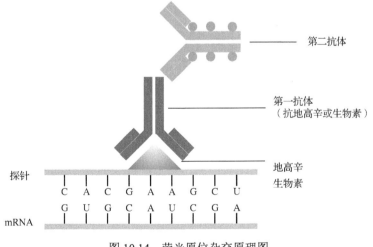

图 10.14　荧光原位杂交原理图

2. 荧光原位杂交技术的研究进展

1）免疫-荧光原位杂交技术

免疫染色（immunostaining）是生物化学中任何基于抗体来检测样品中特定蛋白质方法的总称。免疫染色和荧光原位杂交技术相结合（Immuno-FISH）可用来分析单细胞或者单个染色体水平上的特定序列与其相关联的蛋白质空间结构的关系，因此拓展了FISH的应用范围。Immuno-FISH实验时，由于FISH需要加热处理样品，为避免蛋白质组结构遭到破坏，需先使用抗体进行免疫染色并检测蛋白质的分布情况，而后再进行FISH实验。Immuno-FISH还可用于检测特定区域的组蛋白质修饰情况，如Zinner等（2007）利用多色荧光原位杂交和免疫染色相结合的方法分析了不同染色体组蛋白质修饰的差异。Jin等（2005）将DNA纤维（fiber）-FISH和免疫染色相结合，检测了着丝粒序列和着丝粒蛋白的关系，大幅提高了检测的分辨率。近年来，Immuno-FISH在研究表观遗传学、细胞分裂及探讨染色质的结构与基因表达的关系等方面发挥了重要的作用。

2）量子点-荧光原位杂交技术

量子点（quantum dot, QD），又名半导体纳米晶体，具有独特的光化学和物理性质。量子点作为一种新型的荧光染料，具有高荧光强度，不易发生光淬灭；适用于多色标记；激发光波长范围宽，而发射光波长范围窄等优点，已被应用于荧光原位杂交技术、IHC、细胞追踪、活体成像和流式细胞术等。量子点-荧光原位杂交技术（QD-FISH）实现的方法有两种：一是间接标记法，利用链霉亲和素-量子点偶联物来检测生物素标记的探针，目前市场上已有商业化的试剂盒出售；二是直接标记法，即直接使用量子点标记探针（Ioannou et al.，2009）。Xiao和Barker（2004）利用间接标记法检测人类中期染色体上的荧光原位杂交信号，并且证明量子点比传统的有机荧光染料更耐光漂。Wu等（2006）使用合成的巯基乙酸量子点标记DNA应用于大肠埃希菌的荧光原位杂交。随着QD-FISH技术的发展，量子点作为一种新型的荧光染料将会进一步推动分子细胞遗传学的发展。

3）微流控芯片-荧光原位杂交技术

微流控芯片（microfluidic chip）技术是把医学、生物、化学等分析过程中的样品制备、反应、分离、检测等步骤集成到一块纳米级的芯片上，称为"芯片实验室"。整个过程可通过计算机操作，具有液体流动可控性、所需样品和试剂量较少、反应时间短等特性，而且还可以自动化完成大规模样品的分析。微流控芯片与荧光原位杂交相结合（FISH on microchip）克服了操作烦琐、耗时长、耗量多和成本高等缺点，极大促进了FISH技术的应用。此外，在微流控芯片的平台上，可实现Immuno-FISH和QD-FISH，大幅提高了检测的效率和灵敏度。

10.2.3 亚细胞定位在农业害螨研究中应用的潜力

IHC作为一种具有高度特异性和灵敏性的检测手段，在靶标检测方面已经使用多年，其技术十分成熟，具有较高的鉴别检测准确性。随着 IHC 在脊椎动物中的成功应用，研究者们又把其应用聚焦到无脊椎动物上。例如，西班牙阿尔卡拉大学的 Royuela 等（1999）利用 IHC 技术在水蛭的横纹肌发现存在类抗肌萎缩蛋白，阳性免疫反应主要在肌肉细胞的肌纤维膜下被标记。又如，有研究利用 IHC 技术分析家蚕血囊素在血细胞聚集过程中的作用（Ikuyo et al., 2013）。在前期的研究，作者团队利用 IHC 技术成功定位桔小实蝇脑部的神经肽受体 TRP，为明确其生理功能指明方向（Gui et al., 2017）。同时还利用 IHC 技术解析 20E 受体 EcR 和 JH 转录因子 Kr-h1 在二斑叶螨不同时间点的组织定位。IHC 技术在无脊椎动物中的广泛运用，对农业害螨的研究具有重要指导意义。FISH 发展至今，经过不断地完善，逐渐形成了快速、灵敏、动态、多样化等特点，在遗传学、医学、分子生物学等领域发挥着重要的作用。例如，在医学领域，FISH 被用来识别可能的遗传突变和畸变，或用于诊断胚胎和儿童可能的遗传缺陷，或用于诊断可能癌变的已知标记。在早期的研究中，FISH 被广泛地用于细胞遗传学，以标记染色体的畸变和多样性，从而研究它们在各种生物体和不同发育阶段细胞的生理功能（Langer-Safer et al., 1982）。随着昆虫学研究的蓬勃发展，FISH 技术被广泛运用到多种昆虫的基因表达和功能研究。例如，Yoshido（2005）利用 FISH 鉴定了模式昆虫家蚕的所有染色体。Liu 等（2014b）运用 FISH 成功定位埃及伊蚊 miR-1174 和 miR-1175 在雌蚊中肠高表达，暗示其可能参与调控血液消化相关的生理功能。叶螨是一种极其微小且多食性害虫，利用整虫原位杂交技术成功在二斑叶螨颚足腺定位到唾液蛋白基因，为揭示其在抑制植物防御和影响寄主与螨相互作用提供了强有力的支撑（Jonckheere et al., 2016；2018）。

10.3　展　　望

由于 IHC 和 FISH 技术提供了非侵入性独立培养的方法用于鉴别、定量，以及明确胞内核酸、蛋白质、细胞膜、囊泡等靶标的空间分布，具有灵敏度高、可靠性强、易于操作等优点。IHC 和 FISH 拥有多种抗体，使呈现结果更加丰富，同时该技术将形态与功能相结合，因此利用抗体特异性结合抗原这一技术在农业害螨类的运用将会有巨大的发展前景。

（1）建立螨类基因图谱。FISH 技术广泛用于生物体基因图谱的构建，拥有成熟的体系。利用 FISH 技术构建螨类基因图谱，从染色体水平上明确了基因的位置分布，同时为从基因组水平上挖掘功能基因提供了直接的参考。螨类基因图谱的构建，有助于从遗传学的角度深入认识螨类危害的根本机制和从进化的角度深入剖析害螨爆发的根本原因。FISH 技术为我们认识害螨、利用捕食螨更好地为人类服务奠定了坚实的基础。

（2）建立螨类鉴定潜在靶标基因和功能蛋白的研究平台。IHC 和 FISH 技术为研究基因和蛋白质提供的重要指示。目前已有实例将 FISH 技术用于螨类关键基因的定位，且无须切片，最大程度保持了螨内部组织的原有形态，使结果更加可靠。利用 IHC 和 FISH 可明确螨类自身关键基因的组织分布、亚细胞定位等，从核酸、蛋白质及细胞层面全面挖掘和筛选功能基因或功能蛋白，有利于推动微小型节肢动物功能基因的研究发展。通过 IHC 和 FISH 可明确寄主植物与螨类互作关系，鉴定螨类关键因子和寄主关键因子，为其解析互作机理提供牢靠的证据，同时也为研发新型药剂防控害螨提供靶标。

（3）研发螨类功能微生物鉴定平台，用于害螨的生物防治。基于 16srRNA 序列的 DNA 探针常用于生物组织中细菌和真菌的检测，利用 IHC 和 FISH 技术再结合功能验证，可在害螨体内或寄主体内鉴定对螨类有致死性或导致其繁殖力下降，或影响螨抗性水平下降的真菌和细菌。利用 IHC 和 FISH 在寄主体内鉴定功能性病毒，通过入侵寄主从而降低害螨的存活率。同时，可利用 IHC 和 FISH 技术在捕食螨体内鉴定有益微生物，促进其取食，将极大地减少害螨的危害和化学农药的使用。最终鉴定出具有防控害螨潜力的微生物，用于田间喷洒，建立绿色防控害螨的新体系。

在利用基因和转录产物定位的各种技术和方法中，IHC 和 FISH 技术极大地提高了我们对复杂生物系统和细胞内相互作用的理解。该技术也展现了其在生物进程可视化的强大作用，同时在农业害螨的防治工作中展现出巨大的运用价值。作者团队借鉴二斑叶螨 FISH 技术的应用经验，当前已经建立较为完善的柑橘全爪螨荧光原位杂交体系，以期筛选和鉴定出关键的靶标基因用于柑橘全爪螨的绿色防控。同时，作者团队也在突破柑橘全爪螨 IHC 技术，以期建立柑橘全爪螨 IHC 技术体系，为柑橘全爪螨的绿色防控提供证据支持。

参 考 文 献

BAKER B, SCHELL J, LÖRZ H, et al., 1986. Transposition of the maize controlling element "Activator" in tobacco[J]. Proceedings of the National Academy of Sciences of the United States of America, 83(13): 4844-4848.

BASSETT A, TIBBIT C, PONTING C, et al., 2013. Highly efficient targeted mutagenesis of *Drosophila* with the CRISPR/Cas9 system[J]. Cell Reports, 4(1): 1178-1179.

BAUMAN J, WIEGANT J, BORST P, et al., 1980. A new method for fluorescence microscopical localization of specific DNA sequences by in situ hybridization of fluorochrome-labelled RNA[J]. Experimental Cell Research, 128(2): 485-490.

CATTERUCCIA F, NOLAN T, BLASS C, et al., 2000b. Toward *Anopheles* transformation: minos element activity in anopheline cells and embryos[J]. Proceedings of the National Academy of Sciences of the United States of America, 97(5): 2157-2162.

CATTERUCCIA F, NOLAN T, LOUKERIS T G, et al., 2000a. Stable germline transformation of the malaria mosquito *Anopheles stephensi*[J]. Nature, 405(6789): 959-962.

DERMAUW W, JONCKHEERE W, RIGA M, et al., 2020. Targeted mutagenesis using CRISPR-Cas9 in the chelicerate herbivore *Tetranychus urticae*[J]. Insect Biochemistry and Molecular Biology, 120: 347-355.

FANDINO R A, HAVERKAMP A, BISH-KNADEN S, et al., 2019. Mutagenesis of odorant coreceptor Orco fully disrupts foraging but not oviposition behaviors in the hawkmoth *Manduca sexta*[J]. Proceedings of the National Academy of Sciences of the United States of America, 116(31): 15677-15685.

FESCHOTTE C, JIANG N, WESSLER S R, 2002. Plant transposable elements: where genetics meets genomics[J]. Nature Reviews Genetics, 3(5): 329-341.

FRANZ G, SAVAKIS C, 1991. Minos, a new transposable element from *Drosophila hydei*, is a member of the Tc1-like family of transposons[J]. Nucleic Acids Research, 19(23): 6646.

FRASER M J, SMITH G E, SUMMERS M D, 1983. Acquisition of host cell DNA sequences by baculoviruses: relationship between host DNA insertions and FP mutants of *Autographa californica* and *Galleria mellonella* nuclear polyhedrosis viruses[J]. Journal of Virology, 47(2): 287-300.

GARCZYNSKI S F, MARTIN J A, MARGARET G, et al., 2017. CRISPR/Cas9 editing of the codling moth (Lepidoptera: Tortricidae) CpomOR1 gene affects egg production and viability[J]. Journal of Economic Entomology, 110(4): 1847-1855.

GRATZ S J, CUMMINGS A M, NGUYEN J N, et al., 2013. Genome engineering of *Drosophila* with the CRISPR RNA-guided Cas9 nuclease[J]. Genetics, 194(4): 1029-1035.

GUI S H, JIANG H B, XU L, et al., 2017. Role of a tachykinin-related peptide and its receptor in modulating the olfactory sensitivity in the oriental fruit fly, *Bactrocera dorsalis* (Hendel) [J]. Insect Biochemistry and Molecular Biology, 80: 71-78.

HALL A B, BASU S, JIANG X, et al., 2015. A male-determining factor in the mosquito *Aedes aegypti*[J]. Science, 348(6240): 1268-1270.

HANDLER A M, MCCOMBS S D, 2000. The piggyBac transposon mediates germ-line transformation in the Oriental fruit fly and closely related elements exist in its genome[J]. Insect Molecular Biology, 9(6): 605-612.

HAURWITZ R E, JINEK M, WIEDENHEFT B, et al., 2010. Sequence- and structure-specific RNA processing by a CRISPR endonuclease[J]. Science, 329(5997): 1355-1358.

IKUYO A, MASAYUKI O, ASAHI S, et al., 2013. Immunohistochemical analysis of the role of hemocytin in nodule formation in the larvae of the silkworm, *Bombyx mori*[J]. Journal of Insect Science, 12(125): 1-13.

IOANNOU D, TEMPEST H G, SKINNER B M, et al., 2009. Quantum dots as new-generation fluorochromes for FISH: an appraisal[J]. Chromosome Res earch, 17(4): 519-530.

JIN W, LAMB J C, VEGA J M, et al., 2005. Molecular and functional dissection of the maize B chromosome centromere[J]. Plant Cell, 17(5): 1412-1423.

JOHN H A, BIRNSTIEL M L, JONES K W, 1969. RNA-DNA hybrids at cytological level[J]. Nature, 223(5206): 912-913.

JONCKHEERE W, DERMAUW W, KHALIGHI M, et al., 2018. A gene family coding for salivary proteins (SHOT) of the polyphagous spider mite *Tetranychus urticae* exhibits fast host-dependent transcriptional plasticity[J]. Molecular Plant Microbe Interactions, 31(1): 112-124.

JONCKHEERE W, DERMAUW W, ZHUROV V, et al., 2016. The salivary protein repertoire of the polyphagous spider mite *Tetranychus urticae*: a quest for effectors[J]. Molecular and Cellular Proteomics, 15(12): 3594-3613.

KHILLAN J S, OVERBEEK P A, WESTPHAL H, et al., 1985. *Drosophila* P element integration in the mouse[J]. Developmental Biology, 109(1): 247-250.

KISTLER K E, VOSSHALL L B, MATTHEWS B J, 2015. Genome engineering with CRISPR-Cas9 in the mosquito *Aedes aegypti*[J]. Cell Reports, 11(1): 51-60.

KLINAKIS A G, LOUKERIS T G, PAVLOPOULOS A, et al., 2015. Mobility assays confirm the broad host-range activity of the Minos transposable element and validate new transformation tools[J]. Insect Molecular Biology, 31(3): 120-123.

LANGER-SAFER P R, LEVINE M, WARD D C, 1982. Immunological method for mapping genes on *Drosophila* polytene chromosomes[J]. Proceedings of the National Academy of Sciences of the United States of America, 79: 4381-4385.

LI Y, ZHANG J, CHEN D, et al., 2016. CRISPR/Cas9 in locusts: successful establishment of an olfactory deficiency line by targeting the mutagenesis of an odorant receptor co-receptor (Orco) [J]. Insect Biochemistry and Molecular Biology, 79: 27-35.

LIU S P, LUCAS K J, ROY S, et al., 2014b. Mosquito-specific microRNA-1174 targets serine hydroxymethyltransferase to control key functions in the gut[J]. Proceedings of the National Academy of Sciences of the United States of America 111(40): 14460-14465.

LIU Y Y, MA S Y, WANG X G, et al., 2014a. Highly efficient multiplex targeted mutagenesis and genomic structure variation in *Bombyx mori* cells using CRISPR/Cas9[J]. Insect Biochemistry and Molecular Biology, 49(1): 35-42.

LOUKERIS T G, LIVADARAS I, ARCA B, et al., 1995. Gene transfer into the medfly, *Ceratitis capitata*, with a *Drosophila hydei* transposable element[J]. Science, 270(5244): 2002-2005.

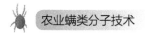

MAVOR L M, HUI M, ZUO Z, et al., 2016. Rab8 directs furrow ingression and membrane addition during epithelial formation in *Drosophila melanogaster*[J]. Development, 143(5): 892-903.

PENG L, WANG Q, ZOU M M, et al., 2020a. CRISPR/Cas9-mediated vitellogenin receptor knockout leads to functional deficiency in the reproductive development of *Plutella xylostella*[J]. Frontiers in Physiology, 10(1585): 1-13.

PENG W, Yu S N, Handler A M, et al., 2020b. miRNA-1-3p is an early embryonic male sex-determining factor in the Oriental fruit fly *Bactrocera dorsalis*[J]. Nature communications, 11(1): 932.

ROYUELA M, PANIAGUA R, RIVIER F, et al., 1999. Presence of invertebrate dystrophin-like products in obliquely striated muscle of the leech, *Pontobdella muricata* (Annelida, Hirudinea) [J]. Histochemical Journal, 31(9): 603-608.

SANTILLAN-GALICIA M T, CARZANIGA R, BALL B V, et al., 2008. Immunolocalization of deformed wing virus particles within the mite *Varroa destructor*[J]. Journal of General Virology, 89(Pt 7):1685-1689.

THIBAULT S T, LUU H T, VANN N, et al., 1999. Precise excision and transposition of piggyBac in pink bollworm embryos[J]. Insect Molecular Biology, 8(1): 119-123.

WANG X, XU Y, HUANG J, et al., 2020. CRISPR-mediated knockout of the ABCC2 gene in *Ostrinia furnacalis* confers high-level resistance to the *Bacillus thuringiensis* Cry1Fa toxin[J]. Toxins, 12(4): 246.

WANG Y, LI Z, XU J, et al., 2013. The CRISPR/Cas system mediates efficient genome engineering in *Bombyx mori*[J]. Cell Research, 23(12): 1414-1416.

WEI W, XIN H, ROY B, et al., 2014. Heritable genome editing with CRISPR/Cas9 in the silkworm, *Bombyx mori*[J]. PLoS One, 9(7): e101210.

WU S M, ZHAO X, ZHANG Z L, et al., 2006. Quantum-dot-labeled DNA probes for fluorescence in situ hybridization (FISH) in the microorganism *Escherichia coli*[J]. ChemPhysChem, 7(5): 1062-1067.

XIAO Y, BARKER P E, 2004. Semiconductor nanocrystal probes for human metaphase chromosomes[J]. Nucleic Acids Research, 16(4): 281-288.

XU X, BI H L, WANG Y H, et al., 2020b. Disruption of the ovarian serine protease (*Osp*) gene causes female sterility in *Bombyx mori* and *Spodoptera litura*[J]. Pest Managment Science, 76(4): 1245-1255.

XU X, WANG Y H, BI H L, et al., 2020b. Mutation of the seminal protease gene, serine protease 2, results in male sterility in diverse lepidopterans[J]. Insect Biochemistry and Molecular Biology, 116: 243-251.

YOO S, NAIR S, KIM H J, et al., 2020. Knock-in mutations of scarecrow, a *Drosophila* homolog of mammalian Nkx2.1, reveal a novel function required for development of the optic lobe in *Drosophila melanogaster*[J]. Developmental Biology, 461(2): 145-159.

YOSHIDO A, 2005. The *Bombyx mori* karyotype and the assignment of linkage groups[J]. Genetics, 170(2): 675-685.

YU Z, REN M, WANG Z, et al., 2013. Highly efficient genome modifications mediated by CRISPR/Cas9 in *Drosophila*[J]. Genetics, 195(1): 289-291.

ZHENG J, YUE X, KUANG W, et al., 2020. NPC1b as a novel target in controlling the cotton bollworm, *Helicoverpa armigera*[J]. Pest Management Science, 76(6): 5761.

ZINNER R, VERSTEEG T R, CREMER T, et al., 2007. Biochemistry meets nuclear architecture: multicolor Immuno-FISH for co-localization analysis of chromosome segments and differentially expressed gene loci with various histone methylations[J]. Advances in Enzyme Regulation, 223: 239-241.